Moritz Adelmeyer
Elke Warmuth

Finanzmathematik für Einsteiger

Aus dem Programm
Mathematik für Einsteiger

Algebra für Einsteiger
von Jörg Bewersdorff

Algorithmik für Einsteiger
von Armin P. Barth

Diskrete Mathematik für Einsteiger
von Albrecht Beutelspacher und Marc-Alexander Zschiegner

Finanzmathematik für Einsteiger
von Moritz Adelmeyer und Elke Warmuth

Graphen für Einsteiger
von Manfred Nitzsche

Knotentheorie für Einsteiger
von Charles Livingston

Stochastik für Einsteiger
von Norbert Henze

Zahlentheorie für Einsteiger
von Andreas Bartholomé, Josef Rung und Hans Kern

vieweg

Moritz Adelmeyer
Elke Warmuth

Finanzmathematik für Einsteiger

Von Anleihen über Aktien zu Optionen

2., durchgesehene Auflage

vieweg

Bibliografische Information Der Deutschen Bibliothek
Die Deutsche Bibliothek verzeichnet diese Publikation in der Deutschen Nationalbibliografie;
detaillierte bibliografische Daten sind im Internet über <http://dnb.ddb.de> abrufbar.

ISBN 978-3-528-13185-2   ISBN 978-3-322-87268-5 (eBook)
DOI 10.1007/978-3-322-87268-5

Moritz Adelmeyer
Kantonale Maturitätsschule
für Erwachsene
Schönberggasse 1
8001 Zürich, Schweiz

E-Mail: m.adelmeyer@bluewin.ch

Dr. Elke Warmuth
Humboldt-Universität
Institut für Mathematik
Unter den Linden
10099 Berlin

E-Mail: warmuth@math.hu-berlin.de

1. Auflage April 2003
2., durchgesehene Auflage Juli 2005

Alle Rechte vorbehalten
© Springer Fachmedien Wiesbaden 2005
Ursprünglich erschienen bei Friedr. Vieweg & Sohn Verlag/ GWV Fachverlage GmbH, Wiesbaden 2005

Lektorat: Ulrike Schmickler-Hirzebruch / Petra Rußkamp

Der Vieweg Verlag ist ein Unternehmen von Springer Science+Business Media.
www.vieweg.de

Umschlaggestaltung: Ulrike Weigel, www.CorporateDesignGroup.de

Vorwort

Wie werden Sparkonten verzinst? Wie wird die Rendite von Anleihen berechnet? Wie werden die Prämien von Lebensversicherungen kalkuliert? Welchen Gesetzmäßigkeiten folgen Aktienkurse? Wie wird das Risiko von Portfolios gemessen? Wie kommen die Preise von Optionen zustande?

Das vorliegende Buch hat zum Ziel, die finanzwirtschaftlichen und finanzmathematischen Grundlagen darzulegen, die zur Beantwortung derartiger Fragen notwendig sind. Thematisiert werden sowohl klassische als auch moderne Gebiete der Finanzmathematik. Es werden keine speziellen wirtschaftlichen Vorkenntnisse vorausgesetzt. Mathematisch wird aufgebaut auf Kenntnissen in Algebra, Analysis und Stochastik im Umfang, wie sie in der Sekundarstufe II vermittelt werden.

Finanzmathematik für Einsteiger richtet sich an Studierende an Universitäten und Fachhochschulen, Praktiker aus dem Bank- und Versicherungswesen sowie an interessierte Schülerinnen und Schüler, Lehrerinnen und Lehrer und Laien.

Das Buch besteht aus fünf Kapiteln. In jedem Kapitel steht ein Finanzinstrument im Zentrum. In Kapitel 1 sind es Anleihen, in Kapitel 2 Lebensversicherungen, in Kapitel 3 Aktien, in Kapitel 4 Portfolios (Kombinationen aus Anleihen und Aktien) und in Kapitel 5 schließlich Optionen (Rechte zum Kauf oder Verkauf von Aktien).

Die Kapitel sind alle gleich aufgebaut. Zunächst wird das Finanzinstrument eingehend vorgestellt. Anhand konkreter Beispiele werden wichtige Begriffe erklärt und typische Einsatzmöglichkeiten und Verwendungszwecke erläutert. Dabei ergeben sich Fragen wie die eingangs gestellten. Im Folgenden werden mathematische Konzepte und Methoden präsentiert, die zur Beantwortung der Fragen beitragen. Die dabei auftretenden Berechnungen werden zunächst an konkreten Beispielen schrittweise entwickelt und ausführlich kommentiert, ehe sie – soweit möglich und sinnvoll – in eine allgemeine Form gebracht werden. Zum Schluss jedes Kapitels sind Aufgaben zur Verarbeitung und Vertiefung der Inhalte angeführt. Am Ende des Buches stehen detaillierte Lösungen zu allen Aufgaben.

Zumeist arbeiten wir mit realen Daten und geben auch Hinweise zu deren Beschaffung aus der Presse und dem Internet.

Die in diesem Buch angestellten Berechnungen sind zwar in der Regel recht elementar, aber zum Teil auch sehr umfangreich und dementsprechend – nur mit Papier, Bleistift und Taschenrechner durchgeführt – mühsam und fehleranfällig. Wir empfehlen daher den Einsatz eines Tabellenkalkulationsprogramms wie Excel und geben dazu Hinweise.

Wir danken allen, die uns bei der Erstellung dieses Buches unterstützt haben. Dazu zählen die vielen Kolleginnen und Kollegen sowie Studierenden, die Teile des Manuskripts gelesen und wertvolle Hinweise gegeben haben. Dazu zählt der Vieweg-Verlag, der die Ausarbeitung dieses Buches angeregt hat. Ebenso danken wir für die zahlreichen Rückmeldungen zur ersten Auflage. Unser ganz besonderer Dank gilt Nadine Warmuth, die das Manuskript in LATEX gesetzt hat.

Die Cartoons in diesem Buch stammen von Felix Schaad und wurden dankenswerterweise von Tamedia, Zürich, zur Verfügung gestellt.

Zürich und Berlin, Juli 2005 Moritz Adelmeyer und Elke Warmuth

„Bei diesem Preis-Leistungs-Verhältnis werde ich Ihren Treibstoff zuerst analysieren lassen."

Zeichnung: Felix Schaad. Quelle: TAGES-ANZEIGER vom 02.11.01

Inhaltsverzeichnis

1 Anleihen – von Zinsen und Renditen

Ich sah aus dem Fenster. Die hohen grauen Häuser der Londoner City ragten schweigend aus der trägen Hitze der Straßen empor. ... Das gewaltige Finanzzentrum döste vor sich hin. ... Ein einsames Lämpchen leuchtete am Telefonboard vor mir auf. Ich nahm den Hörer ab. „Ja?“ „Paul? Hier ist Cash! Es geht los. Wir machen es.“ Ich erkannte den breiten New Yorker Akzent von Cash Callaghan, dem Topverkäufer bei Bloomfield Weiss, der großen amerikanischen Investmentbank. Als ich den dringlichen Ton seiner Stimme hörte, setzte ich mich auf meinem Stuhl gleich etwas gerader hin. „Was geht los? Was macht ihr?“ „Wir bringen die neue Schwedische in zehn Minuten. Wollen Sie die Konditionen?“ „Ja, bitte.“ „Okay. Fünfhundert Millionen Dollar mit einem Coupon von 9 1/4 Prozent. Laufzeit zehn Jahre. Wird zu 99 angeboten. Rendite 9.41 Prozent. Alles klar?“ „Alles klar.“

Die Schweden nahmen fünfhundert Millionen Dollar über eine Bond-Emission auf. ... Bloomfield Weiss' Aufgabe war es, ... dass sie an Investoren in der ganzen Welt verkauft wurde. Meine Aufgabe war es zu entscheiden, ob wir kaufen sollten.

„9.41 sind doch eine gute Rendite“, fuhr Cash fort. „... Soll ich für Sie zehn Millionen vormerken?“ Wenn Cash etwas zu verkaufen hatte, war er sowieso immer Feuer und Flamme. Wenn es jedoch um eine Schuldverschreibung von fünfhundert Millionen ging, kannte sein Enthusiasmus keine Grenzen. Was er da sagte, war aber wirklich nicht uninteressant. Ich tippte ein bisschen auf meinem Taschenrechner herum. ...

„Warten Sie noch. Ich muss mir die Sache erst durch den Kopf gehen lassen.“ „Okay. Aber beeilen Sie sich. ...“

1.1 Was sind Anleihen?

Der Textauszug[1] stammt aus dem Roman „Der Spekulant" von MICHAEL RIDPATH [Rid95]. Er weiß, wovon er schreibt, war er doch jahrelang für eine internationale Bank in London als Wertpapierhändler tätig. Wenn eine staatliche Institution oder ein privates Unternehmen eine größere Menge Geld braucht, besteht eine Möglichkeit darin, eine **Anleihe**, im Englischen **Bond** genannt, herauszugeben. Mit einer Anleihe nimmt der Herausgeber Kredit bei vielen tausend Anlegern auf. Der Kreditbetrag wird dazu in **Anteile** gestückelt. Der Herausgeber der Anleihe verpflichtet sich, die Anteile nach einer festgelegten Zeit, der **Laufzeit** der Anleihe, zurückzuzahlen. Man spricht von **Tilgung** der Anleihe. Die Anleger erhalten für das von ihnen zur Verfügung gestellte Geld während der Laufzeit der Anleihe in regelmäßigen Abständen ein Entgelt, den **Zins**. Zu der Zeit, als die Anleihen noch als Papierbogen vorlagen, bestanden sie aus einem Mantel mit den Konditionen der Anleihe und aus **Kupons**. Wenn eine Zinszahlung anstand, musste ein Kupon abgetrennt und eingelöst werden. Anleihen werden im Deutschen auch als **Obligationen** oder als **Renten** bezeichnet.

Anleihen werden wie andere Wertpapiere auch an Börsen gehandelt. Ein **Kurs** eines Wertpapiers ist ein Preis, zu dem ein Händler bereit ist, dieses zu kaufen oder zu verkaufen. Die Kurse von Anleihen werden in Prozent angegeben. Ein Kurs von zum Beispiel 105 % bedeutet, dass für den Kauf eines Anteils von € 1 000 ein Preis von € 1 050 zu bezahlen ist. Ein Kurs von 95 % dagegen besagt, dass der Anteil für € 950 zu haben ist. Genau genommen stimmt das nur, wenn der Kauf genau zu einem Zinstermin erfolgt. Wenn der Handel dagegen zwischen zwei Zinsterminen abgeschlossen wird, dann muss der Käufer dem Verkäufer zusätzlich einen Teil des nächsten Zinses zahlen. Der abzutretende Zinsteil heißt **Stückzins**.

---

[1]Die Idee, diesen Text als Einleitung zu verwenden, ist aus [BS01] übernommen.

Beispiel: Ein Anteil von € 1 000 wird am 01.04.01 zum Kurs von 105 % verkauft. Der letzte Zinstermin war der 01.01.01, der nächste ist der 01.01.02. Der Zins beträgt jeweils € 100. In diesem Fall muss der Käufer dem Verkäufer für das Vierteljahr zwischen dem 01.01.01 und dem 01.04.01 einen Stückzins von € 25 zahlen. Insgesamt beträgt dann der Kaufpreis für den Anteil € 1 050 + € 25 = € 1 075.

ÖFFENTLICHE ANLEIHEN

Zins		Zinst.	5.8.02	2.8.02	Rend.
Bundesrepublik Deutschland (F)					
6	v. 86IV/16	20.06.	111,43 b	110,38 b	4,846
5,625	v. 86V/16	20.09.	107,65 b	106,60 b	4,860
7,25	v. 92/02	21.10.	100,79 b	100,79 b	3,245
7,125	v. 92/02	20.12.	101,37 G	101,36 b	3,241
6,75	v. 93/03	22.04.	102,40 b	102,35 b	3,234
6,5	v. 93/03	15.07.	102,97 b	102,87 b	3,232
6	v. 93/03	15.09.	102,94 b	102,81 b	3,238
6,25	v. 94/24	04.01.	115,15 b	113,98 b	5,068
6,25	v. 94/24 ex		33,34 G	32,45 -T	5,262
6,75	v. 94/04	15.07.	106,24 b	105,98 b	3,371
(FRN)	v. 94/04	20.03.	99,79 b	99,79 b	
7,5	v. 94/04	11.11.	108,64 b	108,31 b	3,449

Abbildung 1.1: Schlusskurse von Bundesanleihen am 05.08.02 an der Frankfurter Börse. Quelle: HANDELSBLATT

Die langfristigen Anleihen der Bundesrepublik Deutschland mit Laufzeiten von 10 bis 30 Jahren heißen **Bundesanleihen** oder kurz **Bunds**. Abbildung 1.1 zeigt die Schlusskurse einiger Bundesanleihen am 05.08.02 an der Frankfurter Börse. Abbildung 1.2 zeigt die Kursentwicklung der 7.5 % Bundesanleihe 1994/2004 von Mitte 2001 bis Mitte 2002.

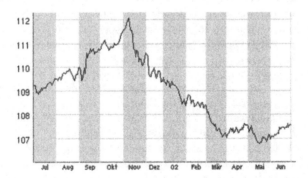

Abbildung 1.2: Kursverlauf der 7.5 % Bundesanleihe 1994/2004 von Mitte 2001 bis Mitte 2002. Quelle: www.consors.de

Dieser Bund wurde im November 1994 herausgegeben, hat eine Laufzeit von zehn Jahren und wird mit 7.5 % pro Jahr verzinst. Zinstermin ist der 11. November. Erstmals wurde der Zins am 11.11.95 entrichtet, letztmals wird er am 11.11.04 fällig zusammen mit der 100 %igen Rückzahlung der Anleihe.

In diesem Kapitel verfolgen wir zwei mathematische Ziele. Erstens stellen wir die **Grundlagen der Zinsrechnung** zusammen. Das wichtigste Werkzeug der Zinsrechnung ist die **Aufzinsungs-** bzw. **Abzinsungsformel**. Zweitens wenden wir die Zinsrechnung auf die **Bewertung von Anleihen** an. Wir erklären, wie die **Rendite** einer Anleihe festgelegt ist und wie sie berechnet werden kann. Dabei werden wir unter anderem überprüfen, ob die im Roman von RIDPATH beschriebene fiktive schwedische Staatsanleihe bei deren Herausgabe tatsächlich die Rendite 9.41 % aufwies und ob die 7.5 % Bundesanleihe 1994/2004 am 05.08.02 tatsächlich wie im HANDELSBLATT vermerkt die Rendite 3.45 % hatte.

Ich musste nachdenken. ... Mir gefiel das Geschäft. Es stimmte zwar, dass der Markt sehr ruhig war. Richtig war auch, dass die Emission der Weltbank vor zwei Wochen äußerst schleppend verlaufen war. Es hatte seither aber keine neuen Emissionen gegeben, und ich hatte das Gefühl, dass die Investoren auf ihrem Geld saßen und nur auf die richtige Anlagemöglichkeit warteten. Und das konnte die Schwedische sein. Die Rendite war zweifellos attraktiv. ...
Ein Lämpchen leuchtete auf. Es war Cash. „Wir geben sie jetzt aus. Was ist denn nun, alter Junge? Wollen Sie zehn? ..." Ich spürte, wie mir die Kehle eng wurde, als ich langsam und mit Bedacht sagte: „Ich nehme hundert." Das verschlug sogar Cash die Sprache. Ich hörte gerade nur ein geflüstertes „Wow!" Er forderte mich auf, ein paar Sekunden dranzubleiben.

1.2   Aufzinsen und Abzinsen

Wer Geld auf ein Konto bei einer Bank anlegt, erhält dafür Ende jedes Jahres einen **Zins**. Der Zins ist die Entschädigung dafür, dass der Kontoinhaber zeitweilig auf das Geld verzichtet und es leihweise der Bank zur Verfügung stellt. Das Verhältnis zwischen Zins und angelegtem Geld heißt **Zinssatz**. Wenn jemand zum Beispiel € 5 000 ein Jahr lang anlegt und dafür einen Zins von € 225 erhält, so beträgt der Jahreszinssatz

$$\frac{€\,225}{€\,5\,000} = 0.045 = \frac{4.5}{100} = 4.5\ \%.$$

Die Bank zahlt den Zins üblicherweise nicht aus, sondern schreibt ihn dem Konto gut. Dadurch wächst der Kontostand von Jahr zu Jahr, selbst wenn keine weiteren Einzahlungen vorgenommen werden. Tabelle 1.1 zeigt, wie sich der Kontostand bei einer einmaligen Einlage von € 5 000 und einer festen Verzinsung von 4.5 % pro Jahr entwickelt.

Zeitraum in Jahren	Anfangs- kapital in €	Zinssatz	Zins in €	Endkapital in €
1	5000.00	4.5 %	225.00	5225.00
2	5225.00	4.5 %	235.13	5460.13
3	5460.13	4.5 %	245.71	5705.84
4	5705.84	4.5 %	256.76	5962.60
5	5962.60	4.5 %	268.32	6230.92
...	...	...	...	...

Tabelle 1.1: Wertentwicklung von € 5 000 bei fester Verzinsung von 4.5 % pro Jahr

Der Zins am Ende des 1. Jahres beträgt wie oben gesagt € 225. Der Zins wird zu den € 5 000 dazugeschlagen, so dass der Kontostand am Ende von Jahr 1 bzw. am Anfang von Jahr 2 € 5 225 beträgt. Der Zins am Ende des 2. Jahres beträgt 4.5 % von € 5 225, das heißt

$$0.045 \cdot €\,5\,225 = €\,235.13.$$

Der Kontostand lautet am Ende von Jahr 2 bzw. am Anfang von Jahr 3 € 5 225 + € 235.13 = € 5 460.13. Usw. Ab Ende des 2. Jahres werden die Zinsen der vorangehenden Jahre mitverzinst. Die Zinsen werfen also ihrerseits wieder Zins ab. Man spricht von **Zinseszins**.

Wie Tabelle 1.2 zeigt, kann das Kapital am Ende eines Jahres direkt aus dem Kapital am Anfang des betreffenden Jahres berechnet werden, ohne den „Umweg" über den Zins zu gehen. Dazu muss lediglich das Anfangskapital mit dem Faktor $1 + 0.045 = 1.045$ multipliziert werden.

Zeitraum in Jahren	Anfangs-kapital in €	Zinssatz	Endkapital in €
1	5000.00	4.5 %	$5000.00 + 0.045 \cdot 5000.00$ $= (1 + 0.045) \cdot 5000.00 = 1.045 \cdot 5000.00 = 5225.00$
2	5225.00	4.5 %	$5225.00 + 0.045 \cdot 5225.00$ $= (1 + 0.045) \cdot 5225.00 = 1.045 \cdot 5225.00 = 5460.13$
...	...	...	...

Tabelle 1.2: Berechnung des Endkapitals ohne „Umweg" über den Zins

Allgemein gilt:

Ein Kapital P wächst durch einmalige Verzinsung mit dem Zinssatz i auf das Kapital

$$F = (1 + i)\, P$$

an. Der Faktor $1 + i$ heißt **Aufzinsungsfaktor**. Die Bezeichnungen P, F und i leiten sich aus dem Englischen ab: P steht für „present value", zu deutsch **Gegenwartswert**, F für „future value", zu deutsch **Zukunftswert**, und i für „interest rate".

Wie Tabelle 1.3 zeigt, ist es weiter möglich, das Endkapital nach zwei, drei, vier, ... Jahren direkt aus dem Startkapital von € 5 000 zu berechnen.

Zeitraum in Jahren	Anfangs-kapital in €	Zinssatz	Endkapital in €
1	5000.00	4.5 %	$1.045 \cdot 5000.00$ $= 5225.00$
2	5225.00	4.5 %	$1.045 \cdot 5225.00 = 1.045 \cdot (1.045 \cdot 5000.00)$ $= 1.045^2 \cdot 5000.00 = 5460.13$
3	5460.13	4.5 %	$1.045 \cdot 5460.13 = 1.045 \cdot (1.045^2 \cdot 5000.00)$ $= 1.045^3 \cdot 5000.00 = 5705.83$
...	...	...	...

Tabelle 1.3: Berechnung des Endkapitals aus dem Startkapital von € 5 000

Allgemein gilt:

Ein Kapital P wächst durch n Verzinsungen mit demselben Zinssatz i auf das Kapital

$$F = (1 + i)^n\, P$$

an. Diese Formel heißt **Aufzinsungsformel**.

Wir können so direkt angeben, wie hoch der Kontostand nach 5 Jahren ist. Er beträgt

$$1.045^5 \cdot € 5000 = € 6230.91.$$

Man kann auch umgekehrt fragen, mit welchem Startkapital nach 5 Jahren ein Kontostand von zum Beispiel € 7 500 erreicht wird, vorausgesetzt die jährliche Verzinsung beträgt durchgehend

4.5 %. Es geht also darum, zu vorgegebenem Zukunftswert den Gegenwartswert zu berechnen. Dazu löst man die Aufzinsungsformel nach P auf:

$$P = \frac{F}{(1+i)^n} = \frac{\text{€ } 7500}{1.045^5} = \text{€ } 6018.38.$$

Die Formel

$$P = \frac{F}{(1+i)^n} = \left(\frac{1}{1+i}\right)^n F$$

heißt **Abzinsungsformel** und der Faktor $\dfrac{1}{1+i}$ **Abzinsungsfaktor**.

Mithilfe der Aufzinsungs- bzw. Abzinsungsformel können wir zwei weitere typische Fragestellungen der Zinsrechnung beantworten.

- Wie hoch muss der Zinssatz pro Jahr sein, damit eine Einlage von € 5 000 sich in 10 Jahren verdoppelt, das heißt auf € 10 000 anwächst?

Wir lösen die Aufzinsungsformel schrittweise nach i auf

$$F = (1+i)^n P \Rightarrow (1+i)^n = \frac{F}{P} \Rightarrow 1+i = \sqrt[n]{\frac{F}{P}} \Rightarrow i = \sqrt[n]{\frac{F}{P}} - 1 = \left(\frac{F}{P}\right)^{\frac{1}{n}} - 1$$

und erhalten

$$i = \left(\frac{\text{€ } 10000}{\text{€ } 5000}\right)^{\frac{1}{10}} - 1 = 0.0718 = 7.18 \text{ \%}.$$

- Wie viele Jahre dauert es, bis sich eine Einlage von € 5 000 bei einer Verzinsung von 4.5 % pro Jahr verdreifacht hat, das heißt auf € 15 000 angewachsen ist?

Wir lösen die Aufzinsungsformel schrittweise nach n auf

$$F = (1+i)^n P \Rightarrow (1+i)^n = \frac{F}{P} \Rightarrow n \ln(1+i) = \ln\left(\frac{F}{P}\right) \Rightarrow n = \frac{\ln\left(\frac{F}{P}\right)}{\ln(1+i)}$$

und erhalten

$$n = \frac{\ln\left(\frac{\text{€ } 15000}{\text{€ } 5000}\right)}{\ln(1.045)} = 24.96 \approx 25.$$

Dabei bezeichnet $\ln(x)$ den natürlichen Logarithmus von x, d.h. den Logarithmus mit der Eulerschen Zahl $e = 2.718\dots$ als Basis.

Wir heben die beiden allgemeinen Formeln zur Berechnung des Zinssatzes i und der Laufzeit n noch einmal hervor:

Wenn ein Kapital P bei n Verzinsungen mit dem Zinssatz i auf das Kapital F anwächst, dann bestehen die Zusammenhänge

$$i = \left(\frac{F}{P}\right)^{\frac{1}{n}} - 1 \quad \text{und} \quad n = \frac{\ln\left(\frac{F}{P}\right)}{\ln(1+i)}.$$

1.3   Ein nützliches Programm und eine nützliche Formel

Wird auf ein Konto in regelmäßigen Abständen ein immer gleich hoher Betrag eingezahlt, so wird dieser Betrag **Rate** genannt. Nehmen wir an, dass auf ein Konto am Anfang jedes Jahres € 5 000 eingezahlt werden und dass das Konto zu 4.5 % pro Jahr verzinst wird. Tabelle 1.4 zeigt, wie sich der Kontostand von Jahr zu Jahr entwickelt.

Zeitraum in Jahren	Einzahlung in €	Anfangs- kapital in €	Zinssatz	Zins in €	Endkapital in €
1	5000	5000.00	4.5 %	225.00	5225.00
2	5000	10225.00	4.5 %	460.13	10685.13
3	5000	15685.13	4.5 %	705.83	16390.96
4	5000	21390.96	4.5 %	962.59	22353.55
5	5000	27353.55	4.5 %	1230.91	28584.46
...	...	...	...	...	...

Tabelle 1.4: Wertentwicklung bei jährlicher Einzahlung von € 5 000 und fester Verzinsung von 4.5 % pro Jahr

Tabelle 1.4 wurde schrittweise von links nach rechts und oben nach unten erstellt. Im 1. Jahr ist das Anfangskapital gleich der 1. Einzahlung von € 5 000. Das Anfangskapital plus der Zins von $0.045 \cdot$ € $5000 =$ € 225 ergeben das Endkapital von € 5 225. Das Endkapital von Jahr 1 plus die 2. Einzahlung von € 5 000 ergeben das Anfangskapital von € 10 225 im 2. Jahr. Usw.

Zum Erstellen von tabellarischen Rechnungen eignen sich Tabellenkalkulationsprogramme wie Excel. Abbildung 1.3 zeigt ein Arbeitsblatt in Excel, das Tabelle 1.4 erzeugt.

	A	B	C	D	E	F
1	Zeitraum	Einzahlung	Anfangs- kapital	Zinssatz	Zins	Endkapital
2	1	5000	=B2	0.045	=D2*C2	=C2+E2
3	2	5000	=F2+B3	0.045	=D3*C3	=C3+E3
4	3	5000	=F3+B4	0.045	=D4*C4	=C4+E4
5	4	5000	=F4+B5	0.045	=D5*C5	=C5+E5
6	5	5000	=F5+B6	0.045	=D6*C6	=C6+E6

Abbildung 1.3: Excel-Arbeitsblatt zu Tabelle 1.4

Der Kontostand nach 5 Jahren beträgt gemäß Tabelle 1.4 € 28 584.46. Wir können diesen Betrag auch noch auf eine andere Art berechnen. Dazu betrachten wir die Einzahlungen losgelöst vom jeweiligen Kontostand (vgl. Tabelle 1.5).

Die 1. Einzahlung wird bis zum Ende von Jahr 5 fünfmal verzinst und wächst dabei an auf

$$1.045^5 \cdot \text{€ } 5000 = \text{€ } 6230.91.$$

Die 2. Einzahlung wird bis zum Ende von Jahr 5 viermal verzinst und wächst an auf

$$1.045^4 \cdot \text{€ } 5000 = \text{€ } 5962.59.$$

Usw. Wir zinsen also alle Einzahlungen auf das Ende von Jahr 5 auf. Die Summe ist gleich dem Kontostand am Ende von Jahr 5.

Zeitpunkt	Einzahlung in €	Zinssatz	Wert der Einzahlung in 5 Jahren in €
heute	5000	4.5 %	$1.045^5 \cdot 5000 = 6230.91$
in 1 Jahr	5000	4.5 %	$1.045^4 \cdot 5000 = 5962.59$
in 2 Jahren	5000	4.5 %	$1.045^3 \cdot 5000 = 5705.83$
in 3 Jahren	5000	4.5 %	$1.045^2 \cdot 5000 = 5460.13$
in 4 Jahren	5000	4.5 %	$1.045 \cdot 5000 = 5225.00$
		Summe in €	28584.46

Tabelle 1.5: Alternative Berechnung des Kontostands nach 5 Jahren aus Tabelle 1.4

Wir können die Summe

$$1.045^5 \cdot \text{€ } 5000 + 1.045^4 \cdot \text{€ } 5000 + 1.045^3 \cdot \text{€ } 5000 + 1.045^2 \cdot \text{€ } 5000 + 1.045 \cdot \text{€ } 5000$$

auch mithilfe der folgenden Formel berechnen:

$$1 + a + a^2 + a^3 + \ldots + a^n = \frac{a^{n+1} - 1}{a - 1} \qquad (a \neq 1).$$

Die Gültigkeit dieser Formel kann man nachweisen, indem man die linke Seite mit dem Faktor $a - 1$ multipliziert und überprüft, dass das Produkt $a^{n+1} - 1$ ergibt.

Die Formel kann in der Zinsrechnung an vielen Stellen nutzbringend verwendet werden. Hier kommt sie wie folgt zum Einsatz:

$$1.045^5 \cdot \text{€ } 5000 + 1.045^4 \cdot \text{€ } 5000 + 1.045^3 \cdot \text{€ } 5000 + 1.045^2 \cdot \text{€ } 5000 + 1.045 \cdot \text{€ } 5000$$
$$= 1.045 \cdot \text{€ } 5000 \cdot \left(1.045^4 + 1.045^3 + 1.045^2 + 1.045 + 1\right)$$
$$= 1.045 \cdot \text{€ } 5000 \cdot \frac{1.045^5 - 1}{1.045 - 1}$$
$$= \text{€ } 28584.46.$$

1.4 Ein Dollar heute ist nicht gleich ein Dollar morgen

Wir kehren zurück zur fiktiven schwedischen Anleihe aus dem Roman „Der Spekulant" von RIDPATH. Die schwedische Regierung will mit der Anleihe $ 500 Millionen Kredit aufnehmen. Die Laufzeit der Anleihe beträgt 10 Jahre. Verzinst wird die Anleihe zu 9.25 % pro Jahr. Die Herausgabe der Anleihe erfolgt zum Kurs von 99 %.

Wir nehmen an, dass die 1. Kuponzahlung ein Jahr nach der Herausgabe ansteht, die 2. Kuponzahlung nach zwei Jahren, usw. Wenn wir weiter annehmen, dass die Anleihe in Anteile von $ 1 000 aufgeteilt ist, so betragen die Kuponzahlungen pro Anteil jeweils 9.25 % von $ 1000, das heißt $ 92.50. Ein Anteil kostet bei Herausgabe 99 % von $ 1 000, also $ 990.

Eine Anleihe kann als *Tauschgeschäft zwischen Zahlungen* interpretiert werden:

- Der schwedische Staat erhält als Verkäufer bei Herausgabe seiner Anleihe eine Zahlung von $ 990 pro Anteil.

- Im Gegenzug dafür erhält ein Käufer der Schwedenanleihe während ihrer Laufzeit von 10 Jahren pro Anteil insgesamt zehn Kuponzahlungen zu je $ 92.50 und eine Tilgungszahlung von $ 1 000. Das macht summa summarum $ 1 925.

Die Schwedenanleihe scheint für den Käufer ein gutes Geschäft zu sein, erhält er doch fast das Doppelte an Zahlungen. Ganz so einfach ist die Bewertung dieses Geschäftes aber nicht. Der Grund dafür liegt darin, dass die Zahlungen zu *unterschiedlichen Zeitpunkten* erfolgen.

Ein Dollar heute ist nicht gleich ein Dollar morgen. Wenn mir schon heute $ 1 zur Verfügung steht, kann ich diesen gewinnbringend anlegen. Bei einer Verzinsung von zum Beispiel 6 % pro Jahr, ist er in einem Jahr $ 1.06 wert. Wenn mir erst in einem Jahr $ 1 zur Verfügung steht, geht mir diese Anlagemöglichkeit verloren. Von heute aus gesehen ist er daher weniger wert und zwar nur $\frac{\$ 1}{1.06} = \$ 0.943$. Im einen Fall haben wir einen Dollar von heute auf morgen aufgezinst, im andern Fall einen Dollar von morgen auf heute abgezinst.

Die Konsequenz daraus lautet:

> Zahlungen können nur dann direkt miteinander verglichen werden, wenn sie zum gleichen Zeitpunkt erfolgen. Um Zahlungen, die zu unterschiedlichen Zeitpunkten getätigt werden, miteinander vergleichen zu können, müssen sie auf einen gemeinsamen Zeitpunkt aufgezinst bzw. abgezinst werden.

Wir erläutern dieses Prinzip am Beispiel der Schwedenanleihe. Wir wählen als Bewertungszeitpunkt für die Zahlungen den Zeitpunkt der Herausgabe der Anleihe.

- Weil die Zahlung von $ 990 an den Verkäufer der Anleihe zum Bewertungszeitpunkt selbst erfolgt, muss sie weder auf- noch abgezinst werden.

- Die Kuponzahlungen und die Tilgungszahlung an den Käufer der Anleihe erfolgen nach dem Bewertungszeitpunkt und müssen daher abgezinst werden. Als Zinssatz für das Abzinsen wählen wir willkürlich 6 % pro Jahr. In Tabelle 1.6 sind die abgezinsten Zahlungen zusammengestellt.

Die abgezinsten Zahlungen an den Käufer belaufen sich auf insgesamt $ 1 239.20 und sind somit noch immer höher als die Zahlung von $ 990 an den Verkäufer. Weil sich jetzt beide Werte auf den gleichen Zeitpunkt beziehen, können wir sagen, dass *unter der Annahme eines Zinssatzes von 6 %* der Kauf der Anleihe tatsächlich ein gutes Geschäft ist.

Gemäß Tabelle 1.6 beträgt die Summe der abgezinsten Kuponzahlungen $ 1239.20 – $ 558.39 = $ 680.81. Wir können diesen Wert auch mit der Summenformel aus dem letzten Abschnitt berechnen:

$$\frac{\$\,92.50}{1.06} + \frac{\$\,92.50}{1.06^2} + \frac{\$\,92.50}{1.06^3} + \ldots + \frac{\$\,92.50}{1.06^{10}}$$

$$= \frac{\$\,92.50}{1.06} \cdot \left(1 + \frac{1}{1.06} + \left(\frac{1}{1.06}\right)^2 + \ldots + \left(\frac{1}{1.06}\right)^9\right)$$

$$= \frac{\$\,92.50}{1.06} \cdot \frac{\left(\dfrac{1}{1.06}\right)^{10} - 1}{\dfrac{1}{1.06} - 1}$$

$$= \$\,680.81.$$

Zeitpunkt in Jahren	Zahlung in $ pro Anteil		Wert der Zahlung in $ bei Herausgabe der Anleihe	
1	1. Kupon	92.50	$92.50/1.06 =$	87.26
2	2. Kupon	92.50	$92.50/1.06^2 =$	82.32
3	3. Kupon	92.50	$92.50/1.06^3 =$	77.66
4	4. Kupon	92.50	$92.50/1.06^4 =$	73.27
5	5. Kupon	92.50	$92.50/1.06^5 =$	69.12
6	6. Kupon	92.50	$92.50/1.06^6 =$	65.21
7	7. Kupon	92.50	$92.50/1.06^7 =$	61.52
8	8. Kupon	92.50	$92.50/1.06^8 =$	58.04
9	9. Kupon	92.50	$92.50/1.06^9 =$	54.75
10	10. Kupon	92.50	$92.50/1.06^{10} =$	51.65
	Tilgung	1000.00	$1000.00/1.06^{10} =$	558.39
Summe in €		1925.00		1239.20

Tabelle 1.6: Kupon- und Tilgungszahlungen der Schwedenanleihe, links nicht abgezinst, rechts abgezinst mit 6 % pro Jahr auf den Zeitpunkt der Herausgabe

1.5   Rendite einer Anleihe: Provisorische Festlegung

Im letzten Abschnitt haben wir die Zahlungen, welche im Zusammenhang mit der fiktiven schwedischen Anleihe getätigt werden, auf den Zeitpunkt der Herausgabe der Anleihe abgezinst. Dazu haben wir willkürlich einen Zinssatz von 6 % pro Jahr veranschlagt. Wir haben festgestellt, dass die abgezinsten Zahlungen, welche der Käufer der Anleihe erhält, insgesamt höher sind als diejenigen, welche an den Verkäufer der Anleihe gehen.

Wenn wir den Zinssatz erhöhen, bleibt die Zahlung von $ 990, welche an den Verkäufer ergeht, wertmäßig gleich. Die Kuponzahlungen und die Tilgungszahlung dagegen, welche der Käufer erhält, nehmen im Wert ab. Bei einem Zinssatz von 8 % pro Jahr beträgt deren Gesamtwert noch

$$\frac{\$\,92.50}{1.08} \cdot \frac{\left(\dfrac{1}{1.08}\right)^{10} - 1}{\dfrac{1}{1.08} - 1} + \frac{\$\,1000}{1.08^{10}} = \$\,1083.88.$$

(Der erste Summand umfasst die Summe aller abgezinsten Kuponzahlungen. Wie er zustande kommt, ist im letzten Abschnitt erklärt.) Wenn wir den Zinssatz weiter erhöhen, wird dieser Gesamtwert weiter abnehmen. Irgendwann wird er genau $ 990 betragen. Dies ist für einen Zinssatz von 9.41 % der Fall. Überzeugen Sie sich selbst!

Jetzt sind wir soweit, dass wir die Rendite einer Anleihe *provisorisch* festlegen können:

> Die **Rendite einer Anleihe** ist gleich demjenigen Zinssatz, mit dem man alle zukünftigen Zahlungen abzinsen muss, damit deren Summe gerade gleich dem heutigen Kurswert der Anleihe ist.

Warum diese Renditedefinition erst provisorisch ist, erklären wir im übernächsten Abschnitt.

Im Beispiel der fiktiven Schwedenanleihe beträgt die Rendite zum Zeitpunkt der Herausgabe 9.41 % pro Jahr – genau wie im einleitenden Textauszug angeben. Denn wie Sie sich hoffentlich selbst überzeugt haben, ist

$$\frac{\$\,92.50}{1.0941} + \frac{\$\,92.50}{1.0941^2} + \ldots + \frac{\$\,92.50}{1.0941^9} + \frac{\$\,92.50}{1.0941^{10}} + \frac{\$\,1000}{1.0941^{10}} = \$\,990.$$

Um die Rendite einer Anleihe besser interpretieren zu können, multiplizieren wir die Gleichung mit 1.0941^{10}. Wir erhalten

$$1.0941^9 \cdot \$\,92.50 + 1.0941^8 \cdot \$\,92.50 + \ldots + 1.0941 \cdot \$\,92.50 + \$\,92.50 + \$\,1000$$
$$= 1.0941^{10} \cdot \$\,990.$$

Die rechte Seite der Gleichung können wir als Endkapital interpretieren, auf das ein Anfangs-kapital von $ 990 im Laufe von 10 Jahren bei einer festen Verzinsung von 9.41 % pro Jahr anwächst. Die linke Seite der Gleichung können wir ebenfalls als ein Endkapital in 10 Jahren interpretieren. Es entsteht dadurch, dass die Kuponzahlungen von $ 92.50 und die Rückzah-lung von $ 1 000, sobald sie erfolgt sind, zu 9.41 % pro Jahr fest angelegt werden. Die 9.41 % stellen genau den Zinssatz dar, bei welchem es einerlei ist, ob die $ 990 auf ein Konto einbe-zahlt werden oder ob damit ein Anteil der Anleihe erworben wird. Nach 10 Jahren steht gleich viel Geld zur Verfügung.

Die Renditeangabe von 9.41 % für die Schwedenanleihe bezieht sich auf den *Zeitpunkt der Herausgabe*. Zu späteren Zeitpunkten hat die Anleihe in der Regel andere Renditen.

Beispiel: Angenommen nach der Hälfte der Laufzeit, das heißt fünf Jahre nach der Heraus-gabe, beträgt der Kurs der Schwedenanleihe 104 %. Welche Rendite hat dann die Anleihe zu diesem Zeitpunkt?

Es stehen nach der Hälfte der Laufzeit noch fünf Kuponzahlungen aus. Die erste wird in einem Jahr geleistet, die letzte in fünf Jahren zusammen mit der Rückzahlung. Die Summe der mit einem Zinssatz i abgezinsten zukünftigen Zahlungen beträgt pro Anteil

$$\frac{\$\,92.50}{1+i} + \frac{\$\,92.50}{(1+i)^2} + \frac{\$\,92.50}{(1+i)^3} + \frac{\$\,92.50}{(1+i)^4} + \frac{\$\,1092.50}{(1+i)^5}.$$

Ein Kurs von 104 % entspricht einem Preis von $ 1 040 pro Anteil. Die gesuchte Rendite ist gleich demjenigen Zinssatz i, für den die obige Summe gleich $ 1 040 ist. Die Renditegleichung

$$\frac{\$\,92.50}{1+i} + \frac{\$\,92.50}{(1+i)^2} + \frac{\$\,92.50}{(1+i)^3} + \frac{\$\,92.50}{(1+i)^4} + \frac{\$\,1092.50}{(1+i)^5} = \$\,1040$$

kann nicht algebraisch nach i aufgelöst werden. Sie kann nur näherungsweise numerisch gelöst werden. Am einfachsten geschieht dies durch gezieltes Probieren. Tabelle 1.7 protokolliert die Probierschritte. Auf zwei Nachkommastellen genau beträgt die Rendite 8.24 %.

Viele Taschenrechner und Computerprogramme enthalten Werkzeuge zum numerischen Lösen von Gleichungen. In Excel ist eines davon die „Zielwertsuche" im Menü „Extras" (vgl. Abbil-dung 1.4).

Zinssatz i	Summe der abgezinsten zukünftigen Zahlungen $\dfrac{\$\,92.50}{1+i} + \dfrac{\$\,92.50}{(1+i)^2} + \dfrac{\$\,92.50}{(1+i)^3} + \dfrac{\$\,92.50}{(1+i)^4} + \dfrac{\$\,1092.50}{(1+i)^5}$
9.00 %	$ 1009.72
8.00 %	$ 1049.91
8.10 %	$ 1045.80
8.20 %	$ 1041.70
8.30 %	$ 1037.63
8.21 %	$ 1041.30
8.22 %	$ 1040.89
8.23 %	$ 1040.48
8.24 %	$ 1040.07

Tabelle 1.7: Lösen der Renditegleichung durch gezieltes Probieren

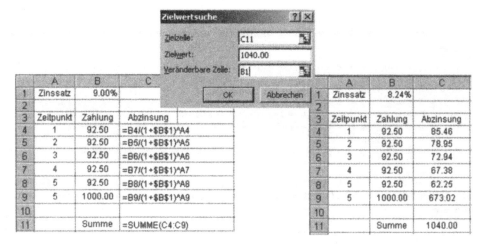

Abbildung 1.4: Lösen der Renditegleichung in Excel mit „Zielwertsuche"

1.6 Lineare versus exponentielle Verzinsung

Stellen Sie sich vor, Sie eröffnen bei einer Bank Anfang eines Jahres ein Konto, das mit 4.5 % pro Jahr verzinst wird, und zahlen darauf € 5 000 ein. Mitte des Jahres schließen Sie das Konto wieder. Was erhalten Sie von der Bank ausbezahlt?

Sicher einmal die einbezahlten € 5 000. Zudem steht Ihnen sicher auch ein Zins zu, denn Sie haben der Bank € 5 000 für ein halbes Jahr zur Verfügung gestellt. Wie hoch ist dieser Zins? Eine naheliegende Antwort lautet: die Hälfte des Jahreszinses, das heißt

$$\frac{0.045 \cdot \text{€ } 5000}{2} = \frac{\text{€ } 225}{2} = \text{€ } 112.50.$$

Die Bank zahlt Ihnen dann Mitte des Jahres € 5000 + € 112.50 = € 5112.50 aus. Und tatsächlich: Sie erhalten genau so viel. Im Grunde aber ist das zu viel. Warum?

Sie können bei der Bank gleich wieder ein neues Konto eröffnen, und die Ihnen nun zur Verfügung stehenden € 5 112.50 darauf einzahlen. Am Ende des Jahres erhalten Sie dafür einen Zins von

$$\frac{0.045 \cdot € 5112.50}{2} = \frac{€ 230.06}{2} = € 115.03.$$

Sie erzielen so einen Jahreszins von € 112.50 + € 115.30 = € 227.80, also € 2.80 mehr, als wenn sie € 5 000 ein Jahr lang auf demselben Konto lassen.

Wenn Sie Ihr Konto sogar vierteljährlich schließen und jeweils gleich wieder ein neues eröffnen, dann erhalten Sie im 1. Quartal als Zins ein Viertel des Jahreszinses von € 225, also € 56.25. Der Zins für das 2. Quartal beträgt schon

$$\frac{0.045 \cdot € 5056.25}{4} = \frac{€ 227.53}{4} = € 56.88.$$

Die Zinsen für das 3. Quartal und 4. Quartal fallen mit € 57.52 und € 58.17 noch höher aus. Insgesamt erwirtschaften Sie einen Zins von € 228.82.

Die Art, wie die Banken Sparguthaben unterjährig verzinsen, nennt man **lineare Verzinsung**. Allgemein gilt:

> Wird ein Kapital P mit dem Jahreszinssatz i über den m-ten Teil eines Jahres **linear verzinst**, so wächst es an auf
>
> $$F = P + \frac{iP}{m} = \left(1 + \frac{i}{m}\right) P.$$

Die Bank kann den bei linearer Verzinsung an Sie zuviel bezahlten Zins verschmerzen. Denn die Bank verdient nicht zuletzt durch die Gebühren für die Kontoführung an Ihren Transaktionen mit.

Wie die Rechnungen zeigen, bewirken eine einmalige jährliche Verzinsung mit einem Zinssatz $i_{\text{Jahr}} = 4.5\,\%$, eine zweimalige halbjährliche Verzinsung mit einem Zinssatz $\frac{i_{\text{Jahr}}}{2} = 2.25\,\%$ und eine viermalige vierteljährliche Verzinsung mit einem Zinssatz $\frac{i_{\text{Jahr}}}{4} = 1.125\,\%$ *nicht* dasselbe. Der Jahreszinssatz 4.5 %, der Halbjahreszinssatz 2.25 % und der Vierteljahreszinssatz 1.125 % sind *nicht* gleichwertig.

> Zwei Zinssätze mit unterschiedlichen Zinsperioden heißen **gleichwertig**, wenn die Verzinsung eines Anfangskapitals mit beiden Zinssätzen nach jeder Zeit das gleiche Endkapital ergibt. Durchgeführt wird die Verzinsung mit der Auf- bzw. Abzinsungsformel aus Abschnitt 1.2.

Welcher Halbjahreszinssatz i_{Halbjahr} ist denn nun gleichwertig zum Jahreszinssatz $i_{\text{Jahr}} = 4.5\,\%$? Diese Frage lässt sich mit der Aufzinsungsformel beantworten. Eine zweimalige Verzinsung von € 5 000 mit dem Zinssatz i_{Halbjahr} führt auf den Betrag

$$(1 + i_{\text{Halbjahr}})^2 \cdot € 5000.$$

Die einmalige Verzinsung mit dem Jahreszinssatz $i_{\text{Jahr}} = 4.5\,\%$ ergibt den Betrag

$$(1 + i_{\text{Jahr}}) \cdot € 5000.$$

Die beiden Zinssätze sind dann gleichwertig, wenn sie zum selben Betrag führen, das heißt, wenn gilt

$$(1 + i_{\text{Halbjahr}})^2 \cdot \text{€ } 5000 = (1 + i_{\text{Jahr}}) \cdot \text{€ } 5000.$$

Das Anfangskapital von € 5 000 hebt sich weg, und es bleibt die Beziehung

$$(1 + i_{\text{Halbjahr}})^2 = 1 + i_{\text{Jahr}}.$$

Daraus folgt

$$i_{\text{Halbjahr}} = \sqrt{1 + i_{\text{Jahr}}} - 1 = (1 + i_{\text{Jahr}})^{\frac{1}{2}} - 1 = 1.045^{\frac{1}{2}} - 1 = 2.2252 \text{ \%}.$$

Das zugehörige Kapital beträgt

$$(1 + i_{\text{Halbjahr}}) \cdot \text{€ } 5000 = (1 + i_{\text{Jahr}})^{\frac{1}{2}} \cdot \text{€ } 5000 = 1.045^{\frac{1}{2}} \cdot \text{€ } 5000 = 1.022252 \cdot \text{€ } 5000 = \text{€ } 5111.26.$$

Welcher Vierteljahreszinssatz $i_{\text{Vierteljahr}}$ ist denn nun gleichwertig zum Jahreszinssatz $i_{\text{Jahr}} = 4.5 \text{ \%}$? Eine analoge Überlegung wie oben führt auf

$$i_{\text{Vierteljahr}} = \sqrt[4]{1 + i_{\text{Jahr}}} - 1 = (1 + i_{\text{Jahr}})^{\frac{1}{4}} - 1 = 1.045^{\frac{1}{4}} - 1 = 1.1065 \text{ \%}.$$

Das zugehörige Kapital beträgt

$$(1 + i_{\text{Vierteljahr}}) \cdot \text{€ } 5000 = (1 + i_{\text{Jahr}})^{\frac{1}{4}} \cdot \text{€ } 5000 = 1.045^{\frac{1}{4}} \cdot \text{€ } 5000 = 1.011065 \cdot \text{€ } 5000 = \text{€ } 5055.33.$$

Verzinst man auf diese Weise unterjährig, so spricht man von **exponentieller Verzinsung**. Allgemein gilt:

> Wird ein Kapital P mit dem Jahreszinssatz i über den m-ten Teil eines Jahres **exponentiell verzinst**, so wächst es an auf
>
> $$F = (1 + i)^{\frac{1}{m}} P.$$

Wie wir gesehen haben, beträgt der Wert von € 5 000 bei exponentieller Verzinsung mit dem Jahreszinssatz 4.5 % nach drei Monaten € 5 055.33 und nach 6 Monaten € 5 111.26. Wie hoch aber ist dessen Wert nach zum Beispiel 1 Jahr und 6 Monaten oder nach 2 Jahren und 9 Monaten?

- Die € 5 000 haben nach einem Jahr den Wert

  $$1.045 \cdot \text{€ } 5000.$$

  Dieser Betrag wird ein weiteres Halbjahr exponentiell verzinst. Er wächst dabei an auf

  $$1.045^{\frac{1}{2}} \cdot (1.045 \cdot \text{€ } 5000) = (1.045^{\frac{1}{2}} \cdot 1.045^1) \cdot \text{€ } 5000 = 1.045^{\frac{3}{2}} \cdot \text{€ } 5000 = \text{€ } 5341.27.$$

- Die € 5 000 haben nach zwei Jahren den Wert

  $$1.045^2 \cdot \text{€ } 5000.$$

  Dieser Betrag wird drei weitere Vierteljahre exponentiell verzinst. Er wächst dabei an auf

  $$\begin{aligned}
  & 1.045^{\frac{1}{4}} \cdot (1.045^{\frac{1}{4}} \cdot (1.045^{\frac{1}{4}} \cdot (1.045^2 \cdot \text{€ } 5000))) \\
  =\; & (1.045^{\frac{1}{4}} \cdot 1.045^{\frac{1}{4}} \cdot 1.045^{\frac{1}{4}} \cdot 1.045^2) \cdot \text{€ } 5000 \\
  =\; & 1.045^{\frac{11}{4}} \cdot \text{€ } 5000 = \text{€ } 5643.39.
  \end{aligned}$$

Die Ausdrücke $1.045^{\frac{3}{2}} \cdot € \, 5000$ und $1.045^{\frac{11}{4}} \cdot € \, 5000$ für den Wert nach 1.5 Jahren bzw. 2.75 Jahren haben die gleiche Struktur wie die Aufzinsungsformel aus Abschnitt 1.2. Der einzige Unterschied besteht darin, dass die Exponenten nicht wie in Abschnitt 1.2 ganzzahlig sind, sondern gebrochenzahlig. Allgemein gilt:

> Wenn exponentiell verzinst wird, dann gelten die Auf- und Abzinsungsformel
>
> $$F = (1+i)^n \, P \ \text{ bzw. } P = \frac{F}{(1+i)^n}$$
>
> auch für gebrochenzahlige n. Damit kann der Zukunfts- bzw. Gegenwartswert auch über Zeiträume hinweg berechnet werden, die nicht ein ganzzahliges Vielfaches des Zeitraumes sind, auf den sich der Zinssatz i bezieht.

Abschließend wollen wir uns allgemein überlegen, wann zwei Zinssätze gleichwertig sind. Zinssatz i_1 soll sich auf den Zeitraum T_1 und Zinssatz i_2 auf den Zeitraum T_2 beziehen. Die beiden Zeiträume T_1 und T_2 sollen in derselben Zeiteinheit gemessen werden.

Ein Kapital von € 1 wächst in einer Zeiteinheit bei Zinssatz i_1 gemäß der Aufzinsungsformel auf

$$€ \, (1+i_1)^{\frac{1}{T_1}}$$

an. Der Exponent $\dfrac{1}{T_1}$ gibt dabei an, wie oft der Zeitraum T_1 in der Zeiteinheit enthalten ist. Entsprechend wächst € 1 in einer Zeiteinheit bei Zinssatz i_2 auf

$$€ \, (1+i_2)^{\frac{1}{T_2}}$$

an. Die beiden Zinssätze i_1 und i_2 sind gleichwertig, wenn das Endkapital gleich ist:

> Zwei Zinssätze i_1 und i_2, die sich auf unterschiedliche Zeiträume T_1 und T_2 beziehen, sind genau dann gleichwertig, wenn gilt
>
> $$(1+i_1)^{\frac{1}{T_1}} = (1+i_2)^{\frac{1}{T_2}}.$$
>
> Dabei müssen die beiden Zeiträume T_1 und T_2 in derselben Zeiteinheit gemessen werden.

Beispiel: Um etwa den Monatszinssatz zu berechnen, der gleichwertig zum Jahreszinssatz 4.5 % ist, setzen wir $T_1 = \frac{1}{12}$ Jahr, $T_2 = 1$ Jahr, $i_2 = 0.045$ und lösen nach i_1 auf:

$$i_1 = (1+i_2)^{\frac{T_1}{T_2}} - 1 = 1.045^{\frac{1}{12}} - 1 = 0.3675 \ \%.$$

1.7 Rendite einer Anleihe: Definitive Festlegung

In diesem Abschnitt machen wir den Schritt von der Fiktion in die Realität. Wir nehmen uns die 7.5 % Bundesanleihe 1994/2004 vor. Gemäß Abbildung 1.1 wurde sie am 05.08.02 bei Börsenschluss in Frankfurt zum Kurs 108.64 % gehandelt und hatte zu diesem Zeitpunkt die Rendite 3.45 %. Passt das zusammen? Rechnen wir nach!

Es stehen noch drei Kuponzahlungen aus, die erste am 11.11.02, die zweite am 11.11.03 und die dritte zusammen mit der 100 %igen Rückzahlung am 11.11.04. Für einen Anteil von € 1 000 betragen die Kuponzahlungen € 75.

Zwischen dem 05.08. und dem 11.11. liegen 98 Tage oder $\frac{98}{365}$ Jahre $= 0.2685$ Jahre. Dabei haben wir die sogenannte **Actual/Actual-Methode** verwendet, bei der taggenau gezählt wird. Diese Methode ist im Euroraum für Anleihen gebräuchlich. Daneben gibt es auch andere Zinstageszählmethoden (vgl. [BS01] und [Hei00]).

Die Summe der mit einem Jahreszinssatz i abgezinsten zukünftigen Zahlungen beträgt pro Anteil

$$\frac{€\,75.00}{(1+i)^{0.2685}} + \frac{€\,75.00}{(1+i)^{1.2685}} + \frac{€\,1075.00}{(1+i)^{2.2685}}.$$

Wir haben benutzt, dass die Abzinsungsformel auch für gebrochene Zeiträume gültig ist. Ein Kurs von 108.64 % entspricht einem Preis von € 1 086.40 pro Anteil. Die Rendite ist die Lösung der Gleichung

$$\frac{€\,75.00}{(1+i)^{0.2685}} + \frac{€\,75.00}{(1+i)^{1.2685}} + \frac{€\,1075.00}{(1+i)^{2.2685}} = €\,1086.40.$$

Die Lösung lautet

$$i = 5.95\,\%,$$

wie man durch Einsetzen nachprüfen kann. Das Ergebnis stimmt nicht mit den 3.45 % aus Abbildung 1.1 überein. Wo liegt das Problem?

Die Unstimmigkeit rührt daher, dass der Zeitpunkt der Renditeberechnung *zwischen zwei Zinsterminen* liegt. Wir haben im ersten Abschnitt dieses Kapitels festgehalten, dass, wer eine Anleihe zwischen zwei Zinsterminen kauft, dem Verkäufer nicht nur den Kurspreis zahlen muss, sondern auch einen Teil der nächsten Kuponzahlung, den sogenannten Stückzins. Die Höhe des Stückzinses ist proportional zur Zeit zwischen dem letzten Zinstermin und dem Kauftermin.

In unserem Beispiel liegen zwischen dem letzten Zinstermin, dem 11.11.01, und dem Kauftermin, dem 05.08.02, 267 Tage. Der Stückzins wird gemäß linearer Verzinsung ermittelt. Er beträgt daher

$$\frac{267\text{ Tage}}{365\text{ Tage}} \cdot €\,75.00 = €\,54.86.$$

Der Kaufpreis für einen Anteil von € 1 000 beträgt dann insgesamt

$$€\,1086.40 + €\,54.86 = €\,1141.26.$$

Die Rendite der Anleihe ist nun die Lösung der Gleichung

$$\frac{€\,75.00}{(1+i)^{0.2685}} + \frac{€\,75.00}{(1+i)^{1.2685}} + \frac{€\,1075.00}{(1+i)^{2.2685}} = €\,1141.26.$$

Sie lautet $i = 3.46\,\%$ und stimmt bis auf ein Hundertstel Prozent mit der Angabe in Abbildung 1.1 überein.

Wir legen jetzt die Rendite einer Anleihe *definitiv* wie folgt fest:

Die **Rendite einer Anleihe** ist gleich demjenigen Zinssatz, mit dem man alle zukünftigen Zahlungen abzinsen muss, damit deren Summe gerade gleich dem heutigen Kaufpreis der Anleihe ist. Der Kaufpreis setzt sich zusammen aus dem Kurswert und dem Stückzins.

Die so festgelegte Rendite heißt auch **Rendite auf Verfall**, englisch „yield to maturity".

Der Zusatz „auf Verfall" kommt daher, dass bei der Renditeberechnung stillschweigend davon ausgegangen wird, dass die Anleihe bis zum Ende der Laufzeit gehalten wird. Es gehen nämlich sämtliche noch ausstehenden Zinszahlungen und die Rückzahlung in die Rechnung ein. Zieht ein Anleger dagegen in Betracht, die Anleihe vorzeitig zu verkaufen, so ist die Rendite auf Verfall für ihn nicht das geeignete Maß. Er braucht dann vielmehr eine „Rendite auf Zeitpunkt X und Kurs Y". Eine Berechnung wie in diesem Abschnitt ist aber selbst dann nicht möglich, wenn der Zeitpunkt X feststeht, weil der Kurs Y nicht im Voraus bekannt ist.

1.8   Renditegleichung

Wie wir in den Abschnitten 1.5 und 1.7 gesehen haben, muss zur Bestimmung der Rendite einer Anleihe eine Gleichung gelöst werden. Wir arbeiten in diesem Abschnitt die allgemeine Form dieser Gleichung heraus. Wir rechnen dazu ein weiteres Beispiel durch und leiten aus der Rechnung die Gleichung ab.

Als Beispiel nehmen wir die 6.25 % Bundesanleihe 1994/2024 aus Abbildung 1.1. Der Kurs dieser Anleihe betrug am 05.08.02 115.15 %. Zinstermin ist jeweils der 04.01. Die Rendite der Anleihe wird für den 05.08.02 in Abbildung 1.1 mit 5.07 % angegeben. Wir rechnen das nach. Wir stellen dazu dem Kurswert und dem Stückzins vom 05.08.02 alle abgezinsten Kuponzahlungen bis zum 04.01.24 und die abgezinste Rückzahlung vom 04.01.24 gegenüber.

Für einen Anleiheanteil von € 1 000 beträgt der Kurswert am 05.08.02:

$$\text{Kurswert } = 1.1515 \cdot € 1000 = € 1151.50.$$

Zwischen dem letzten Zinstermin 04.01.02 und dem 05.08.02 liegen 213 Tage. Der Stückzins für einen Anleiheanteil von € 1 000 beträgt:

$$\text{Stückzins } = \frac{213 \text{ Tage}}{365 \text{ Tage}} \cdot 0.0625 \cdot € 1000 = € 36.47.$$

Bis zur Rückzahlung der Rendite am 04.01.24 sind 22 Kuponzahlungen zu leisten, die erste am 04.01.03 und die letzte am 04.01.24. Die Höhe dieser Zahlungen beträgt jeweils:

$$\text{Kuponzins } = 0.0625 \cdot € 1000 = € 62.50.$$

Zwischen dem 05.08.02 und dem ersten Zinstermin 04.01.03 liegen 152 Tage. Wenn wir alle Zinszahlungen mit dem Zinssatz i auf den 05.08.02 abzinsen und aufsummieren, erhalten wir:

Summe der abgezinsten Zinszahlungen

$$= \frac{€\ 62.50}{(1+i)^{\frac{152}{365}}} + \frac{€\ 62.50}{(1+i)^{1+\frac{152}{365}}} + \frac{€\ 62.50}{(1+i)^{2+\frac{152}{365}}} + \ldots + \frac{€\ 62.50}{(1+i)^{21+\frac{152}{365}}}$$

$$= \frac{€\ 62.50}{(1+i)^{21+\frac{152}{365}}} \cdot \left((1+i)^{21} + (1+i)^{20} + \ldots + 1 \right)$$

$$= \frac{€\ 62.50}{(1+i)^{21+\frac{152}{365}}} \cdot \frac{(1+i)^{22} - 1}{(1+i) - 1} = \frac{€\ 62.50}{(1+i)^{21+\frac{152}{365}}} \cdot \frac{(1+i)^{22} - 1}{i}.$$

Die Rückzahlung von € 1 000 vom 04.01.24 abgezinst auf den 05.08.02 ergibt:

$$\text{abgezinste Rückzahlung} = \frac{€\,1\,000}{(1+i)^{21+\frac{152}{365}}}.$$

Die Gegenüberstellung von Kurswert und Stückzins auf der einen Seite und Zinszahlungen und Rückzahlung auf der anderen Seite liefert die folgende Gleichung für den Zinssatz i:

$$€\,1151.50 + €\,36.47 = \frac{1}{(1+i)^{21+\frac{152}{365}}} \cdot \left(€\,62.50 \cdot \frac{(1+i)^{22}-1}{i} + €\,1000 \right).$$

Die Lösung dieser Gleichung ist per Definition gleich der Rendite der Anleihe am 05.08.02. Durch gezieltes Probieren erhält man als Lösung

$$i = 5.07\ \%.$$

Die Gleichung für die Renditebestimmung lässt sich wie folgt verallgemeinern:

Renditegleichung: Die Rendite einer Anleihe ist die Lösung i der Gleichung

$$\begin{aligned}&\text{Kurswert} + \text{Stückzins}\\ &= \frac{1}{(1+i)^{\text{Restlaufzeit}}} \left(\text{Kuponzins} \cdot \frac{(1+i)^{\text{aufgerundete Restlaufzeit}}-1}{i} + \text{Rückzahlung} \right).\end{aligned}$$

Der Kuponzins, die Restlaufzeit und die Rendite i beziehen sich dabei alle auf dieselbe Periode. Aufgerundet wird auf die nächste ganze Periode.

1.9 My Name is Bond, T-Bond

In diesem Abschnitt werfen wir noch einen Blick in die USA. Die langfristigen Staatsanleihen der USA mit Laufzeiten von 10 bis 30 Jahren heißen **Treasury-Bonds**, kurz **T-Bonds**. Sie werden in der Regel halbjährlich verzinst. Abbildung 1.5 zeigt die Kurspublikation von T-Bonds im WALL STREET JOURNAL EUROPE (Quelle: [BS01]).

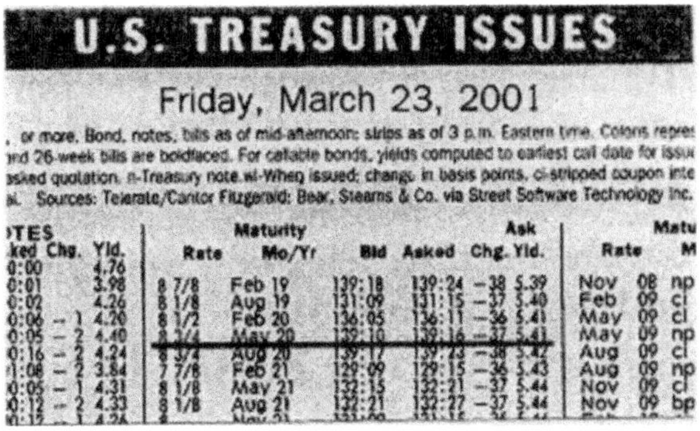

U.S. TREASURY ISSUES

Friday, March 23, 2001

Rate	Maturity Mo/Yr	Bid	Asked	Chg.	Ask Yld.
8 7/8	Feb 19	139:18	139:24	−38	5.39
8 1/8	Aug 19	131:09	131:15	−37	5.40
8 1/2	Feb 20	136:05	136:11	−36	5.41
8 3/4	May 20	139:10	139:16	−37	5.41
8 3/4	Aug 20	139:17	139:23	−38	5.42
7 7/8	Feb 21	129:09	129:15	−36	5.43
8 1/8	May 21	132:15	132:21	−37	5.44
8 1/8	Aug 21	132:21	132:27	−37	5.44

Abbildung 1.5: Kurse von T-Bonds im WALL STREET JOURNAL EUROPE. Quelle: [BS01]

Der Handel mit Bonds erfolgt in den USA nur zum kleineren Teil über Börsen. Zum größeren Teil werden Geschäfte mit Bonds direkt von Bank zu Bank abgewickelt, sozusagen über den Ladentisch. Im Englischen heißen diese Geschäfte denn auch „over the counter". In Abbildung

1.5 sind dementsprechend keine Börsenkurse abgedruckt, sondern der höchste bzw. tiefste Kurs, zu dem eine Bank die Anleihen kauft bzw. verkauft. Die Kurse beziehen sich auf 15 Uhr New Yorker Zeit und gelten für Geschäfte ab $ 100 Millionen.

Zum **Geldkurs**, englisch „bid price", sind die Banken bereit, die Anleihen zu kaufen, zum **Briefkurs**, englisch „ask price", sie zu verkaufen. Die Kurse werden in Prozent angegeben und zwar in Ganzen und in Zweiunddreißigstel getrennt durch einen Doppelpunkt. Ein Kurs von zum Beispiel 102:24 bedeutet 102 % + 24/32 % = 102.75 %.

Wir greifen uns den 8 3/4 T-Bond May 20 heraus. Sein Zinssatz beträgt 8.75 % pro Jahr. Pro Anteil von $ 1 000 besteht ein Zinsanspruch von $ 87.50 pro Jahr. Der Zins wird in zwei Tranchen zu $ 43.75 im Mai und im November ausgezahlt. Die genauen Zinstermine kann man aus Abbildung 1.5 nicht entnehmen. In der Regel liegen sie in der Mitte des Monats. Die Rendite heißt im Englischen „yield" und beträgt gemäß Abbildung 1.5 5.41 %. Wir prüfen das nach.

Der Briefkurs des 8 3/4 T-Bond May 20 beträgt am 23.03.01 139 % + 16/32 % = 139.50 %. Beim Kauf eines Anteils von $ 1 000 macht das $ 1 395.00. Dazu kommt der Stückzins.

Wenn wir als Zinstermine den 15. Mai und den 15. November setzen, dann liegen zwischen dem 15. November und dem 23. März taggenau gezählt 128 Tage und zwischen dem 23. März und dem 15. Mai 53 Tage. Bei amerikanischen Anleihen wird jedoch nicht wie bei europäischen Anleihen die Actual/Actual-Methode verwendet, sondern die sogenannte **30/360-Methode**. Ein Jahr besteht dabei aus 12 Monaten zu je 30 Tagen. So gezählt liegen zwischen dem 15. November und dem 23. März auch 128 Tage (der 31. Dezember und der 31. Januar werden durch den 29. und 30. Februar kompensiert) und zwischen dem 23. März und dem 15. Mai nur 52 Tage (der 31. März fehlt).

Der Stückzins beträgt nun

$$\frac{128 \text{ Tage}}{180 \text{ Tage}} \cdot € 43.75 = € 31.11.$$

Um die Renditegleichung aufzustellen, können wir die Formel aus dem Abschnitt 1.8 verwenden. Weil die Kuponverzinsung halbjährlich erfolgt, müssen wir als Periode das Halbjahr verwenden. Die aus der Gleichung ermittelte Rendite wird sich dann ebenfalls auf ein Halbjahr beziehen.

Die Restlaufzeit der Anleihe dauert vom 23. März 2001 bis zum 15. Mai 2020. Sie umfasst gemäss der 30/360-Methode

$$19 \text{ Jahre} + 52 \text{ Tage bzw. } 38 + \frac{52}{180} \text{ Halbjahre.}$$

Die Renditegleichung lautet

$$\$ 1395 + \$ 31.11 = \frac{1}{(1+i)^{38+\frac{52}{180}}} \cdot \left(\$ 43.75 \cdot \frac{(1+i)^{39} - 1}{i} + \$ 1000 \right).$$

Die Lösung beträgt

$$i = 2.705 \%.$$

Diese Lösung entspricht wie gesagt der Halbjahresrendite i_{Halbjahr} der Anleihe. Die Jahresrendite i_{Jahr} der Anleihe ergibt sich bei exponentieller Umrechnung gemäß Abschnitt 1.6 aus der Beziehung

$$1 + i_{\text{Jahr}} = (1 + i_{\text{Halbjahr}})^2.$$

Dementsprechend ist

$$i_{\text{Jahr}} = 1.02705^2 - 1 = 5.48 \text{ \%}.$$

In Abbildung 1.5 ist dagegen eine Jahresrendite von 5.41 % angegeben. Sie wurde nicht exponentiell, sondern linear aus der Halbjahresrendite umgerechnet:

$$i_{\text{Jahr}} = 2\, i_{\text{Halbjahr}} = 2 \cdot 2.705 \text{ \%} = 5.41 \text{ \%}.$$

Dieses Vorgehen ist bei amerikanischen Staatsanleihen üblich (vgl. [Hei00]).

Wie das Beispiel der T-Bonds zeigt, muss bei der Renditeberechnung von Anleihen auf typenspezifische und länderspezifische Eigenheiten geachtet werden. Infolgedessen sind Renditeangaben aus unterschiedlichen Quellen nicht immer miteinander vergleichbar. In [Hei00] werden ein halbes Dutzend Berechnungsmethoden für Renditen angesprochen und verglichen.

1.10   Risiko von Anleihen

Das Risiko einer Anleihe besteht hauptsächlich aus dem **Zinsänderungsrisiko** und dem **Kreditrisiko**. Wir gehen zunächst auf das Kreditrisiko ein, und zitieren dazu eine weitere Passage aus dem Roman „Der Spekulant" von MICHAEL RIDPATH [Rid95]:

Junk-Bonds, oder Hochzinsanleihen, wie sie manchmal höflicher genannt werden, können sehr gewinnbringend sein. Sie können aber auch sehr gefährlich werden. Der Name „Hochzins" deutet auf den hohen Coupon hin, mit dem diese Anleihen ausgestattet sind. „Junk" hingegen kommt von dem hohen Risiko, das sie darstellen. Derlei Bonds werden gewöhnlich von Unternehmen herausgegeben, die hoch verschuldet sind. Wenn alles gut geht, sind am Schluss alle zufriedengestellt: Die Investoren bekommen ihren hohen Coupon, und die Besitzer des Unternehmens machen ein Vermögen ... Wenn die Sache jedoch schiefgeht, verdient das Unternehmen nicht genug Geld, um seiner Zinsverpflichtung nachzukommen, geht bankrott und lässt seine Junk-Bond-Besitzer mit einem Stück Papier für den Abfallkorb zurück.

Das Kreditrisiko einer Anleihe besteht darin, dass der Herausgeber der Anleihe nicht in der Lage ist, die Zinszahlungen und die Rückzahlung wie vereinbart zu leisten. Es gibt Agenturen, deren Aufgabe darin besteht, die Kreditwürdigkeit der Herausgeber von Anleihen zu bewerten. Sie verteilen dazu Noten. Diejenigen der Agentur STANDARD & POOR'S lauten, etwas vereinfachend gesagt, AAA, AA, A, BBB, BB, B, CCC, CC und C. Anleihen mit der Bestnote AAA heissen **Triple-A-Anleihen**. Zu ihnen zählen die deutschen und amerikanischen Staatsanleihen. Ab der Note BB gelten Anleihen als riskant. Wer eine der drei schlechtesten Noten CCC, CC oder C erhält, zählt zu den **Junk-Bonds**. Je schlechter ein Herausgeber benotet wird, desto höher muss er seine Anleihen verzinsen. Der höhere Kuponzins ist die Prämie für das höhere Kreditrisiko.

Von ganz anderer Art ist das Zinsänderungsrisiko von Anleihen. Worum es dabei geht, beschreibt MICHAEL RIDPATH in seinem Roman „Tödliche Aktien" [Rid96]:

Viel war nicht nötig, um an den Rentenmärkten weltweit Verluste von zwanzig Milliarden Dollar auszulösen. Nur ein kurzer Satz. Ein paar Worte, gleichzeitig auf jeden Handelsbildschirm der Welt gezaubert:

12. April, 14.46 GMT. Alain Greenspan, der Vorsitzende des amerikanischen Zentralbankrats, hält den US-Zinssatz für „ungewöhnlich niedrig" und rechnet mit einer baldigen Erhöhung.

Im Handelssaal wurde diese Ankündigung mit den unterschiedlichsten Ausrufen aufgenommen – hier hörte man ein hysterisches „Himmel, hast du das gesehen?", dort ein ärgerliches „Was, zum Teufel, soll das denn?" oder auch ein leise gestöhntes „Oh, Scheiße". ...
Zwei Jahre lang waren die Zinsen Monat um Monat gefallen. Mit gleicher Regelmäßigkeit waren die Rentenkurse gestiegen. Da war das Geldverdienen leicht gewesen. ... Doch mit der Ankündigung einer Zinserhöhung hatte die US-Zentralbank das große Gemetzel eingeläutet. Die Rentenkurse würden nachgeben, dann noch weiter abrutschen, weil die Leute verkaufen würden – um ihre Gewinne zu retten, um Positionen abzusichern oder einfach nur, um ihrer Angst und Panik Luft zu machen.

Die staatlichen Zentralbanken haben die Aufgabe, für wirtschaftliche Stabilität zu sorgen. Ihr wichtigstes Steuerungsinstrument sind die Zinssätze, zu denen sie Geschäftsbanken Geld ausleihen. So senken die Zentralbanken etwa in Phasen von wirtschaftlicher Rezession in der Regel ihre Zinssätze, um Kredite günstiger zu machen. Die Zinssätze der Zentralbanken heißen wegen ihrer Signalwirkung auch **Leitzinssätze**.

Die Zentralbanken können durch Leitzinsänderungen direkt Einfluss auf den Geldmarkt nehmen und indirekt auch auf den Anleihen- und den Aktienmarkt. Wenn etwa die Leitzinssätze steigen, so steigen in der Regel auch die Renditen der Anleihen. Die Rendite einer bereits herausgegebenen Anleihe kann aber nur steigen, wenn ihr Kurs sinkt.

Beispiel: Eine Anleihe mit einem Kuponzinssatz von 6 % und einer Restlaufzeit von 2 Jahren hat einen Kurs von 103.8 %. Ihre Rendite ist die Lösung der Gleichung

$$\text{€ } 1038 = \frac{\text{€ } 60}{1+i} + \frac{\text{€ } 60 + \text{€ } 1000}{(1+i)^2}$$

und beträgt

$$i = 4.0 \text{ \%}.$$

Wenn die Rendite nun als Folge einer Leitzinserhöhung auf 4.5 % ansteigen soll, dann muss dazu der Kurs auf 102.8 % sinken, denn

$$\frac{\text{€ } 60}{1.045} + \frac{\text{€ } 60 + \text{€ } 1000}{1.045^2} \quad = \text{€ } 1028.09.$$

1.11   Rückblick und Ausblick

Wir haben in diesem Kapitel anhand deutscher und amerikanischer Staatsanleihen das Finanzinstrument Anleihe beispielhaft vorgestellt und dargelegt, wie man die Rendite von Anleihen festlegen und berechnen kann. Wir haben in Abschnitt 1.9 bereits angemerkt, dass es noch andere Renditedefinitionen für Anleihen gibt und dazu auf [Hei00] verwiesen. Es gibt auch noch viele andere Anleihetypen als die in diesem Kapitel vorgestellten, so zum Beispiel Nullkuponanleihen (Zero-Bonds), Anleihen mit variablem Kuponzinssatz (Floater), Anleihen mit variablem Zinssatz sowie Mindest- und/oder Maximalzinssatz (Floater mit Floor und/oder Cap),

Anleihen mit der Möglichkeit zur vorzeitigen Rückzahlung durch den Herausgeber (Callable Bonds) oder Wandelanleihen (Convertible Bonds), die ein Bezugsrecht auf Aktien des Herausgebers beinhalten. Für eine genaue Beschreibung dieser Anleihetypen verweisen wir auf [BS01].

Die Bewertung einiger der oben aufgezählten Anleiheformen ist schwieriger als in diesem Kapitel dargestellt, weil etwa die Höhe der Zinszahlungen nicht mit Sicherheit bekannt ist (Anleihen mit variablem Kuponzinssatz, der sich an einem Leitzinssatz orientiert) oder weil die Laufzeit nicht mit Sicherheit feststeht (vorzeitig rückzahlbare Anleihen). In diesen Fällen braucht man zur Bewertung neben Algebra, wie in diesem Kapitel, zusätzlich Wahrscheinlichkeitsrechnung. Das gleiche gilt auch für die drei weiteren Finanzinstrumente, die wir in diesem Buch neben den Anleihen vorstellen: die Lebensversicherungen (Kapitel 2), die Aktien (Kapitel 3) und die Optionen (Kapitel 5). Dementsprechend werden wir in den folgenden Kapiteln auch aufzeigen, wie man die Ungewissheit mit in die Berechnungen einbeziehen kann.

1.12 Aufgaben

1 Herr X führt auf einer Bank ein Konto. Er zahlt jeweils am Anfang eines Jahres einen gewissen Betrag ein oder hebt einen gewissen Betrag ab. Die Beträge sind unterschiedlich hoch. Der Zinssatz wechselt von Jahr zu Jahr. Vervollständigen Sie die Tabelle 1.8.

Zeitraum in Jahren	Ein- bzw. Auszahlung in €	Anfangskontostand in €	Zinssatz pro Jahr	Zins in €	Endkontostand in €
1	———	12000.00			12720.00
2	4000.00		4.50 %		
3	−8000.00			497.30	
4			5.25 %		13371.70

Tabelle 1.8: Aufgabe 1

2 Frau Y zahlt bei Geburt ihres Patenkindes einmalig einen Betrag auf ein Konto ein mit dem Ziel, das Geld „wachsen" zu lassen und es dem Patenkind an seinem 16. Geburtstag auszuzahlen.

   a) Angenommen, Frau Y zahlt einmalig € 1 000 und der Zinssatz beträgt konstant über alle Jahre hinweg 5 % pro Jahr. Vervollständigen Sie die Tabelle 1.9, und berechnen Sie weiter, wie groß der Kontostand am Ende von Jahr 8, 12 und 16 ist.

Zeitraum in Jahren	Einzahlung in €	Anfangskontostand in €	Zinssatz pro Jahr	Endkontostand in €
1				
2				
3				
4				

Tabelle 1.9: Aufgabe 2 a)

   b) Welchen Betrag muss Frau Y einmalig einzahlen, damit bei einem festen Zinssatz von 5 % das Patenkind ziemlich genau € 2 000 zum 16. Geburtstag erhält?

   c) Frau Y zahlt einmalig € 1 000 ein. Bei welchem festen Zinssatz pro Jahr erhält ihr Patenkind ziemlich genau € 2 000 zum 16. Geburtstag?

d) Angenommen, Frau Y zahlt einmalig € 750 ein, und der Zinssatz beträgt durchweg 5 % pro Jahr. Bis zu welchem Geburtstag muss ihr Patenkind warten, wenn es € 2000 – oder auch etwas mehr, aber nicht weniger – erhalten möchte?

e) Angenommen, Frau Y zahlt periodisch € 100 ein und der Zinssatz beträgt konstant über alle Jahre hinweg 5 % pro Jahr. Vervollständigen Sie die Tabellen 1.10 und 1.11, welche auf zwei unterschiedliche Arten den Kontostand am Ende von Jahr 4 ermitteln.

Zeitraum in Jahren	Einzahlung in €	Anfangskonto- stand in €	Zinssatz pro Jahr	Endkonto- stand in €
1				
2				
3				
4				

Tabelle 1.10: Aufgabe 2 e)

Zeitpunkt der Einzahlung	Einzahlung in €	Zinssatz pro Jahr	Wert der Einzahlung am Ende von Jahr 4 in €
Anfang Jahr 1			
Anfang Jahr 2			
Anfang Jahr 3			
Anfang Jahr 4			
		Summe in €	

Tabelle 1.11: Aufgabe 2 e)

f) Angenommen, Frau Y zahlt periodisch € 100 ein und der Zinssatz beträgt konstant über alle Jahre hinweg 5 % pro Jahr. Wie hoch ist der Kontostand am Ende von Jahr 8, 12 und 16?

g) Welchen Betrag muss Frau Y periodisch einzahlen, damit bei einem festen Zinssatz von 5 % pro Jahr das Patenkind ziemlich genau € 2000 zum 16. Geburtstag erhält?

h) Frau Y zahlt periodisch € 75 ein. Bei welchem festen Zinssatz pro Jahr erhält das Patenkind ziemlich genau € 2000 zum 16. Geburtstag?

i) Angenommen, Frau Y zahlt periodisch € 50 ein, und der Zinssatz beträgt durchweg 5 % pro Jahr. Bis zu welchem Geburtstag muss das Patenkind warten, wenn es € 2000 – oder auch etwas mehr, aber nicht weniger – erhalten möchte?

3 Frau A und Herr B zahlen Anfang eines Jahres je € 2000 auf ein Konto ein. Das Konto von Frau A wird in Abständen von drei Monaten verzinst, wobei der Dreimonatszinssatz 2.625 % beträgt. Das Konto von Herrn B wird in Abständen von vier Monaten verzinst, wobei der Viermonatszinssatz 3.5 % beträgt.

a) Wie hoch sind die Kontostände von Frau A und Herrn B Ende des Jahres?

b) Wie hoch müsste der Zinssatz von Herrn B sein, damit er Ende des Jahres den gleichen Kontostand wie Frau A hätte? (Anders gefragt: Welcher Viermonatszinssatz ist gleichwertig zum Dreimonatszinssatz 2.625 %?)

c) Wie hoch müsste der Zinssatz von Frau A sein, damit sie Ende des Jahres den gleichen Kontostand wie Herr B hätte? (Anders gefragt: Welcher Dreimonatszinssatz ist gleichwertig zum Viermonatszinssatz 3.5 %?)

4 Frau A zahlt seit dem 1. Januar 2000 alle drei Monate € 750 auf ein Konto ein, Herr B ebenfalls seit dem 1. Januar 2000 alle vier Monate € 1 000. Die Konten von Frau A und Herrn B werden beide mit 5 % pro Jahr *exponentiell* verzinst.

a) Wie hoch sind die Kontostände von Frau A und Herrn B am 31. Dezember 2000? Wie hoch am 31. Dezember 2004?

b) Wann hat Frau A erstmals € 50 000 auf ihrem Konto?

c) Welcher Zinssatz pro Jahr wäre nötig, damit Herr B am 31. Dezember 2009 € 50 000 auf seinem Konto hätte?

5 Der Staat Z will eine Anleihe in Anteilen von \$ 1 000 mit 5jähriger Laufzeit herausgeben, wobei die Rendite auf Verfall 7.5 % betragen soll.

a) Angenommen, der Kuponzinssatz beträgt 7.0 %. Wie hoch muss dann der Ausgabekurs der Anleihe sein?

b) Angenommen, der Ausgabekurs der Anleihe beträgt 104.0 %. Wie hoch muss dann der Kuponzinssatz sein?

6 Die Firma ABC gab am 1. April 2000 eine Anleihe in Anteilen von € 1 000 mit Kuponzinssatz 6 % und Laufzeit 10 Jahre heraus.

a) Frau D kauft am 1. Juli 2002 Anteile der Anleihe zum Kurs von 102 %. Wie hoch ist die Rendite auf Verfall für Frau D, wenn die Zinstage nach der 30/360-Methode bestimmt werden?

b) Frau D spekuliert darauf, dass der Kurs der Anleihe steigt. Angenommen, sie behält Recht und der Kurs steigt bis zum 1. Januar 2005 auf 108 %. Angenommen, sie verkauft dann ihre Anteile. Statt für die Rendite auf Verfall interessiert sich dann Frau D für die „Rendite per 1. Januar 2005 bei Kurs 108 %". Wie hoch wäre diese, wenn die Zinstage nach der 30/360-Methode bestimmt werden?

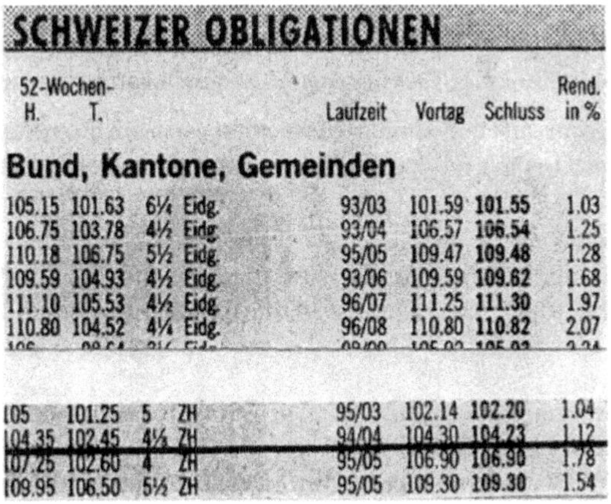

SCHWEIZER OBLIGATIONEN

52-Wochen- H.	T.			Laufzeit	Vortag	Schluss	Rend. in %
Bund, Kantone, Gemeinden							
105.15	101.63	6¼	Eidg.	93/03	101.59	**101.55**	1.03
106.75	103.78	4½	Eidg.	93/04	106.57	**106.54**	1.25
110.18	106.75	5½	Eidg.	95/05	109.47	**109.48**	1.28
109.59	104.93	4½	Eidg.	93/06	109.59	**109.62**	1.68
111.10	105.53	4½	Eidg.	96/07	111.25	**111.30**	1.97
110.80	104.52	4¼	Eidg.	96/08	110.80	**110.82**	2.07
105	101.25	5	ZH	95/03	102.14	**102.20**	1.04
104.35	102.45	4½	ZH	94/04	104.30	**104.23**	1.12
107.25	102.60	4	ZH	95/05	106.90	**106.90**	1.78
109.95	106.50	5½	ZH	95/05	109.30	**109.30**	1.54

Abbildung 1.6: Schweizer Obligationen. Quelle: NEUE ZÜRCHER ZEITUNG

7 Die Abbildung 1.6 stammt aus der NEUEN ZÜRCHER ZEITUNG und zeigt die Schlusskurse einiger Anleihen des Schweizer Staates sowie des Kantons Zürich am 19.09.02 an der Schweizer Börse. Über die unterstrichene Anleihe des Kantons Zürich kann man folgendes herauslesen: *1994 herausgegeben, Laufzeit 10 Jahre, Kuponzinssatz 4.125 %, Schlusskurs am 19.09.02 104.23 %, Rendite auf Verfall am 19.09.02 1.12 %.* Nicht angegeben ist in der NEUEN ZÜRCHER ZEITUNG, an welchem Tag im Jahr die Kuponzahlungen geleistet werden. Lässt sich dieser Tag aus den zitierten Angaben rekonstruieren? Wenn ja, wie lautet er für die besagte Anleihe des Kantons Zürich?

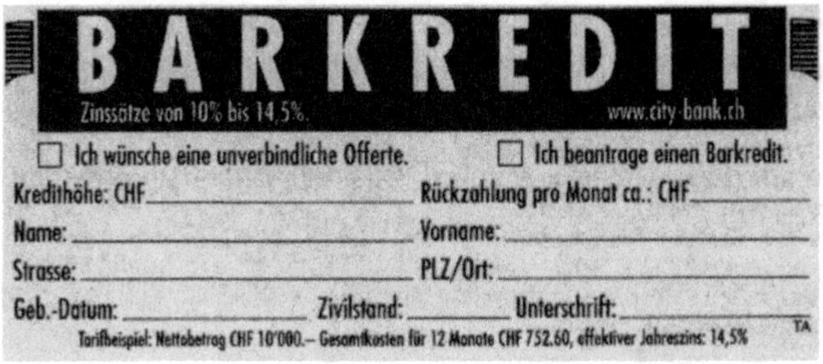

Abbildung 1.7: Kleinkredit. Quelle: TAGES-ANZEIGER

8 Wer als Privatperson eine größere Anschaffung tätigen will, dafür aber gerade nicht genug Geld hat, kann – sofern er oder sie über ein regelmäßiges Einkommen verfügt – bei einer Bank einen **Kleinkredit** aufnehmen. Die Abbildung 1.7 stammt aus dem Zürcher TAGES-ANZEIGER vom 13.12.02 und zeigt ein Kleinkreditinserat einer Bank. Darin angeführt ist das folgende Angebot:

Die Bank zahlt ihrerseits an den Kreditnehmer sofort CHF 10 000 aus. Der Kreditnehmer zahlt dafür seinerseits an die Bank 12 Monatsraten zu je CHF 896.05 (= CHF 10752.60/12), wobei die 1. Rate in einem Monat zu leisten ist, die 2. Rate in zwei Monaten, usw.

Im weiteren steht im Inserat, dass der **effektive Zinssatz** dieses Angebots 14.5 % betrage.

a) Vergleichen Sie einen Kleinkredit wie im Inserat mit einer Anleihe vom Typ einer deutschen Staatsanleihe. Beschreiben Sie Gemeinsamkeiten und Unterschiede.

b) Der effektive Zinssatz bei Kleinkrediten entspricht der Rendite auf Verfall bei Anleihen. Rechnen Sie nach, ob der im Inserat angegebene effektive Zinssatz von 14.5 % korrekt ist.

9 Zeigen Sie: Wenn eine Anleihe vom Typ der deutschen Staatsanleihen zu einem Zinstermin einen Kurs von 100 % hat, dann ist deren Rendite zu diesem Zeitpunkt gleich dem Kuponzinssatz.

10 Der Text in Abbildung 1.8 stammt aus dem Zürcher TAGES-ANZEIGER vom 18.10.02. Darin fragt ein Leser oder eine Leserin, wie die Rendite der Anleihe berechnet werde. Ein Mitglied der Wirtschaftsredaktion gibt in seiner Antwort ein in Worten formuliertes Berechnungsrezept an.

a) Geben Sie das Berechnungsrezept als Formel an.

b) Überprüfen Sie die Güte des Berechnungsrezepts anhand der 7.5 % Bundesanleihe 1994/2004 aus Abbildung 1.1.

Obligationenrendite

Im Tagi sind verschiedene Obligationen aufgeführt. Unter einer Anleihe «Schweiz Eidgenossenschaft», die zu 7 Prozent verzinst wird und eine Laufzeit bis zum 10. September 2005 hat, betrug die Rendite 4,8 Prozent. Wie wird diese berechnet? (Tageskurs am 14. Juni 2002: 106.13 Franken, Vortageskurs: 106.65 Franken).

A. F. VIA MAIL

Bei den 4,8 Prozent handelt es sich um die so genannte Rendite auf Verfall. Diese berücksichtigt im Gegensatz zur direkten Rendite auch die Restlaufzeit und die Kursdifferenz zum Nennwert der Obligation. Damit wird ein besserer Vergleich der Renditen von Obligationen möglich. Zur Berechnung selbst. Die Rendite auf Verfall ist der Jahresertrag mal 100, dividiert durch den Tageskurs. Der Tageskurs ist 106.13 Franken. Der Jahresertrag wird wie folgt ermittelt: Jahreszins (Coupon) plus/minus Kursdifferenz zum Nennwert, dividiert durch die Restlaufzeit. Der Jahreszins (Coupon), bezogen auf den Nennwert von 100 Franken, beträgt für diese Obligation 7 Prozent, also 7 Franken. Die Kursdifferenz zum Nennwert ist der Nennwert minus der Kurswert. In diesem Fall 100 Franken minus 106.13 Franken gleich minus 6.13 Franken. Es fehlt noch die Restlaufzeit: Die Obligation verfällt am 10. September 2005. Die Restlaufzeit vom 14. Juni 2002 bis 10. September 2005 beträgt demnach 3,232 Jahre (Grundlage: 365 Tage im Jahr). Wenn diese drei Grössen (Jahreszins, Kursdifferenz und Restlaufzeit) in die Formel für den Jahresertrag eingesetzt werden, erhält man 5.10 Franken. Diese Zahl kommt in die Formel für die Rendite auf Verfall (5,104 Franken mal 100, durch 106.13 Franken) und es ergeben sich die besagten 4,8 Prozent. (sig)

Abbildung 1.8: Obligationenrendite. Quelle: TAGES-ANZEIGER

c) Das Berechnungsrezept liefert zwar im Allgemeinen nicht genau die Rendite auf Verfall – so wie wir sie in diesem Kapitel festgelegt haben –, aber *näherungsweise*. Für ganzzahlige Restlaufzeiten n kann man die Formel aus a) denn auch aus der Renditegleichung aus Abschnitt 1.8 herleiten, indem man in der Renditegleichung den exponentiellen Zinsterm

$$(1 + i)^n$$

durch den entsprechenden linearen Zinsterm

$$1 + n\, i$$

ersetzt. Führen Sie die Ersetzung durch und lösen Sie die linearisierte Gleichung nach der Rendite i auf.

„Irgendwie hat sie spitzgekriegt, dass wir uns gelegentlich Bares aus ihrem Kässeli leihen!"

Zeichnung: Felix Schaad. Quelle: TAGES-ANZEIGER vom 06.12.02

2 Lebensversicherungen – das Äquivalenzprinzip

Frau R. möchte eine Risikolebensversicherung abschließen. Aus dem Internet hat sie sich folgendes Angebot einer Versicherungsgesellschaft besorgt:

Abbildung 2.1: Risikolebensversicherung. Quelle: www-tr.europa-direkt.de/Tarifrechner.html

Die gleichaltrige Frau K. interessiert sich für eine Kapitallebensversicherung und findet zu ihren Eingabedaten dieses Angebot:

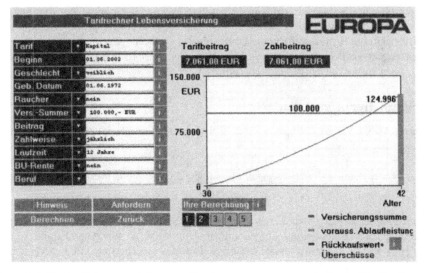

Abbildung 2.2: Kapitallebensversicherung. Quelle: www-tr.europa-direkt.de/Tarifrechner.html

Was bedeuten diese Angaben? Wie berechnet das Versicherungsunternehmen die Beiträge, die sie von den Versicherungsnehmern verlangt? Was ist überhaupt eine Versicherung?

Wir zitieren aus [Prö97] eine juristische Definition von Versicherung:

„Versicherungsgeschäfte betreibt, wer, ohne dass ein innerer Zusammenhang mit einem Rechtsgeschäft anderer Art besteht, gegen Entgelt verpflichtet ist, ein wirtschaftliches Risiko dergestalt zu übernehmen, dass er

a) *anderen vermögenswerte Leistungen zu erbringen hat, wenn sich eine für deren wirtschaftliche Verhältnisse nachteilige, ihrem Eintritt nach u n g e w i s s e T a t s a c h e (Hervorhebung der Autoren) ereignet, um die dadurch verursachten Nachteile auszugleichen, oder*

b) *anderen vermögenswerte Leistungen zu erbringen hat, wobei es von der D a u e r d e s m e n s c h l i c h e n L e b e n s o d e r d e m E i n t r i t t o d e r N i c h t e i n t r i t t e i n e r T a t s a c h e (Hervorhebung der Autoren) im Laufe des menschlichen Lebens abhängt, ob oder wann in welchem Umfang zu leisten oder wie hoch das Entgelt ist,*

sofern der Risikoübernahme eine Kalkulation zugrunde liegt, wonach die dazu erforderlichen Mittel ganz oder im wesentlichen ganz durch die Gesamtheit der Entgelte aufgebracht werden. "

Unsere Hervorhebungen weisen darauf hin, dass Versicherungsgeschäfte notwendigerweise ein **zufälliges Element** enthalten müssen. Wenn es um Lebensversicherungen geht, hat der Zufall in Gestalt der zufälligen Lebensdauer seine Hand im Spiel.

Das Entgelt, welches das Versicherungsunternehmen für den Versicherungsnehmer kalkuliert, heißt **Bruttoprämie** und wird auch – wie in den Beispielen von Seite 27 – **Tarifbeitrag** genannt. Derjenige Teil der Bruttoprämie, welcher die erwartete Leistung des Versicherers im Versicherungsfall abdeckt, heißt **Nettoprämie**. Um das Risiko für das Eintreten des Versicherungsfalles zu quantifizieren, werden **Sterbetafeln** aufgestellt. Sie enthalten Schätzwerte für die Sterbewahrscheinlichkeiten. Die Sterbetafeln und das sogenannte **Äquivalenzprinzip** zur Berechnung der Nettoprämie stehen im Zentrum dieses Kapitels. Darüber hinaus erfahren Sie, welche weiteren Bestandteile in die Bruttoprämie einfließen und warum die vom Versicherungsnehmer tatsächlich zu bezahlende Prämie, in den Beispielen von Seite 27 **Zahlbeitrag** genannt, nicht immer gleich der Bruttoprämie ist.

2.1   Versicherungsarten

Man unterscheidet Versicherungen auf den Todesfall und Versicherungen auf den Erlebensfall sowie gemischte Formen.

Wer eine Versicherung auf den Todesfall abschließt, möchte die Hinterbliebenen finanziell absichern.

Beispiel: Familie Z. hat einen Kredit über € 100 000 mit einer Laufzeit von 30 Jahren zur Finanzierung eines Eigenheimes aufgenommen. Um Vorsorge für seine Familie zu treffen, schließt Herr Z. (35 Jahre alt) eine 30-jährige Todesfallversicherung mit der Versicherungssumme € 100 000 ab. Herr Z. zahlt dafür jährlich € 512.
Stirbt Herr Z. im Laufe der nächsten dreißig Jahre, so zahlt die Versicherung an den Begünstigten € 100 000. Überlebt er hingegen, was wir hoffen, die nächsten 30 Jahre, so ist keine Versicherungsleistung fällig.

Eine Versicherung wie im vorigen Beispiel nennt man Risikolebensversicherung, wir sprechen kurz von **Risikoversicherungen**.

Wer eine Versicherung auf den Erlebensfall abschließt, will sich selbst finanziell absichern. Eine n-jährige Versicherung auf den Erlebensfall kommt fast einer Sparform gleich. Erlebt der Versicherungsnehmer die nächsten n Jahre, dann ist die vereinbarte Versicherungssumme fällig.

Koppelt man beide Versicherungsformen, so handelt es sich um eine n-jährige gemischte Kapitallebensversicherung. Wir werden kurz von **Kapitalversicherungen** sprechen.

Tabelle 2.1 zeigt die Anzahl der Verträge des Neuzugangs im Jahre 2001 für das selbst abgeschlossene Geschäft der Versicherungsunternehmen, die zum Gesamtverband der Deutschen Versicherungswirtschaft e.V. (GDV) gehören. Gemessen an den Brutto-Beitragseinnahmen repräsentieren die GDV-Mitglieder etwa 97 Prozent des deutschen Marktes. Berücksichtigt sind in der Tabelle nur Einzelversicherungen. Daneben gibt es noch Kollektivversicherungen, die von Firmen, Vereinen oder Verbänden für ihre Mitglieder abgeschlossen werden.

Kapitalversicherungen	1 440 000
Risikoversicherungen	740 000
Renten- und Pensionsversicherungen	1 460 000

Tabelle 2.1: Anzahl der Verträge des Neuzugangs in der Lebensversicherung. Quelle: GDV-Jahrbuch 2002 – Die deutsche Versicherungswirtschaft [GDV02]

Die durchschnittliche Versicherungssumme bei diesen Neuabschlüssen betrug € 25 450 bei den Kapitalversicherungen (einschließlich Fondsgebundene Lebensversicherungen), € 19 800 bei den Renten-, Pensions- und Pflegerentenversicherungen und € 61 100 bei den Risikoversicherungen (ohne Restschuldversicherungen).

Wir werden uns in diesem Buch nur mit den Risiko- und Kapitalversicherungen beschäftigen.

2.2 Sterbetafeln

Bei einer Risiko- oder Kapitalversicherung hängen sowohl der Leistungsumfang der Versicherung als auch die Zahlungsleistungen des Versicherungsnehmers vom zufälligen Zeitpunkt seines Todes (bzw. der zufälligen Dauer seines Lebens) ab. Sie enthalten also eine zufällige Komponente.

Beispiel: Frau X, 40 Jahre alt, schließt eine Risikoversicherung mit zwei Jahren Laufzeit über € 50 000 ab. Den Beitrag zahlt sie jährlich im voraus. Wird die Versicherungssumme fällig, dann erfolgt die Zahlung üblicherweise am Ende des Versicherungsjahres. Für das Zufallsgeschehen sind drei Szenarien denkbar:

- Frau X stirbt im Verlauf der nächsten zwei Jahre nicht. Dann zahlt sie zwei Jahresbeiträge und die Versicherung erbringt keine Leistung.

- Frau X stirbt im Verlauf des ersten Jahres. Dann zahlt sie einen Jahresbeitrag und die Versicherung zahlt am Ende des ersten Jahres die Versicherungssumme.

- Frau X stirbt im Verlauf des zweiten Jahres. Dann zahlt sie zwei Jahresbeiträge und die Versicherung zahlt am Ende des zweiten Jahres die Versicherungssumme.

Um die (erwartete) Größe dieser Leistungen beschreiben zu können, braucht man Wahrscheinlichkeitsaussagen über die zufällige Lebensdauer eines Menschen.

Diese Wahrscheinlichkeitsaussagen sind in sogenannten Sterbetafeln verankert. Mithilfe der Sterbetafeln werden mathematische Modelle für die Verteilung der Zufallsgröße „Lebensdauer" aufgestellt. Die Verteilung dieser Zufallsgröße hängt vom Geschlecht der Person ab. Es gibt deshalb Sterbetafeln für männliche und solche für weibliche Personen. Weitere Faktoren wie z.B. Gesundheitszustand und Region, die zweifellos auf die Verteilung Einfluss haben, werden in den Sterbetafeln meist nicht berücksichtigt.

x, y	q_x	l_x	q_y	l_y
0	11.687	100000	9.003	100000
1	1.008	98831	0.867	99100
2	0.728	98732	0.624	99014
3	0.542	98660	0.444	98952
4	0.473	98606	0.345	98908
5	0.452	98560	0.307	98874
6	0.433	98515	0.293	98844
7	0.408	98472	0.283	98815
8	0.379	98432	0.275	98787
9	0.352	98395	0.268	98759
10	0.334	98360	0.261	98733
11	0.331	98328	0.260	98707
12	0.340	98295	0.267	98682
13	0.371	98262	0.281	98655
14	0.451	98225	0.307	98628
15	0.593	98181	0.353	98597
16	0.792	98123	0.416	98562
17	1.040	98045	0.480	98521
18	1.298	97943	0.537	98474
19	1.437	97816	0.560	98421
20	1.476	97675	0.560	98366
...	...	...	...	...
50	6.751	90758	3.425	94682
51	7.485	90145	3.728	94358
52	8.302	89470	4.066	94006
53	9.215	88728	4.450	93624
54	10.195	87910	4.862	93207
55	11.236	87014	5.303	92754
56	12.340	86036	5.777	92262
57	13.519	84974	6.302	91729
58	14.784	83826	6.884	91151
59	16.150	82586	7.530	90524
60	17.625	81253	8.240	89842
61	19.223	79820	9.022	89102
62	20.956	78286	9.884	88298
63	22.833	76646	10.839	87425
64	24.858	74895	11.889	86477
65	27.073	73034	13.054	85449
...	...	...	...	...
100	527.137	52	462.967	330
101	1000.000	25	1000.000	177

Tabelle 2.2: Auszug aus der DAV-Sterbetafel 1994T, Sterbewahrscheinlichkeiten q_x für Männer und q_y für Frauen in ‰ in Abhängigkeit vom Alter x bzw. y. Quelle: [fdV94]

Die Tabelle 2.2 zeigt einen Auszug aus der DAV-Sterbetafel 1994T (vgl. Anhang). Die Abkürzung DAV bedeutet Deutsche Aktuarvereinigung. (Die DAV-Sterbetafel 1994T wird von der DAV als Rechnungsgrundlage für Versicherungen mit Todesfallcharakter empfohlen.) Der Index x steht für männlich, der Index y für weiblich.

Was bedeuten diese Zahlen?

Wir wählen eine Darstellung, die den stochastischen Charakter des Geschehens betont.

Es sei T_0 die **zufällige Lebensdauer** eines männlichen Neugeborenen und T_x die **zufällige restliche Lebensdauer** ab dem Alter x. (Bemerkung: Der Index x bzw. y hat die Doppelbedeutung Geschlecht und Alter, die wir in Kauf nehmen, um die traditionelle versicherungsmathematische Bezeichnung beizubehalten.)

Das Alter messen wir immer in vollendeten Jahren. Eine Person des Alters 35 hat also ihren 35. Geburtstag bereits erlebt und der 36. Geburtstag steht noch bevor. Würde diese Person mit 75 Jahren sterben, dann wäre $T_{35} = 40$.

Zu jedem Alter x und getrennt nach Geschlechtern gibt eine Sterbetafel nun die **einjährige Sterbewahrscheinlichkeit** q_x dafür an, dass eine x-jährige Person das Alter $x + 1$ nicht erlebt, in Formeln

$$q_x = \mathrm{P}(T_x < 1).$$

Speziell ist

$$q_0 = \mathrm{P}(T_0 < 1)$$

die Wahrscheinlichkeit, dass ein Neugeborenes das erste Lebensjahr nicht überlebt.

Das Höchstalter in einer Sterbetafel wird meist mit ω bezeichnet. Für dieses Alter gilt $q_\omega = \mathrm{P}(T_\omega < 1) = 1$. In der DAV-Sterbetafel 1994T ist $\omega = 101$. Auch in dieser Festsetzung kommt der Modellcharakter einer Sterbetafel zum Ausdruck. Natürlich können Menschen mehr als 101 Jahre alt werden, aber die Wahrscheinlichkeit dafür ist so klein, dass dieser Fall im Modell vernachlässigt wird.

Beispiel: Wir legen Tabelle 2.2 zugrunde. Dann ist die Wahrscheinlichkeit $\mathrm{P}(T_{20} < 1)$, dass ein 20-jähriger Mann im Verlaufe des nächsten Lebensjahres stirbt, gleich 1.476 ‰ = 0.001476. Für eine 20-jährige Frau beträgt die entsprechende Wahrscheinlichkeit nur 0.560 ‰ = 0.000560.

Mithilfe der Rechenregeln für die Wahrscheinlichkeit erhalten wir aus den Sterbewahrscheinlichkeiten q_x die **einjährigen Überlebenswahrscheinlichkeiten**

$$p_x = \mathrm{P}(T_x \geq 1) = 1 - \mathrm{P}(T_x < 1) = 1 - q_x.$$

Die Verteilungen der restlichen Lebensdauern T_x für *verschiedene* Alter x werden durch eine sogenannte **Verträglichkeitsannahme** miteinander verknüpft. Diese besagt

$$\mathrm{P}(T_x \geq s + t) = \mathrm{P}(T_x \geq s) \cdot \mathrm{P}(T_{x+s} \geq t). \tag{V}$$

Die Wahrscheinlichkeit, dass ein x-Jähriger noch mindestens $s + t$ Jahre überlebt, ergibt sich als Produkt der Wahrscheinlichkeiten, dass er zunächst s Jahre überlebt und dann als $(x + s)$-Jähriger noch mindestens weitere t Jahre.

Mithilfe der Verträglichkeitsbeziehung (V) gelingt es, alle interessierenden Wahrscheinlichkeitsaussagen über T_x auf die einjährigen Sterbe- bzw. Überlebenswahrscheinlichkeiten q_x und p_x zurückzuführen.

Eine solche bei Prämienberechnungen interessierende Wahrscheinlichkeit ist die **n-jährige Überlebenswahrscheinlichkeit**

$$_np_x = \mathrm{P}(T_x \geq n),$$

also die Wahrscheinlichkeit dafür, dass eine x-jährige Person mindestens noch weitere n Jahre lebt. Wiederholte Anwendung der Gleichung (V) liefert

$$
\begin{aligned}
_np_x &= \mathrm{P}(T_x \geq n) = \mathrm{P}(T_x \geq 1) \cdot \mathrm{P}(T_{x+1} \geq n-1) \\
&= \mathrm{P}(T_x \geq 1) \cdot \mathrm{P}(T_{x+1} \geq 1) \cdot \mathrm{P}(T_{x+2} \geq n-2) \\
&= \ldots = \mathrm{P}(T_x \geq 1) \cdot \mathrm{P}(T_{x+1} \geq 1) \cdot \ldots \cdot \mathrm{P}(T_{x+n-1} \geq 1).
\end{aligned}
$$

Auf der rechten Seite stehen nun nur noch die einjährigen Überlebenswahrscheinlichkeiten, für die das entsprechende Symbol eingesetzt wird:

$$_np_x = \mathrm{P}(T_x \geq n) = p_x \cdot p_{x+1} \cdot \ldots \cdot p_{x+n-1}. \tag{1}$$

Dieser Zusammenhang gilt für alle $x \geq 0$ und $n \geq 1$, wobei offenbar $_1p_x = p_x$ ist. Insbesondere erhalten wir aus (1) die Verteilung der zufälligen Lebensdauer T_0:

$$_np_0 = \mathrm{P}(T_0 \geq n) = p_0 \cdot p_1 \cdot \ldots \cdot p_{n-1}. \tag{2}$$

Die **n-jährige Sterbewahrscheinlichkeit** $_nq_x$ einer x-jährigen Person, d.h. die Wahrscheinlichkeit, innerhalb der nächsten n Jahre zu sterben, ergibt sich als Ergänzung von $_np_x$ zu 1:

$$_nq_x = \mathrm{P}(T_x < n) = 1 - {_np_x}.$$

Speziell ist $_1q_x = \mathrm{P}(T_x < 1) = q_x$ die Sterbewahrscheinlichkeit in der Sterbetafel. Wir bemerken, dass $_0q_x = 0$ und $_0p_x = 1$ ist.

Es ist nun an der Zeit, die Einträge der mit l_x und l_y überschriebenen Spalten der Tabelle 2.2 aufzuklären.

Die Sterbewahrscheinlichkeiten q_x seien festgelegt. Wir starten mit einer Population von 100 000 männlichen Neugeborenen. Für jede Person dieser Population werden die Sterbewahrscheinlichkeiten q_x angewendet. Das bedeutet, dass außer dem Geschlecht und dem Alter keine weiteren Einflußgrößen (z.B. Berufsgruppe, Gesundheitszustand, Familienstand o.ä.) auf die Sterblichkeit berücksichtigt werden. Die Lebensdauern der Personen werden als *unabhängig* voneinander angenommen. Wir beobachten nun das Sterbeverhalten dieser Population.

Es sei $\boldsymbol{L_x}$ die **zufällige Anzahl** derjenigen Neugeborenen der Population, die mindestens das Alter x erreichen. Man nennt sie auch die Anzahl der Überlebenden des Alters x. Nach unseren Annahmen ist L_x binomialverteilt mit den Parametern $n = 100\,000$ und $_xp_0 = \mathrm{P}(T_0 \geq x)$. Den Erwartungswert der Zufallsgröße L_x bezeichnet man in den Sterbetafeln mit l_x. Es gilt also

$$l_x = \mathrm{E}(L_x) = 100000 \, {_xp_0}.$$

Beispiel: Wir legen die DAV-Sterbetafel 1994T zugrunde und wollen die Einträge für l_1 und l_3 männlich überprüfen.
Es ist $_1p_0 = \mathrm{P}(T_0 \geq 1) = p_0 = 1 - q_0$. Für männliche Personen entnehmen wir $q_0 = 11.687 \permil = 0.011687$. Daraus folgt $p_0 = 0.988313$ und $l_1 = 100000 \cdot 0.988313 = 98831.3 \approx 98831$, wie in der Sterbetafel angegeben.

Weiter berechnen wir $p_1 = 1 - 0.001008 = 0.998992$, $p_2 = 1 - 0.000728 = 0.999272$. Mit der Beziehung (2) folgt $_3p_0 = p_0\,p_1\,p_2 = 0.988313 \cdot 0.998992 \cdot 0.999272 = 0.986598$ und daraus $l_3 = 100000 \cdot 0.986598 \approx 98660$, wie in der Sterbetafel angegeben.

Die Anzahlen l_x und l_y in Tabelle 2.2 und im Anhang wurden übrigens so auf ganze Zahlen gerundet wie eben gezeigt. Geringfügige Abweichungen von anderen Tabellen (etwa in [MH99]) sind Rundungseffekten geschuldet.

Die Anzahlen l_x in einer Sterbetafel sagen **nicht** aus, dass von 100 000 männlichen Neugeborenen **genau** l_x mindestens das Alter x erreichen. Das widerspräche dem zufälligen Charakter des Geschehens. Die Anzahlen l_x sind die Erwartungswerte von Zufallsgrößen, die im Modell „Sterbetafel" berechnet wurden. Es sind aus den Sterbewahrscheinlichkeiten q_x abgeleitete Kenngrößen des Absterbeprozesses.

Erwartungswerte lassen sich auf der Grundlage des Gesetzes der großen Zahlen als stabile Werte der arithmetischen Mittel aus vielen Beobachtungen deuten. Hätten wir parallel viele Populationen vom Umfang 100 000 beobachtet, für die dieselbe Sterbetafel gültig ist, dann würden im Durchschnitt über diese Populationen etwa l_x Personen das Alter x erreichen. Selbstverständlich würde die Anzahl L_x der Überlebenden des Alters x von Population zu Population schwanken.

Es gibt sehr plausible Zusammenhänge zwischen den Größen p_x, l_x und $_np_x$, die für praktische Berechnungen nützlich sind. Diese Zusammenhänge sollen nun aufgedeckt werden.

Zunächst stellen wir eine rekursive Beziehung für l_x fest. Für l_2 gilt

$$l_2 = 100\,000\,{_2p_0}.$$

Wir ersetzen $_2p_0$ gemäß (2), d.h.

$$_2p_0 = p_0\,p_1 = {_1p_0}\,p_1,$$

und erhalten

$$\begin{aligned} l_2 &= 100\,000\,{_1p_0}\,p_1 = (100\,000\,{_1p_0})\,p_1 \\ &= l_1\,p_1. \end{aligned}$$

Auf die gleiche Weise erhält man (vgl. Aufgabe 2) die für beliebige x, $0 \le x \le \omega - 1$, geltende Rekursionsformel

$$l_{x+1} = l_x\,p_x. \tag{3}$$

In der äquivalenten Form $p_x = \dfrac{l_{x+1}}{l_x}$ ist dies aufgrund der Häufigkeitsinterpretation der Wahrscheinlichkeit plausibel: Die einjährige Überlebenswahrscheinlichkeit im Alter x ist der Quotient aus der erwarteten Anzahl der Lebenden des Alters $x + 1$ und der erwarteten Anzahl der Lebenden des Alters x. Vor diesem Hintergrund erwartet man nun auch die Beziehung

$$l_{x+n} = l_x\,{_np_x} \quad \text{bzw.} \quad {_np_x} = \frac{l_{x+n}}{l_x}, \tag{4}$$

deren Nachweis ebenfalls Gegenstand der Aufgabe 2 ist.

Beispiel: Die Wahrscheinlichkeit dafür, dass ein 15-jähriges Mädchen mindestens 60 Jahre alt wird, ergibt sich mit der Formel (4) und bei Verwendung der Tabelle 2.2 zu:

$$_{45}p_{15} = \frac{l_{60}}{l_{15}} = \frac{89842}{98597} \approx 0.911.$$

Zusammenfassung der wichtigsten Bezeichnungen und Beziehungen:

x – Alter in vollendeten Lebensjahren

T_x – zufällige restliche Lebensdauer ab Alter x in vollen Jahren

$q_x = \mathrm{P}(T_x < 1)$ – einjährige Sterbewahrscheinlichkeit im Alter x

$p_x = \mathrm{P}(T_x \geq 1) = 1 - q_x$ – einjährige Überlebenswahrscheinlichkeit im Alter x

$_nq_x = \mathrm{P}(T_x < n)$ – n-jährige Sterbewahrscheinlichkeit im Alter x

$_np_x = \mathrm{P}(T_x \geq n) = 1 - {}_nq_x$ – n-jährige Überlebenswahrscheinlichkeit im Alter x

Verträglichkeitsannahme: $\mathrm{P}(T_x \geq s + t) = \mathrm{P}(T_x \geq s) \cdot \mathrm{P}(T_{x+s} \geq t)$

$\mathrm{P}(T_x = n) = \mathrm{P}(T_x \geq n) \cdot \mathrm{P}(T_{x+n} < 1) = {}_np_x \cdot q_{x+n}$

L_x – zufällige Anzahl der Überlebenden des Alters x

$l_x = \mathrm{E}(L_x)$

$p_x = \dfrac{l_{x+1}}{l_x}, \; {}_np_x = \dfrac{l_{x+n}}{l_x}$

Wie entstehen Sterbetafeln?

Zunächst ermittelt man auf der Grundlage empirischer Beobachtungen in einem kurzen Zeitraum (ca. 3 Jahre) für jedes Alter und jedes Geschlecht Schätzwerte für die einjährigen Sterbewahrscheinlichkeiten. Das sind die sogenannten rohen Sterbewahrscheinlichkeiten $\tilde{q}_x$ und $\tilde{q}_y$. Als Funktionen von x bzw. y weisen diese Werte aufgrund zufälliger Schätzfehler einen „holprigen" Verlauf auf.

Weil es plausibel ist, dass die Funktionen $x \mapsto q_x$ und $y \mapsto q_y$ „glatt" sein sollen, wendet man statistische Kurvenschätzverfahren an, um den Verlauf der rohen Sterbewahrscheinlichkeiten zu glätten. Das Ergebnis sind die sogenannten **Periodensterbetafeln**. Sie gelten als Modell des Sterbeverhaltens für eine bestimmte Periode. Die einjährigen Sterbewahrscheinlichkeiten sind in Deutschland nicht konstant, sondern werden mit der Zeit in der Regel kleiner.

Beispiel: Aus den auf Volkszählungen beruhenden Allgemeinen Deutschen Sterbetafeln verschiedener Perioden entnehmen wir die jeweiligen Werte für q_{30} in ‰ für Männer und Frauen. Die Allgemeine Deutsche Sterbetafel 1960/62 wurde bis Ende 1986 von den Lebensversicherungsunternehmen für Lebensversicherungen mit Todesfallcharakter benutzt. Seit 1994 werden von der DAV dafür die Sterbetafeln DAV 1994T empfohlen.

Es sollte einleuchten, dass mit der Wahl einer bestimmten Sterbetafel durch ein Versicherungsunternehmen zugleich Risikozuschläge oder -abschläge in das Modell eingearbeitet werden können. Auch sind Periodensterbetafeln nicht die einzigen Modelle. Daneben gibt es z.B. Generationensterbetafeln, die das Absterbeverhalten fester Geburtsjahrgänge beschreiben, sowie Übergangsformen zwischen beiden Arten von Sterbetafeln.

	q_{30} Männer	q_{30} Frauen
Allgemeine Deutsche Sterbetafel 1871/80	9.28	9.65
Allgemeine Deutsche Sterbetafel 1910/11	5.05	5.64
Allgemeine Deutsche Sterbetafel 1949/51	2.28	1.65
Allgemeine Deutsche Sterbetafel 1960/62	1.70	0.99
Allgemeine Deutsche Sterbetafel 1986/88	1.12	0.52
DAV-Sterbetafel 1994T	1.476	0.689

Tabelle 2.3: Vergleich von Sterbewahrscheinlichkeiten. Quelle: [MH99]

Wir wollen uns nicht näher mit derartigen Fragen beschäftigen. In Beispielen werden wir von nun an meistens die DAV-Sterbetafel 1994T verwenden.

2.3 Erwartete Barwerte der Zahlungsströme

Leistungen des Versicherungsnehmers und der Versicherung erfolgen zu unterschiedlichen Zeitpunkten. Durch Abzinsen auf den Zeitpunkt des Vertragsabschlusses werden diese Zahlungen vergleichbar gemacht. Man erhält **Barwerte**.

Die Zahlungsströme sind nicht deterministisch, sie enthalten durch die zufällige Lebensdauer ein zufälliges Element. Als Kenngrößen werden Erwartungswerte dieser zufälligen Zahlungsströme betrachtet.

Wir nehmen an, dass die Leistungen der *Versicherung* immer am *Ende* des Versicherungsjahres erfolgen, in dem das versicherte Ereignis eintritt. Die Zahlungen des *Versicherungsnehmers* dagegen sollen immer zu *Beginn* eines Versicherungsjahres erfolgen.

Der jährliche **Rechnungszinssatz** wird mit i bezeichnet. Dann ist $r = 1+i$ der Aufzinsungsfaktor und $v = \dfrac{1}{r}$ der Abzinsungsfaktor. Der Rechnungszinssatz ist eine Rechengröße, die die Versicherung bei der Prämienkalkulation zugrunde legt. Er ist nicht identisch mit dem auf dem Markt erzielbaren Zinssatz.

Beispiel: Bei einem Zinssatz von 4 % jährlich ist $i = 0.04$, der Aufzinsungsfaktor $r = 1.04$ und der Abzinsungsfaktor $v \approx 0.96$. Der Wert von € 1, der in einem Jahr zu zahlen ist, beträgt heute nur rund € 0.96, umgekehrt wächst € 1 in einem Jahr auf € 1.04.

Ein didaktisches Beispiel

Betrachten wir noch einmal das Beispiel von Frau X von Seite 29. Der Barwert der Leistung der Versicherung hängt von der **zufälligen** restlichen Lebensdauer T_{40} von Frau X ab und ist folglich selbst eine **Zufallsgröße**. Wenn $T_{40} = 1$ ist, Frau X also im Verlauf des zweiten Versicherungsjahres stirbt, dann zahlt die Versicherung die Versicherungssumme am Ende des zweiten Jahres. Der Barwert dieser Leistung ist € $v^2 \cdot 50\,000$. Die Wahrscheinlichkeit dieses Ereignisses beträgt (vgl. Aufgabe 1)

$$\mathrm{P}(T_{40} = 1) = {}_1p_{40}\, q_{41}.$$

Analog verfährt man mit den anderen Szenarien. Wir bezeichnen den Barwert der Versicherungsleistung mit B_{40} und fassen alle Möglichkeiten und ihre Wahrscheinlichkeiten in einer Tabelle zusammen:

Restliche Lebensdauer T_{40}	0	1	≥ 2
Wahrscheinlichkeit	q_{40}	$_1p_{40}\,q_{41}$	$_2p_{40}$
Barwert B_{40} der Versicherungs- leistung in €	$v \cdot 50000$	$v^2 \cdot 50000$	0

Frau X zahlt für den Versicherungsschutz einen Preis, der **Prämie** oder auch **Beitrag** genannt wird. Die Prämie in Höhe von € N zahlt sie jährlich im voraus. Der Barwert ihrer sämtlichen Prämienzahlungen ist wie B_{40} eine Zufallsgröße. Wir bezeichnen sie mit C_{40} und ergänzen obige Tabelle durch den jeweiligen Wert von C_{40} in Abhängigkeit von T_{40}. Im Fall $T_{40} = 0$ zahlt Frau X nur einmal die Prämie von € N. Da die Zahlung am Anfang der Versicherungsperiode erfolgt, ist dies auch der Barwert. Wenn $T_{40} = 1$ eintritt, dann leistet Frau X zwei Zahlungen, deren Barwert insgesamt € $(N + vN)$ beträgt. Ebenso verhält es sich bei $T_{40} \geq 2$, da die Laufzeit der Versicherung nur zwei Jahre beträgt. Somit erhalten wir die Tabelle

Restliche Lebensdauer T_{40}	0	1	≥ 2
Wahrscheinlichkeit	q_{40}	$_1p_{40}\,q_{41}$	$_2p_{40}$
Barwert B_{40} der Versicherungs- leistung in €	$v \cdot 50000$	$v^2 \cdot 50000$	0
Prämienbarwert C_{40} in €	N	$N(1 + v)$	$N(1 + v)$

Der Erwartungswert des Barwertes der Versicherungsleistung, kurz der **erwartete Leistungsbarwert**, ist gleich

$$
\begin{aligned}
\mathrm{E}(B_{40}) &= 50000\,v\,q_{40} + 50000\,v^2\,_1p_{40}\,q_{41} \\
&= 50000\,(v\,q_{40} + v^2\,_1p_{40}\,q_{41}) \\
&= 50000\,(v\,q_{40} + v^2\,p_{40}\,q_{41}).
\end{aligned}
$$

Bevor wir den erwarteten Prämienbarwert berechnen, vereinigen wir die Ereignisse $T_{40} = 1$ und $T_{40} \geq 2$ zum Ereignis $T_{40} \geq 1$ mit der Wahrscheinlichkeit $_1p_{40} = p_{40}$. Nun gilt für den **erwarteten Prämienbarwert**

$$
\mathrm{E}(C_{40}) = N\,q_{40} + N\,(1 + v)\,p_{40} = N\,(q_{40} + (1 + v)\,p_{40}).
$$

Der DAV-Sterbetafel 1994T Frauen (siehe Anhang) entnehmen wir die Sterbewahrscheinlichkeiten. Außerdem setzen wir den im Jahre 2002 in der Versicherungsbranche üblichen Berechnungszinssatz von 3.25 % an. Das ergibt $i = 0.0325$ und $v = \dfrac{1}{1.0325}$. Nun können wir die erwarteten Barwerte ausrechnen:

$$
\mathrm{E}(B_{40}) = 50000 \left(\frac{1}{1.0325} \cdot 0.001524 + \left(\frac{1}{1.0325} \right)^2 \cdot (1 - 0.001524) \cdot 0.001672 \right) = 152.10,
$$

$$
\mathrm{E}(C_{40}) = N \left(0.001524 + \left(1 + \frac{1}{1.0325} \right) \cdot (1 - 0.001524) \right) = 1.967\,N.
$$

Der erwartete Leistungsbarwert beträgt € 152.10 und der erwartete Prämienbarwert € $1.967\,N$.

Fassen wir die Versicherung als **faires Spiel** auf, so sollte Frau X mit ihrer Prämie gerade für die erwartete Leistung aufkommen. Der **faire Einsatz** für dieses Spiel ist dann durch die Gleichung

$$
\mathrm{E}(B_{40}) = \mathrm{E}(C_{40}) \quad \text{bzw.} \quad 152.10 = 1.967\,N
$$

bestimmt. Im konkreten Fall liefert die Gleichung für die Höhe der jährlichen Prämie € 77.33. Man nennt diesen Betrag auch die **Nettoprämie**. Das ihrer Bestimmung zugrunde liegende Prinzip heißt **versicherungsmathematisches Äquivalenzprinzip**. Ihm ist der Abschnitt 2.4 gewidmet.

Angebote für die Versicherung von Frau X, die wir eingeholt haben, bewegen sich bei den jährlichen Bruttoprämien zwischen € 76.65 und € 175.99 und bei den jährlichen Zahlbeiträgen zwischen € 37.86 und € 132.03. Welche Zuschläge dabei eine Rolle spielen und wie Überschüsse verrechnet werden, darauf gehen wir kurz im Abschnitt 2.5 ein.

Wir leiten nun allgemeine Formeln für die erwarteten Barwerte bei drei Typen von Lebensversicherungen her. Dabei gehen wir von männlichen Personen des Alters x aus. Die Formeln für weibliche Personen des Alters y sind völlig analog.

Das vorige Beispiel lehrt, dass die Versicherungssumme, € 50 000, als Faktor vor einem Term erscheint, der gerade den erwarteten Barwert bei einer Versicherungssumme von € 1 darstellt. Hintergrund dafür ist die Linearität des Erwartungswertes. Wir nutzen dies bei den folgenden Vertragsarten und gehen der Einfachheit halber bei der Berechnung des Leistungsbarwertes immer von einer Versicherungssumme von € 1 aus. Weiterhin nehmen wir aus demselben Grund bei der Berechnung des Prämienbarwertes an, dass der Versicherungsnehmer jährlich im voraus eine Prämie von € 1 zahlt.

n-jährige Risikoversicherung für eine männliche Person des Alters x

Die Versicherung zahlt € 1, wenn die Person innerhalb der nächsten n Jahre stirbt, andernfalls zahlt sie nichts. Wird die Person $x + k$ Jahre, aber nicht $x + k + 1$ Jahre alt, so wird die Leistung am Ende des $(k+1)$-ten Versicherungsjahres fällig. Der Leistungsbarwert B_x beträgt in diesem Fall v^{k+1}. Für k sind die Werte $0, 1, \ldots, n - 1$ möglich.

Der Versicherungsnehmer zahlt € 1 am Anfang jedes Jahres, das er erlebt. Die letzte Zahlung erfolgt spätestens am Anfang des n-ten Jahres nach Versicherungsbeginn. Wird er $x + k$ Jahre, aber nicht $x+k+1$ Jahre alt, so zahlt er $k+1$ Prämien mit einem summarischen Prämienbarwert C_x von $€ (1 + v + v^2 + \ldots + v^k)$. Überlebt er mindestens n Jahre ab Versicherungsbeginn, so kommen keine weiteren Prämienzahlungen hinzu, da die Versicherungsperiode beendet ist. Der Prämienbarwert C_x beträgt dann $€ (1 + v + v^2 + \ldots + v^{n-1})$.

T_x	Wahrscheinlichkeit	Leistungsbarwert B_x in €	Prämienbarwert C_x in €
0	q_x	v	1
1	$_1p_x\, q_{x+1}$	v^2	$1 + v$
...	...	...	...
k	$_kp_x\, q_{x+k}$	v^{k+1}	$1 + v + v^2 + \ldots v^k$
...	...	...	...
$n - 1$	$_{n-1}p_x\, q_{x+n-1}$	v^n	$1 + v + v^2 + \ldots v^{n-1}$
$\geq n$	$_np_x$	0	$1 + v + v^2 + \ldots v^{n-1}$

Tabelle 2.4: Verteilungen der Leistungs- und Prämienbarwerte für eine n-jährige Risikoversicherung

Der Leistungsbarwert B_x und der Prämienbarwert C_x sind Zufallsgrößen, die von der restlichen Lebensdauer T_x abhängen. Die Wahrscheinlichkeit $P(T_x = k)$, dass der Versicherungsnehmer $x + k$ Jahre, aber nicht $x + k + 1$ Jahre alt wird, beträgt $_kp_x\, q_{x+k}$ (vgl. Aufgabe 1). Die Tabelle 2.4 fasst alle Überlegungen zu den Barwerten zusammen.

Der erwartete Leistungsbarwert beträgt

$$E(B_x) = \sum_{k=0}^{n-1} v^{k+1} \, {}_k p_x \, q_{x+k}.$$

Die Wahrscheinlichkeiten ${}_k p_x$ ergeben sich gemäß Formel (1) als Produkte der einjährigen Überlebenswahrscheinlichkeiten. Als numerisch günstiger erweist sich die Beziehung (4), mit deren Hilfe wir $E(B_x)$ umformen:

$$E(B_x) = \sum_{k=0}^{n-1} v^{k+1} \frac{l_{x+k}}{l_x} \left(1 - \frac{l_{x+k+1}}{l_{x+k}}\right) = \sum_{k=0}^{n-1} v^{k+1} \frac{l_{x+k} - l_{x+k+1}}{l_x}.$$

Wir erhalten schließlich

$$E(B_x) = \frac{1}{l_x} \sum_{k=0}^{n-1} v^{k+1} (l_{x+k} - l_{x+k+1}).$$

Der erwartete Prämienbarwert beträgt

$$E(C_x) = 1 \cdot q_x + \sum_{k=1}^{n-1} (1 + v + \ldots + v^k) \, {}_k p_x \, q_{x+k} + (1 + v + \ldots + v^{n-1}) \, {}_n p_x. \tag{5}$$

Dieser Formel geben wir eine handlichere Gestalt, indem wir die Summen $1 + v + \ldots + v^k$ mit der Formel aus Abschnitt 1.3 in Kapitel 1 zusammenfassen und wiederum die Beziehung (4) ausnutzen:

$$E(C_x) = \frac{l_x - l_{x+1}}{l_x} + \sum_{k=1}^{n-1} \frac{1 - v^{k+1}}{1 - v} \cdot \frac{l_{x+k} - l_{x+k+1}}{l_x} + \frac{1 - v^n}{1 - v} \cdot \frac{l_{x+n}}{l_x}.$$

Zunächst formen wir die mittlere Summe um.

$$\sum_{k=1}^{n-1} \frac{1 - v^{k+1}}{1 - v} \cdot \frac{l_{x+k} - l_{x+k+1}}{l_x}$$

$$= \sum_{k=1}^{n-1} \frac{1 - v^{k+1}}{1 - v} \cdot \frac{l_{x+k}}{l_x} - \sum_{k=1}^{n-1} \frac{1 - v^{k+1}}{1 - v} \cdot \frac{l_{x+k+1}}{l_x}$$

$$= \sum_{k=1}^{n-1} \frac{1 - v^{k+1}}{1 - v} \cdot \frac{l_{x+k}}{l_x} - \sum_{k=2}^{n} \frac{1 - v^k}{1 - v} \cdot \frac{l_{x+k}}{l_x}$$

$$= \frac{1 - v^2}{1 - v} \cdot \frac{l_{x+1}}{l_x} + \sum_{k=2}^{n-1} \frac{v^k - v^{k+1}}{1 - v} \cdot \frac{l_{x+k}}{l_x} - \frac{1 - v^n}{1 - v} \cdot \frac{l_{x+n}}{l_x}$$

$$= (1 + v) \frac{l_{x+1}}{l_x} + \sum_{k=2}^{n-1} v^k \frac{l_{x+k}}{l_x} - \frac{1 - v^n}{1 - v} \cdot \frac{l_{x+n}}{l_x}.$$

Eingesetzt in den Term für $E(C_x)$ und weiter umgeformt ergibt sich

$$E(C_x) = 1 - \frac{l_{x+1}}{l_x} + (1 + v) \frac{l_{x+1}}{l_x} + \sum_{k=2}^{n-1} v^k \frac{l_{x+k}}{l_x} = 1 + v \frac{l_{x+1}}{l_x} + \sum_{k=2}^{n-1} v^k \frac{l_{x+k}}{l_x}.$$

Die beiden ersten Summanden können in das Summenzeichen einbezogen werden und somit erhalten wir für den erwarteten Prämienbarwert bei einer Jahresprämie von € 1 die Beziehung

$$E(C_x) = \frac{1}{l_x} \sum_{k=0}^{n-1} v^k l_{x+k}. \tag{6}$$

Wir können die beiden Formeln für den erwarteten Leistungsbarwert $E(B_x)$ und den erwarteten Prämienbarwert $E(C_x)$ auch statistisch plausibel machen. Dazu nehmen wir an, dass l_x männliche Personen im Alter x alle dieselbe n-jährige Risikoversicherung abschließen. Der Einfachheit halber gehen wir wieder davon aus, dass sowohl die einmalige Versicherungsleistung im Todesfall als auch die jährliche Versicherungsprämie € 1 betragen. In der Tabelle 2.5 ist für jedes Versicherungsjahr zusammengestellt, wie hoch im Mittel der Barwert aller Leistungen der Versicherung und der Barwert aller Prämien der Versicherten ist. Wenn man die Barwerte über alle n Versicherungsjahre aufsummiert und die Summe durch die Anzahl der Versicherten dividiert, erhält man gerade $E(B_x)$ und $E(C_x)$.

Versicherungs-jahr j	Verstorbene im Jahr j	Barwert aller Leistungszahlungen	Lebende im Jahr j	Barwert aller Prämienzahlungen
1	$l_x - l_{x+1}$	$(l_x - l_{x+1})\,v$	l_x	l_x
2	$l_{x+1} - l_{x+2}$	$(l_{x+1} - l_{x+2})\,v^2$	l_{x+1}	$l_{x+1}\,v$
$\ldots$	$\ldots$	$\ldots$	$\ldots$	$\ldots$
n	$l_{x+n-1} - l_{x+n}$	$(l_{x+n-1} - l_{x+n})\,v^n$	l_{x+n-1}	$l_{x+n-1}\,v^{n-1}$
Summe		$\sum_{j=1}^{n}(l_{x+j-1} - l_{x+j})\,v^j$	Summe	$\sum_{j=1}^{n} l_{x+j-1}\,v^{j-1}$
Summe pro Versicherter		$\dfrac{\sum_{j=1}^{n}(l_{x+j-1} - l_{x+j})\,v^j}{l_x}$	Summe pro Versicherter	$\dfrac{\sum_{j=1}^{n} l_{x+j-1}\,v^{j-1}}{l_x}$

Tabelle 2.5: Erwartete Barwerte als statistische Mittelwerte

n-jährige Erlebensfallversicherung für eine männliche Person des Alters x

Die Versicherung zahlt in n Jahren nur dann den Betrag € 1, wenn die Person die nächsten n Jahre überlebt. Der Barwert der Leistung beträgt € v^n. Das Ereignis tritt mit der Wahrscheinlichkeit $_np_x$ ein. Die Verteilung des Leistungsbarwertes ist für diesen Versicherungstyp besonders einfach:

Leistungsbarwert B_x	v^n	0
Wahrscheinlichkeit	$_np_x$	$1 - {_np_x}$

Sein Erwartungswert beträgt

$$E(B_x) = v^n\,_np_x = v^n \frac{l_{x+n}}{l_x}. \tag{7}$$

Beispiel: Der erwartete Leistungsbarwert einer 2-jährigen Erlebensfallversicherung mit Versicherungssumme € 50 000 für Frau X ergibt sich mithilfe der DAV-Sterbetafel 1994T für Frauen zu

$$
\begin{aligned}
€\,50\,000\,E(B_{40}) &= €\,50\,000 \left[\left(\frac{1}{1.0325}\right)^2 \frac{l_{42}}{l_{40}} \right] \\
&= €\,50\,000 \left[\left(\frac{1}{1.0325}\right)^2 \frac{96\,540}{96\,849} \right] = €\,46\,752.20.
\end{aligned}
$$

Der erwartete Leistungsbarwert aus der Erlebensfallversicherung ist unvergleichlich höher als bei der Risikoversicherung, da die Wahrscheinlichkeit für das Eintreten des Leistungsfalles sehr viel größer ist.

Der Prämienbarwert C_x unterliegt derselben Verteilung wie im Fall der n-jährigen Risikoversicherung, da die Zahlungsbedingungen dieselben sind. Der Versicherungsnehmer zahlt jährlich im voraus die Prämie von € 1, solange er lebt, längstens aber n mal. Für den erwarteten Prämienbarwert gilt also wiederum die Beziehung (6).

n-jährige Kapitalversicherung für eine männliche Person des Alters x

Die Leistung einer n-jährigen Kapitalversicherung ist entweder die Todesfallleistung oder die Erlebensfallleistung. Der erwartete Leistungsbarwert ist demzufolge die Summe der erwarteten Barwerte dieser Leistungen:

$$\mathrm{E}(B_x) = \sum_{k=0}^{n-1} v^{k+1}\,{}_kp_x\,q_{x+k} + v^n\,{}_np_x = \frac{1}{l_x}\left[\sum_{k=0}^{n-1} v^{k+1}(l_{x+k} - l_{x+k+1}) + v^n\,l_{x+n}\right]. \qquad (8)$$

Der erwartete Prämienbarwert wird wie vorher gemäß (6) berechnet.

Beispiel: Wir vergleichen die erwarteten Leistungsbarwerte $\mathrm{E}(B_{50}^w)$ und $\mathrm{E}(B_{50}^m)$ einer 12-jährigen Kapitalversicherung mit einer Versicherungssumme von € 10 000 für eine 50-jährige Frau und einen 50-jährigen Mann. Die Berechnungen führen wir in der Tabelle 2.6 durch, in der die Werte l_x und l_y aus der DAV-Sterbetafel 1994T eingetragen sind. Als Zinssatz wird 0.0325 verwendet.

k	x,y	q_x in ‰	l_x	q_y in ‰	l_y	Männer $v^{k+1}(l_{50+k} - l_{51+k})$	Frauen $v^{k+1}(l_{50+k} - l_{51+k})$
0	50	6.751	90758	3.425	94682	593.70	313.80
1	51	7.485	90145	3.728	94358	633.17	330.19
2	52	8.302	89470	4.066	94006	674.11	347.05
3	53	9.215	88728	4.450	93624	719.77	366.92
4	54	10.195	87910	4.862	93207	763.59	386.05
5	55	11.236	87014	5.303	92754	807.23	406.09
6	56	12.340	86036	5.777	92262	848.97	426.09
7	57	13.519	84974	6.302	91729	888.84	447.51
8	58	14.784	83826	6.884	91151	929.85	470.17
9	59	16.150	82586	7.530	90524	968.12	495.32
10	60	17.625	81253	8.240	89842	1007.99	520.52
11	61	19.223	79820	9.022	89102	1045.07	547.74
12	62	20.956	78286	9.884	88298		
				$v^{12}\,l_{62}$		53333.90	60154.78
				Summe		63214.32	65212.25
				Summe$/l_{50}$		0.696515	0.688750
				€ 10000 $\mathrm{E}(B_{50})$		6965.15	6887.50

Tabelle 2.6: Berechnung von erwarteten Leistungsbarwerten gemäß Formel (8)

Der erwartete Leistungsbarwert für einen 50-jährigen Mann beträgt € 6 965.15. Er ist etwas höher als der erwartete Leistungsbarwert von € 6 887.50 für eine gleichaltrigen Frau. Aus der

Tabelle ist ersichtlich, dass bei einer Frau der Anteil aus der Erlebensfallleistung aufgrund der kleineren Sterbewahrscheinlichkeit deutlich größer ist. Demgegenüber ist bei einem Mann der Anteil aus der Todesfallleistung aufgrund der größeren Sterbewahrscheinlichkeiten größer.

Wir fassen die bereitgestellten Größen zusammen, die im nächsten Abschnitt in die Berechnung der Nettoprämie auf der Grundlage des versicherungsmathematischen Äquivalenzprinzips eingehen werden.

Zusammenfassung der wichtigsten Bezeichnungen und Beziehungen:

i – jährlicher Rechnungszinssatz

$r = 1 + i$ – Aufzinsungsfaktor

$v = \dfrac{1}{r}$ – Abzinsungsfaktor

Erwartete Leistungsbarwerte bei € 1 Versicherungssumme:

n-jährige Risikoversicherung: $\quad \mathrm{E}(B_x) = \dfrac{1}{l_x} \sum_{k=0}^{n-1} v^{k+1}(l_{x+k} - l_{x+k+1})$

n-jährige Erlebensfallversicherung: $\quad \mathrm{E}(B_x) = v^n \dfrac{l_{x+n}}{l_x}$

n-jährige Kapitalversicherung:

$$\mathrm{E}(B_x) = \dfrac{1}{l_x}\left[\sum_{k=0}^{n-1} v^{k+1}(l_{x+k} - l_{x+k+1}) + v^n\, l_{x+n}\right]$$

Erwarteter Prämienbarwert bei € 1 Jahresprämie:

$$\mathrm{E}(C_x) = \dfrac{1}{l_x}\sum_{k=0}^{n-1} v^k\, l_{x+k}$$

2.4 Versicherungsmathematisches Äquivalenzprinzip

Wie hieß es doch in der eingangs zitierten juristischen Definition von Versicherung: *„... sofern der Risikoübernahme eine Kalkulation zugrunde liegt, wonach die dazu erforderlichen Mittel ganz oder im wesentlichen ganz durch die Gesamtheit der Entgelte aufgebracht werden."*

Die mathematische Umsetzung dieser Forderung geschieht über das versicherungsmathematische Äquivalenzprinzip. Wir werden es kurz **Äquivalenzprinzip** nennen. Es dient der Kalkulation der sogenannten **Nettoprämie**.

Das Äquivalenzprinzip besagt, dass der Erwartungswert des Leistungsbarwertes einer Versicherung gleich dem Erwartungswert des Prämienbarwertes sein soll:

---

erwarteter Leistungsbarwert = erwarteter Prämienbarwert.

Beträgt die Versicherungssumme € S und die jährliche Nettoprämie € N, so soll folglich gelten

$$S \cdot \mathrm{E}(B_x) = N \cdot \mathrm{E}(C_x). \tag{9}$$

Das Äquivalenzprinzip garantiert, dass sich im Durchschnitt auf lange Sicht die Leistungen des Versicherers (linke Seite von (9)) und die Prämien der Versicherungsnehmer (rechte Seite) ausgleichen. Diese Interpretation des Äquivalenzprinzips beruht auf dem Gesetz der großen Zahlen und setzt demnach voraus, dass eine große Anzahl von Versicherungsverträgen vorliegt.

Für viele Verträge derselben Art gibt der erwartete Leistungsbarwert den Barwert der im Durchschnitt fälligen Leistung an. Allerdings berücksichtigt der in (9) vorgenommene „Durchschnittsausgleich" nicht die zufälligen Schwankungen um den Erwartungswert. Bei vielen Verträgen würde es mit sehr großer Wahrscheinlichkeit mindestens einmal vorkommen, dass die Summe der beanspruchten Leistungen die Summe der eingenommenen Prämien übersteigt. Dem Versicherungsunternehmen droht dann der sogenannte **versicherungstechnische Ruin**. Der Gesetzgeber verpflichtet die Versicherungsunternehmen, sich und ihre Vertragspartner vor dem versicherungstechnischen Ruin zu schützen. Im Versicherungsaufsichtsgesetz (VAG) heißt es:

„Die Prämien in der Lebensversicherung müssen unter Zugrundlegung angemessener versicherungsmathematischer Annahmen kalkuliert werden und so hoch sein, dass das Versicherungsunternehmen allen seinen Verpflichtungen nachkommen, insbesondere für die einzelnen Verträge ausreichende Deckungsrückstellungen bilden kann." (§11, VAG).

In der Praxis der Lebensversicherung wird diese Forderung dadurch erfüllt, dass in das zugrunde gelegte mathematische Modell sogenannte **implizite Sicherheitszuschläge** durch vorsichtige Wahl der Rechnungsgrundlagen eingearbeitet werden. Als Rechnungsgrundlagen gehen in das Modell die Sterbetafel und der Rechnungszinssatz ein.

Im Rahmen der europaweiten Deregulierung des Versicherungsmarktes müssen die deutschen Lebensversicherungsunternehmen seit 1994 die Rechnungsgrundlagen und Tarife nicht mehr genehmigen lassen, sondern der Bundesanstalt für Finanzdienstleistungsaufsicht lediglich mitteilen. Diese überwacht im Interesse der Versicherten unter anderem, ob von den Versicherungsunternehmen in ausreichendem Umfang Rückstellungen gebildet werden.

Wir berechnen nun für einige konkrete Beispiele die Nettoprämien und untersuchen dabei zugleich den Einfluss der Rechnungsgrundlagen auf die Prämienhöhe.

Beispiel: Wir kehren zu Frau R. vom Anfang dieses Kapitels zurück. Sie ist dreißig Jahre alt und will eine Risikoversicherung mit 12 Jahren Laufzeit und einer Versicherungssumme von $S = \mathord{€}\, 100\,000$ abschließen.

Variante A: Als Rechnungszinssatz wird **0.0325** gewählt. Die Berechnung der Nettoprämie (vgl. Tabelle 2.7) erfolgt einmal auf der Basis der Allgemeinen Deutschen Sterbetafeln 1970/1972 (ADST 70/72, Quelle: [Win87]) und zum anderen auf der Basis der DAV-Sterbetafel 1994T. Die jährliche Nettoprämie N wird gemäß dem Äquivalenzprinzip (9) berechnet:

$$N = \frac{S \cdot \mathrm{E}(B_{30})}{\mathrm{E}(C_{30})}.$$

Sie beträgt je nach angewendeter Sterbetafel € 118.45 bzw. € 101.36. Die ältere Sterbetafel stellt die vorsichtigere Rechnungsgrundlage dar und führt folgerichtig zur höheren Nettoprämie.

		ADST 70/72	DAV 1994T	Leistungsbarwert		Prämienbarwert	
				$v^{k+1}(l_{30+k} - l_{31+k})$		$v^k l_{30+k}$	
k	y	l_y	l_y	70/72	1994T	70/72	1994
0	30	96429	97801	71.67	64.89	96429.00	97801.00
1	31	96355	97734	74.10	67.54	93322.03	94657.63
2	32	96276	97662	78.13	69.05	90310.43	91610.55
3	33	96190	97586	80.95	72.15	87389.60	88657.88
4	34	96098	97504	86.07	74.14	84557.88	85795.04
5	35	95997	97417	91.62	78.41	81810.18	83020.33
6	36	95886	97322	97.53	82.34	79143.42	80328.69
7	37	95764	97219	102.20	86.72	76554.70	77717.84
8	38	95632	97107	107.98	92.23	74042.79	75184.80
9	39	95488	96984	114.02	98.05	71604.16	72725.97
10	40	95331	96849	119.58	104.10	69236.25	70338.73
11	41	95161	96701	126.72	109.68	66937.32	68020.58
12	42	94975	96540				
			Summe	1150.58	999.31	971337.77	985859.04
$E(B_{30})$ bzw. $E(C_{30})$ = Summe/l_{30}				0.011932	0.010218	10.073088	10.080255
			$S \cdot E(B_{30})$	1193.19	1021.78		
			$N = \dfrac{S \cdot E(B_{30})}{E(C_{30})}$			118.45	101.36

Tabelle 2.7: Risikoversicherung von Frau R. – Variante A: $i = 0.0325$

		ADST 70/72	DAV 1994T	Leistungsbarwert		Prämienbarwert	
				$v^{k+1}(l_{30+k} - l_{31+k})$		$v^k l_{30+k}$	
k	y	l_y	l_y	70/72	1994T	70/72	1994T
0	30	96429	97801	71.15	64.42	96429.00	97801.00
1	31	96355	97734	73.04	66.57	92649.04	93975.00
2	32	96276	97662	76.45	67.56	89012.57	90294.01
3	33	96190	97586	78.64	70.09	85512.56	86753.60
4	34	96098	97504	83.01	71.51	82144.97	83346.83
5	35	95997	97417	87.72	75.08	78902.54	80069.67
6	36	95886	97322	92.71	78.27	75780.10	76914.99
7	37	95764	97219	96.45	81.84	72772.77	73878.45
8	38	95632	97107	101.17	86.42	69877.37	70955.13
9	39	95488	96984	106.06	91.20	67088.60	68139.67
10	40	95331	96849	110.43	96.14	64402.21	65427.71
11	41	95161	96701	116.18	100.56	61814.77	62815.13
12	42	94975	96540				
			Summe	1093.03	949.66	936386.50	950371.19
$E(B_{30})$ bzw. $E(C_{30})$ = Summe/l_{30}				0.011335	0.009710	9.710632	9.717398
			$S \cdot E(B_{30})$	1133.51	971.02		
			$N = \dfrac{S \cdot E(B_{30})}{E(C_{30})}$			116.73	99.93

Tabelle 2.8: Risikoversicherung von Frau R. – Variante B: $i = 0.04$

Variante B: Als Rechnungszinssatz wird **0.04** gewählt. Wiederum erfolgt die Berechnung der Nettoprämie sowohl auf der Grundlage der Allgemeinen Deutschen Sterbetafeln 1970/1972 (ADST 70/72) als auch mit der DAV-Sterbetafel 1994T (vgl. Tabelle 2.8).

Für die jährliche Nettoprämie erhält man nach dem Äquivalenzprinzip (9) je nach angewendeter Sterbetafel € 116.73 bzw. € 99.93. Für beide Sterbetafeln führt der höhere Rechnungszinssatz zu einer niedrigeren Nettoprämie. Allerdings sind die Unterschiede jeweils gering.

Beispiel: Nun wollen wir für Frau K. vom Anfang dieses Kapitels die Nettoprämie für die Kapitalversicherung mit 12 Jahren Laufzeit und einer Versicherungssumme von $S = € 100\,000$ berechnen.

Die Laufzeit wurde übrigens darum auf 12 Jahre festgesetzt, weil ab dieser Laufzeit die Versicherungssumme bei Fälligkeit einkommenssteuerfrei ist.

Die folgenden beiden Varianten unterscheiden sich wie im vorigen Beispiel im Rechnungszinssatz. Die zugrunde liegenden Sterbetafeln sind wieder die Allgemeine Deutsche Sterbetafel 1970/1972 (ADST 70/72) und DAV-Sterbetafel 1994T.

Variante A: Zinssatz **0.0325**

k	y	ADST 70/72 l_y	DAV 1994T l_y	Leistungsbarwert $v^{k+1}(l_{30+k}-l_{31+k})$ 70/72	1994T	Prämienbarwert $v^k l_{30+k}$ 70/72	1994T
0	30	96429	97801	71.67	64.89	96429.00	97801.00
1	31	96355	97734	74.10	67.54	93322.03	94657.63
2	32	96276	97662	78.13	69.05	90310.43	91610.55
3	33	96190	97586	80.95	72.15	87389.60	88657.88
4	34	96098	97504	86.07	74.14	84557.88	85795.04
5	35	95997	97417	91.62	78.41	81810.18	83020.33
6	36	95886	97322	97.53	82.34	79143.42	80328.69
7	37	95764	97219	102.20	86.72	76554.70	77717.84
8	38	95632	97107	107.98	92.23	74042.79	75184.80
9	39	95488	96984	114.02	98.05	71604.16	72725.97
10	40	95331	96849	119.58	104.10	69236.25	70338.73
11	41	95161	96701	126.72	109.68	66937.32	68020.58
12	42	94975	96540				
			$v^{12}\cdot l_{42}$	64703.62	65769.81		
			Summe	65854.20	66769.12	971337.77	985859.04
E(B_{30}) bzw. E(C_{30}) = Summe/l_{30}				0.682929	0.682704	10.073088	10.080255
			$S\cdot$E(B_{30})	68292.94	68270.38		
			$N = \dfrac{S\cdot\mathrm{E}(B_{30})}{\mathrm{E}(C_{30})}$			6779.74	6772.68

Tabelle 2.9: Kapitalversicherung von Frau K. – Variante A: $i = 0.0325$

Aus diesen Berechnungen erhalten wir mit dem Äquivalenzprinzip eine jährliche Nettoprämie von € 6 779.74 bei der älteren Sterbetafel bzw. € 6 772.68 bei der neueren Sterbetafel.

Variante B: Zinssatz **0.04** (siehe Tabelle 2.10)

Hieraus ergibt sich eine Nettoprämie von € 6 451.84 bei der älteren Sterbetafel bzw. € 6 444.67 bei der neueren Sterbetafel.

Die Sterbetafel hat in diesem Beispiel jeweils einen sehr geringen Einfluss auf die Höhe der Nettoprämie. Demgegenüber erhöht der niedrigere Rechnungszinssatz die jährliche Nettoprämie erheblich.

In der Regel stellt ein niedrigerer Rechnungszinssatz die vorsichtigere Rechnungsgrundlage dar.

Der geforderte Tarifbeitrag von € 7061 beim Internetanbieter ist zwar deutlich höher als die Nettoprämie, aber dennoch außerordentlich günstig.

Wir weisen an Hand dieses Beispiels noch einmal auf den enormen Unterschied in der Nettoprämie zwischen einer Risikoversicherung und einer Kapitalversicherung bei sonst gleichen Eingangsdaten hin.

		ADST 70/72	DAV 1994T	Leistungsbarwert		Prämienbarwert	
				$v^{k+1}(l_{30+k} - l_{31+k})$		$v^k l_{30+k}$	
k	y	l_y	l_y	70/72	1994T	70/72	1994T
0	30	96429	97801	71.15	64.42	96429.00	97801.00
1	31	96355	97734	73.04	66.57	92649.04	93975.00
2	32	96276	97662	76.45	67.56	89012.57	90294.01
3	33	96190	97586	78.64	70.09	85512.56	86753.60
4	34	96098	97504	83.01	71.51	82144.97	83346.83
5	35	95997	97417	87.72	75.08	78902.54	80069.67
6	36	95886	97322	92.71	78.27	75780.10	76914.99
7	37	95764	97219	96.45	81.84	72772.77	73878.45
8	38	95632	97107	101.17	86.42	69877.37	70955.13
9	39	95488	96984	106.06	91.20	67088.60	68139.67
10	40	95331	96849	110.43	96.14	64402.21	65427.71
11	41	95161	96701	116.18	100.56	61814.77	62815.13
12	42	94975	96540				
			$v^{12} \cdot l_{42}$	59321.10	60298.60		
			Summe	60414.13	61248.26	936386.50	950371.19
$\mathrm{E}(B_{30})$ bzw. $\mathrm{E}(C_{30})$ = Summe/l_{30}				0.626514	0.626254	9.710632	9.717398
			$S \cdot \mathrm{E}(B_{30})$	62651.42	62625.39		
			$N = \dfrac{S \cdot \mathrm{E}(B_{30})}{\mathrm{E}(C_{30})}$			6451.84	6444.67

Tabelle 2.10: Kapitalversicherung von Frau K. – Variante B: $i = 0.04$

2.5 Von der Nettoprämie zum Zahlbeitrag

Deckungsrückstellung

Aus Tabelle 2.6 ist ersichtlich, dass die Risikoanteile aus den einzelnen Jahren am erwarteten Leistungsbarwert mit der Zeit steigen. Bei demgegenüber in der Regel gleichen jährlichen Prämien zahlt der Versicherungsnehmer am Anfang der Versicherungsperiode höhere Prämien als im Mittel zur Deckung des Risikos benötigt werden. Diese Prämien werden gemäß dem Äquivalenzprinzip in späteren Jahren benötigt und müssen vom Versicherungsunternehmen als sogenannte Deckungsrückstellung aufgehoben und verzinst werden. Aus diesen Beträgen ist insbesondere die Erlebensfallleistung am Ende der Laufzeit einer gemischten Kapitalversicherung abzudecken.

Überschussbeteiligung

Die Nettoprämie wurde nach dem Äquivalenzprinzip so kalkuliert, dass sie das mittlere Risiko abdeckt. Der Kalkulation wurden jedoch vorsichtige Modellannahmen zugrunde gelegt.

Wenn diese den Forderungen des Gesetzgebers genügen, dann bleibt dem Versicherungsunternehmen in der Bilanz ein Überschuss, der gewissermaßen gesetzlich verordnet ist. An diesem Überschuss sind - wiederum von Gesetzes wegen - die Versicherungsnehmer in hohem Maße zu beteiligen. Verbreitete Formen dafür sind Bonussysteme, verzinsliche Ansammlung und Beitragsreduktion.

In der Risikoversicherung ist die Beitragsreduktion üblich. Die Überschussanteile werden sofort mit der Bruttoprämie verrechnet. Die Höhe der Überschussanteile kann aber nicht für die gesamte Laufzeit des Vertrages garantiert werden.

Zahlbeitrag

Ein Versicherungsvertrag verursacht **Abschlusskosten** (z.B. Kosten für Werbung, Provisionen, Ausstellung der Policen) und **Verwaltungskosten**. Diese Kosten werden anteilig den Versicherungsverträgen zugewiesen.

Dazu kommt eventuell ein **Ratenzuschlag** bei nicht jährlicher Zahlung. Diese Beträge zusammen bilden die **Bruttoprämie**, auch **Tarifprämie** oder **Tarifbeitrag** genannt.

Die Bruttoprämie wird gegebenenfalls um die Überschussbeteiligung vermindert und ergibt den **Zahlbeitrag**. Im Einstiegsbeispiel der Risikoversicherung von Frau R. betrug die Überschussbeteiligung aktuell 48 % der Bruttoprämie.

2.6 Aufgaben

1 a) Schreiben Sie die Verträglichkeitsbedingung (V) aus Abschnitt 2.2 mit den Bezeichnungen $_n p_x$ auf.

b) Beweisen Sie mithilfe der Verträglichkeitsbeziehung, dass gilt:

$$\mathrm{P}(T_x = k) = \mathrm{P}(k \leq T_x < k + 1) = {_k p_x} \cdot q_{x+k}.$$

2 Beweisen und interpretieren Sie

a) $l_{x+1} = l_x \cdot p_x$,

b) $_n p_x = \dfrac{l_{x+n}}{l_x}$.

3 Berechnen Sie auf der Grundlage der DAV-Sterbetafel 1994T die Wahrscheinlichkeit dafür, dass

a) ein 40-jähriger Mann (eine 40-jährige Frau) höchstens 50 Jahre alt wird,

b) ein 45-jähriger Mann (eine 45-jährige Frau) mindestens 55, aber höchstens 65 Jahre alt wird,

c) ein Ehepaar, das gerade Silberhochzeit feiert (sie 47, er 49 Jahre alt), seine goldene Hochzeit erlebt, vorausgesetzt, sie bleiben zusammen und ihre Lebensdauern sind voneinander unabhängig.

4 Untersuchen Sie am Beispiel der 2-jährigen Erlebensfallversicherung von Seite 39, welchen Einfluss der Rechnungszinssatz auf den erwarteten Leistungsbarwert hat.

5 Untersuchen Sie allgemein, wie sich eine Absenkung des Rechnungszinssatzes i auf die erwarteten Leistungsbarwerte der betrachteten drei Typen von Lebensversicherungen auswirkt.

6 Der Höchstrechnungszinssatz wurde im Jahre 2000 von 4 % auf 3.25 % gesenkt. Die Nettoprämie für eine 12-jährige Erlebensfallversicherung soll durch Einmalzahlung bei Vertragsbeginn bezahlt werden. Um wie viel Prozent verändert sich diese Nettoprämie durch die Zinssenkung?

7 Die Versicherungssumme bei einer n-jährigen gemischten Kapitalversicherung für eine männliche Person des Alters x soll € b im Todesfall und € c im Erlebensfall betragen. Berechnen Sie den erwarteten Leistungsbarwert.

8 Berechnen Sie die jährliche Nettoprämie für eine gemischte Kapitalversicherung mit 12 Jahren Laufzeit und einer Versicherungssumme von $S = €\,100\,000$ für eine 50-jährige Frau sowie für einen 50-jährigen Mann. Benutzen Sie dazu die Daten aus Tabelle 2.6. Legen Sie als Rechnungszinssatz einmal 0.0325 und einmal 0.04 zugrunde.
Vergleichen Sie die Ergebnisse untereinander und mit den Ergebnissen des Beispiels der Kapitalversicherung für eine 30-jährige Frau von Seite 44.

Zeichnung: Felix Schaad. Quelle: TAGES-ANZEIGER vom 17.11.00

3 Aktien – von Kursdaten zu Kursmodellen

Sind Aktienkurse prognostizierbar? Diese Frage interessiert alle, die mit Aktien zu tun haben, auch die Finanzmathematiker. Sie suchen mithilfe der Statistik und der Wahrscheinlichkeitsrechnung nach Antworten. Wie sie dabei vorgehen und zu welchen Schlussfolgerungen sie gelangen, ist Gegenstand dieses Kapitels.

3.1 Was sind Aktien?

Eine Aktie ist ein *Beteiligungspapier* an einer Firma. Eine Aktie dokumentiert, dass deren Inhaber eine gewisse Menge an Kapital in die Firma eingebracht hat. Alle Aktien zusammen repräsentieren das Grundkapital der Firma. Fast alle großen Firmen sind Aktiengesellschaften. Ihr Grundkapital setzt sich meist aus Millionen von Aktien zusammen. Aktionäre haben zwei

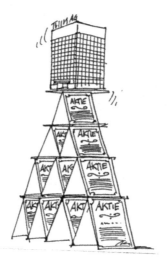

Abbildung 3.1: Aktien als Grundkapital einer Firma. Quelle unbekannt.

grundlegende Rechte: ein Recht auf Mitsprache und ein Recht auf Gewinnbeteiligung. Das Mitspracherecht kann der Aktionär in der Hauptversammlung geltend machen (vgl. unten). Die Gewinnbeteiligung erhält er in Form der *Dividende* ausbezahlt. Die Höhe der Dividende richtet sich nach dem Geschäftserfolg der Firma.

Organisation von Aktiengesellschaften

Eine Aktiengesellschaft besitzt drei wichtige Gremien: die *Hauptversammlung*, den *Aufsichtsrat* und den *Vorstand*. Die Abbildung auf der nächsten Seite zeigt die Beziehung zwischen den drei Gremien.

Der Vorstand leitet die Geschäfte der Firma. Die Vorstandsmitglieder sind deren oberste Manager. Der Vorstandsvorsitzende wird im englischen Sprachraum Chief Executive Officer (CEO) genannt. Der Vorstand trägt die Hauptverantwortung für den wirtschaftlichen Erfolg bzw. Misserfolg. Entscheidungen von großer Tragweite muss er mit dem Aufsichtsrat besprechen.

Der Aufsichtsrat überwacht im Auftrag der Aktionäre und der Belegschaft die Geschäftstätigkeit der Firma. Der Aufsichtsrat setzt die Vorstandsmitglieder ein und beruft sie gegebenenfalls auch wieder ab. Im Aufsichtsrat sitzen Vertreter der Großaktionäre, Vertreter der Arbeitnehmer sowie einflussreiche Persönlichkeiten aus Wirtschaft, Gesellschaft und Politik, die sich für die Anliegen der Firma einsetzen.

Zur Hauptversammlung kommen alle Aktionäre zusammen. Sie findet in der Regel einmal pro Jahr statt. In der Hauptversammlung werden die Aktionäre vom Vorstand über den Geschäftsverlauf orientiert. Sie können Fragen stellen und Voten abgeben. Zudem legen die Aktionäre in der Hauptversammlung die Höhe der Dividende fest und wählen die Mitglieder des Aufsichtsrats.

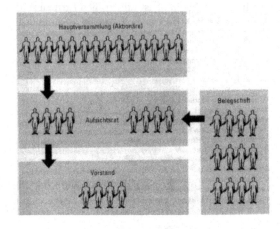

Abbildung 3.2: Organisation einer Aktiengesellschaft. Quelle: [BS01]

Handel mit Aktien

Aktien von großen Firmen werden rege gehandelt. Die weltweit führende Börse für Aktien ist die New York Stock Exchange (NYSE). Sie liegt an der Wallstreet im New Yorker Stadtteil Manhattan. Die wichtigste deutsche Börse ist die Frankfurter Wertpapierbörse (FWB). Die NYSE und die FWB sind Präsenzbörsen. Die Händler treffen sich auf dem Börsenparkett, um die Geschäfte abzuschließen. Neben Präsenzbörsen gibt es auch Computerbörsen wie zum Beispiel XETRA (Exchange Electronic Trading). Die Händler sitzen dezentral an ihren Computerterminals. Die von ihnen eingegebenen Kauf- und Verkaufsaufträge werden von einem Zentralrechner verwaltet und automatisch zum Abschluss gebracht. Auf XETRA lassen sich alle Aktien handeln, die auch an der Frankfurter Wertpapierbörse notiert sind.

Das Börsengeschehen kann heutzutage via Internet weltweit und realtime mitverfolgt werden, so zum Beispiel unter www.nyse.com (New York) oder www.deutsche-boerse.com (Frankfurt, XETRA). Diverse Finanzdienstleister stellen auf ihren Websites aktuelle und historische Kurse von Wertpapieren sowie Hintergrundinformationen zur Verfügung. Diesbezüglich besonders empfehlenswert ist www.quoteline.com (Stand Ende 2002).

Genauere Informationen darüber, wie Aktiengesellschaften rechtlich geregelt sind, welche verschiedene Arten von Aktien es gibt, wie der Handel mit Aktien im Detail abläuft und wie Kursinformationen zu lesen sind, bietet [BS01].

3.2 Vom Kurs zur Rendite

Die folgende Abbildung zeigt den Kursverlauf der Namens-Aktie des deutsch-amerikanischen Automobilkonzerns DaimlerChrysler AG an der Frankfurter Börse von Ende Dezember 2000 bis Ende November 2001.

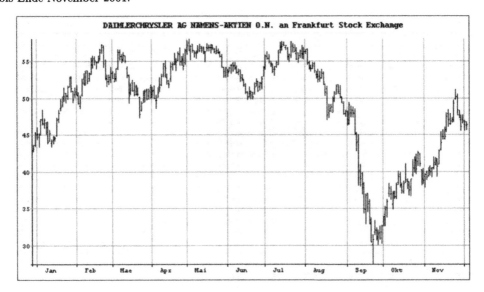

Abbildung 3.3: Kursverlauf der DaimlerChrysler-Aktie von Ende Dezember 2000 bis Ende November 2001. Quelle: www.consors.de

Ende 2000 notierte die DaimlerChrysler-Aktie bei € 45. Mitte Juli 2001 erreichte sie den Jahreshöchststand von € 57.50, Mitte September 2001 in Folge des Terroranschlags auf das World Trade Center in New York den Jahrestiefststand von € 31. Bis Ende November 2001 erholte sich der Kurs wieder auf € 47.

Lässt sich aufgrund der vorliegenden Kursdaten der Verlauf der DaimlerChrysler-Aktie im Dezember 2001 prognostizieren?

Die Tabelle 3.1 enthält die Wochenschlusskurse der DaimlerChrysler-Aktie von Ende Dezember 2000 bis Ende November 2001. Wer am 29.12.00 an der Börse eine DaimlerChrysler-Aktie für € 45.20 kaufte und eine Woche später am 05.01.01 für € 46.60 wieder verkaufte, erzielte einen Kursgewinn von € 1.40. Das Verhältnis zwischen Gewinn und Einsatz betrug

$$\frac{\text{€ }1.40}{\text{€ }45.20} = 0.031 = 3.1\ \%.$$

Wer dagegen am 05.01.01 eine DaimlerChrysler-Aktie für € 46.60 kaufte und eine Woche später am 12.01.01 für € 44.10 wieder verkaufte, erlitt einen Kursverlust von € −2.50. Sein Verhältnis zwischen Verlust und Einsatz betrug

$$\frac{\text{€ }-2.50}{\text{€ }46.60} = -0.054 = -5.4\ \%.$$

Beim Handel mit Wertpapieren wird das Verhältnis zwischen Gewinn und Einsatz bzw. Verlust und Einsatz als **einfache Rendite** bezeichnet und üblicherweise in Prozent angegeben.

Woche Nr.	Datum	Kurs in €	einfache Rendite	logarith. Rendite
0	29.12.00	45.20		
1	05.01.01	46.60	3.1%	0.031
2	12.01.01	44.10	-5.4%	-0.055
3	19.01.01	48.80	10.7%	0.101
4	26.01.01	52.90	8.4%	0.081
5	02.02.01	49.30	-6.8%	-0.070
6	09.02.01	52.35	6.2%	0.060
7	16.02.01	54.90	4.9%	0.048
8	23.02.01	52.60	-4.2%	-0.043
9	02.03.01	52.60	0.0%	0.000
10	09.03.01	55.85	6.2%	0.060
11	16.03.01	51.00	-8.7%	-0.091
12	23.03.01	49.30	-3.3%	-0.034
13	30.03.01	50.10	1.6%	0.016
14	06.04.01	51.40	2.6%	0.026
15	12.04.01	52.40	1.9%	0.019
16	20.04.01	54.90	4.8%	0.047
17	27.04.01	54.40	-0.9%	-0.009
18	04.05.01	57.00	4.8%	0.047
19	11.05.01	57.00	0.0%	0.000
20	18.05.01	56.90	-0.2%	-0.002
21	25.05.01	56.25	-1.1%	-0.011
22	01.06.01	53.45	-5.0%	-0.051
23	08.06.01	53.50	0.1%	0.001
24	15.06.01	50.80	-5.0%	-0.052
25	22.06.01	51.50	1.4%	0.014
26	29.06.01	54.20	5.2%	0.051
27	06.07.01	53.60	-1.1%	-0.011
28	13.07.01	57.50	7.3%	0.070
29	20.07.01	57.55	0.1%	0.001
30	27.07.01	56.40	-2.0%	-0.020
31	03.08.01	54.20	-3.9%	-0.040
32	10.08.01	52.50	-3.1%	-0.032
33	17.08.01	47.70	-9.1%	-0.096
34	24.08.01	51.65	8.3%	0.080
35	31.08.01	48.10	-6.9%	-0.071
36	07.09.01	45.10	-6.2%	-0.064
37	14.09.01	34.90	-22.6%	-0.256
38	21.09.01	30.80	-11.7%	-0.125
39	28.09.01	32.60	5.8%	0.057
40	05.10.01	36.95	13.3%	0.125
41	12.10.01	38.10	3.1%	0.031
42	19.10.01	37.45	-1.7%	-0.017
43	26.10.01	42.50	13.5%	0.126
44	02.11.01	39.15	-7.9%	-0.082
45	09.11.01	41.40	5.7%	0.056
46	16.11.01	44.70	8.0%	0.077
47	23.11.01	49.20	10.1%	0.096
48	30.11.01	46.90	-4.7%	-0.048
49	07.12.01			
50	14.12.01			
51	21.12.01			
52	28.12.01			

Tabelle 3.1: Wochenschlusskurse und Wochenrenditen der DaimlerChrysler-Aktie von Ende Dezember 2000 bis Ende November 2001. Die Kurse stammen von www.consors.de, die Renditen sind mit Excel berechnet.

Das Wort „Rendite" gibt an, dass damit der Ertrag eines Handels erfasst wird. Renditen können positiv oder negativ sein. Durch das Wort „einfach" grenzt sich diese Art der Renditeberechnung von der komplizierteren **logarithmischen Rendite** ab (vgl. weiter unten).

Renditen, einfache wie logarithmische, beziehen sich immer auf einen bestimmten Zeitraum, typischerweise auf einen Tag, eine Woche, einen Monat, ein Vierteljahr, ein Halbjahr oder ein Jahr. Berechnet wird die einfache Rendite aus den Kursen am Anfang und Ende des Zeitraums gemäß der Formel

$$\text{einfache Rendite} = \frac{\text{Endkurs} - \text{Anfangskurs}}{\text{Anfangskurs}}.$$

In Tabelle 3.1 sind neben den einfachen Renditen auch die sogenannten logarithmischen Renditen der DaimlerChrysler-Aktie angeführt. Berechnet werden diese gemäß der Formel

$$\text{logarithmische Rendite} = \ln\left(\frac{\text{Endkurs}}{\text{Anfangskurs}}\right).$$

Dabei bezeichnet ln den natürlichen Logarithmus, das heißt den Logarithmus mit der Eulerschen Zahl e = 2.718... als Basis. Für die 1. Woche im Jahr 2001 beträgt die logarithmische

Rendite der DaimlerChrysler-Aktie

$$\ln\left(\frac{\text{€ } 46.60}{\text{€ } 45.20}\right) = 0.031,$$

für die 2. Woche

$$\ln\left(\frac{\text{€ } 44.10}{\text{€ } 46.60}\right) = -0.055.$$

Ein Blick auf Tabelle 3.1 zeigt, dass die einfache und logarithmische Rendite meistens fast übereinstimmen. Nur bei größeren Kursänderungen wie in den Wochen 37, 40 und 43 unterscheiden sich die beiden Renditetypen deutlich(er) voneinander. Die Finanzmathematiker ziehen die logarithmischen Renditen den einfachen Renditen vor. Warum das so ist, erfahren Sie im nächsten Abschnitt.

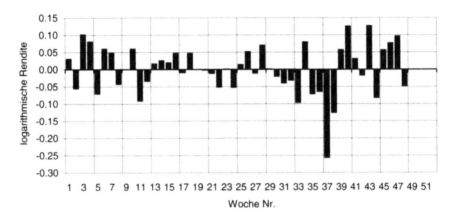

Abbildung 3.4: Renditeverlauf der DaimlerChrysler-Aktie von Januar bis November 2001

In Abbildung 3.4 sind die logarithmischen Wochenrenditen der DaimlerChrysler-Aktie von Januar bis November 2001 graphisch dargestellt.

Für die Analyse von Aktienkursen sind die Renditen die geeigneteren Größen als die Kurse selbst. Erstens erfassen die Renditen unmittelbar die Kursänderungen und damit das Auf und Ab der Aktienkurse. Zweitens sind die Renditen verschiedener Aktien miteinander vergleichbar, was die Kurse selbst im Allgemeinen nicht sind.

Sind für einen Zeitraum der Anfangskurs und die einfache bzw. logarithmische Rendite bekannt, so kann der Endkurs wie folgt berechnet werden:

$$\text{Endkurs} = (1 + \text{einfache Rendite}) \cdot \text{Anfangskurs}$$

bzw.

$$\text{Endkurs} = e^{\text{logarithmische Rendite}} \cdot \text{Anfangskurs}.$$

So gilt etwa für den Kurs der DaimlerChrysler-Aktie in der Woche 37 des Jahres 2001

$$(1 - 0.226) \cdot \text{€ } 45.10 = \text{€ } 34.91 \quad \text{bzw.} \quad e^{-0.256} \cdot \text{€ } 45.10 = \text{€ } 34.91,$$

und für die Woche 40

$$(1 + 0.133) \cdot \text{€ } 32.60 = \text{€ } 36.94 \quad \text{bzw.} \quad e^{0.125} \cdot \text{€ } 32.60 = \text{€ } 36.94.$$

3.3   Einfache versus logarithmische Rendite

Um einfache und logarithmische Renditen besser miteinander vergleichen zu können, schreiben wir die Formel für die einfache Rendite etwas um:

$$\text{einfache Rendite} = \frac{\text{Endkurs} - \text{Anfangskurs}}{\text{Anfangskurs}} = \frac{\text{Endkurs}}{\text{Anfangskurs}} - 1.$$

Nun treten Anfangs- und Endkurs sowohl bei der einfachen als auch bei der logarithmischen Rendite jeweils als Verhältnis Endkurs/Anfangskurs auf. In der folgenden Tabelle sind für einige Kursverhältnisse zwischen 0.1 und 10 die einfache und logarithmische Rendite einander gegenübergestellt.

Kursverhältnis $\dfrac{\text{Endkurs}}{\text{Anfangskurs}}$	einfache Rendite $\dfrac{\text{Endkurs}}{\text{Anfangskurs}} - 1$	logarith. Rendite $\ln\left(\dfrac{\text{Endkurs}}{\text{Anfangskurs}}\right)$
0.00	$-100\,\%$	$-\infty$
0.10	$-90\,\%$	-2.300
0.50	$-50\,\%$	-0.693
0.90	$-10\,\%$	-0.105
0.95	$-5\,\%$	-0.051
1.00	$0\,\%$	0.000
1.05	$5\,\%$	0.049
1.10	$10\,\%$	0.095
1.50	$50\,\%$	0.405
2.00	$100\,\%$	0.693
5.00	$400\,\%$	1.609
10.00	$900\,\%$	2.303
∞	∞	∞

Tabelle 3.2: Vergleich von einfachen und logarithmischen Renditen

Wenn das Verhältnis Endkurs/Anfangskurs nahe bei 1 liegt, dann stimmen einfache und logarithmische Rendite in etwa überein. Das entspricht kleinen Kursänderungen.

Wenn das Verhältnis Endkurs/Anfangskurs deutlich größer als 1 ist, dann ist die einfache Rendite deutlich größer als die logarithmische. So entspricht einer Kursverdoppelung eine einfache Rendite von 100 % und eine logarithmische Rendite von „nur" 0.693. Ist umgekehrt das Verhältnis Endkurs/Anfangskurs deutlich kleiner als 1, so ist die logarithmische Rendite deutlich kleiner als die einfache. So entspricht einer Kurshalbierung eine logarithmische Rendite von −0.693 und eine einfache Rendite von „nur" −50 %.

Negative einfache Renditen können höchstens −100 % betragen, positive einfache Renditen dagegen können beliebig groß werden. Es gibt also eine Asymmetrie zwischen positiven und negativen einfachen Renditen. Diese zeigt sich etwa auch darin, dass, wenn in einem Zeitraum die einfache Rendite −50 % beträgt, im darauf folgenden Zeitraum die einfache Rendite +100 % betragen muss, damit der Verlust aus dem ersten Zeitraum kompensiert wird.

Die logarithmischen Renditen dagegen liegen symmetrisch bezüglich 0. Negative logarithmische Renditen können beliebig klein werden, positive logarithmische Renditen beliebig groß. Wenn in einem Zeitraum die logarithmische Rendite −0.693 beträgt (was einer einfachen Rendite von −50 % entspricht), so muss die logarithmische Rendite im darauf folgenden Zeitraum symmetrisch dazu +0.693 betragen (was einer einfachen Rendite von +100 % entspricht), damit der Verlust aus dem ersten Zeitraum kompensiert wird (vgl. Tabelle 3.2).

Diese **Symmetrieeigenschaft** ist ein Grund dafür, warum Finanzmathematiker die logarithmischen Renditen den einfachen Renditen vorziehen. Der entscheidende Grund ist die **Additivitätseigenschaft** von logarithmischen Renditen.

Aus Tabelle 3.1 geht hervor, dass der Kurs der DaimlerChrysler-Aktie im 1. Halbjahr 2001 von € 45.20 auf € 54.20 stieg. Dies entspricht einer einfachen bzw. logarithmischen Rendite von

$$\frac{€\,54.20}{€\,45.20} - 1 = 19.9\ \% \quad \text{bzw.} \quad \ln\left(\frac{€\,54.20}{€\,45.20}\right) = 0.182.$$

Im darauf folgenden 3. Quartal sank der Kurs von € 54.20 auf € 32.60. Dies wiederum entspricht einer einfachen bzw. logarithmischen Rendite von

$$\frac{€\,32.60}{€\,54.20} - 1 = -39.9\ \% \quad \text{bzw.} \quad \ln\left(\frac{€\,32.60}{€\,54.20}\right) = -0.508.$$

Insgesamt sank der Kurs der DaimlerChrysler-Aktie in den ersten 9 Monaten des Jahres 2001 von € 45.20 auf € 32.60. Das entspricht einer einfachen bzw. logarithmischen Rendite von

$$\frac{€\,32.60}{€\,45.20} - 1 = -27.9\ \% \quad \text{bzw.} \quad \ln\left(\frac{€\,32.60}{€\,45.20}\right) = -0.327.$$

Die logarithmische Rendite über den Gesamtzeitraum ist bis auf Rundungsungenauigkeiten gleich der Summe der logarithmischen Renditen über die beiden Teilzeiträume:

$$0.182 + (-0.508) = -0.326.$$

Diese Aussage trifft für die einfachen Renditen nicht zu:

$$19.9\ \% + (-39.9\ \%) = -20.0\ \% \neq -27.9\ \%.$$

Die Additivitätseigenschaft der logarithmischen Renditen gilt allgemein:

Wird ein Zeitraum in Teilzeiträume unterteilt, so ist die logarithmische Rendite über den gesamten Zeitraum gleich der Summe der logarithmischen Renditen über die Teilzeiträume.

Der Grund dafür ist die folgende Rechenregel für Logarithmen:

$$\ln(a \cdot b) = \ln(a) + \ln(b).$$

Wenn K_1, K_2, K_3, ..., K_{n-1}, K_n die Kurse zu den n aufeinander folgenden Zeitpunkten $t_1, t_2, t_3, \ldots, t_{n-1}, t_n$ bezeichnen, so gilt aufgrund dieser Regel

$$\ln\left(\frac{K_2}{K_1}\right) + \ln\left(\frac{K_3}{K_2}\right) + \ldots + \ln\left(\frac{K_n}{K_{n-1}}\right) = \ln\left(\frac{K_2}{K_1} \cdot \frac{K_3}{K_2} \cdot \ldots \cdot \frac{K_n}{K_{n-1}}\right).$$

Wegen

$$\frac{K_2}{K_1} \cdot \frac{K_3}{K_2} \cdot \ldots \cdot \frac{K_n}{K_{n-1}} = \frac{K_n}{K_1}$$

bedeutet das gerade: Die Summe der logarithmischen Renditen in den $n-1$ aufeinander folgenden Teilzeiträumen $[t_1, t_2], [t_2, t_3], \ldots, [t_{n-1}, t_n]$ ist gleich der logarithmischen Rendite im Gesamtzeitraum $[t_1, t_n]$.

Aufgrund der Additivitäts- und der Symmetrieeigenschaft verwenden Finanzmathematiker bevorzugt logarithmische Renditen anstelle von einfachen Renditen. Dasselbe tun auch wir in diesem Kapitel. Wenn im Folgenden von Rendite gesprochen wird, ist immer die logarithmische gemeint, wenn nichts anderes ausdrücklich vermerkt ist.

3.4 Statistische Verteilung der Renditen

In Tabelle 3.1 sind die logarithmischen Wochenrenditen der DaimlerChrysler-Aktie von Januar bis November 2001 aufgelistet. Wie sind diese 48 Renditen statistisch verteilt? Wie häufig treten zum Beispiel Renditen zwischen 0.05 und 0.10 auf? Wie groß ist das arithmetische Mittel der 48 Renditen? Wie groß die Standardabweichung?

Rendite-bereich	Anzahl Renditen	Relative Häufigkeit	Rendite-bereich	Anzahl Renditen	Relative Häufigkeit
-0.300 bis -0.251	1	0.02	0.000 bis 0.049	13	0.27
-0.250 bis -0.201	0	0.00	0.050 bis 0.099	10	0.21
-0.200 bis -0.151	0	0.00	0.100 bis 0.149	3	0.06
-0.150 bis -0.101	1	0.02	0.150 bis 0.199	0	0.00
-0.100 bis -0.051	9	0.19	0.200 bis 0.249	0	0.00
-0.050 bis -0.001	11	0.23	0.250 bis 0.300	0	0.00

Tabelle 3.3: Häufigkeitsverteilung der logarithmischen Wochenrenditen der DaimlerChrysler-Aktie von Januar bis November 2001

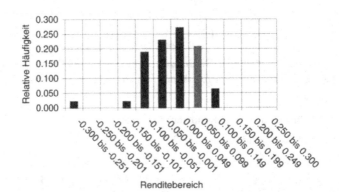

Abbildung 3.5: Häufigkeitsdiagramm der logarithmischen Wochenrenditen der Daimler-Chrysler-Aktie von Januar bis November 2001

Tabelle 3.3 und Abbildung 3.5 zeigen die **Häufigkeitsverteilung** der logarithmischen Wochenrenditen der DaimlerChrysler-Aktie von Januar bis November 2001. So lagen 10 der 48 Wochenrenditen zwischen 0.05 (einschließlich) und 0.10 (ausschließlich), nämlich diejenigen der Wochen 4, 6, 10, 26, 28, 34, 39, 45, 46 und 47 (vgl. Tabelle 3.1). Renditen zwischen 0.05 und 0.10 traten demnach mit einer relativen Häufigkeit von $10/48 = 0.21$ auf.

Das **arithmetische Mittel** der 48 Renditen beträgt

$$\hat{\mu} = \frac{0.031 + (-0.055) + \ldots + (-0.048)}{48} = 0.001.$$

Die **Standardabweichung**[2] der 48 Renditen beträgt

$$\hat{\sigma} = \sqrt{\frac{(0.031 - 0.001)^2 + ((-0.055) - 0.001)^2 + \ldots + ((-0.048) - 0.001)^2}{48}}$$
$$= 0.070.$$

---

[2]Mit Standardabweichung meinen wir im Zusammenhang mit statistischen Daten immer die empirische Standardabweichung.

Das arithmetische Mittel und die Standardabweichung der Renditen sind zwei der wichtigsten **statistischen Kennzahlen** einer Aktie:

- Das arithmetische Mittel gibt die durchschnittliche Kursänderung pro Zeitraum an. Es stellt daher ein **Trendmaß** für die Aktie dar.

- Die Standardabweichung gibt die durchschnittliche Abweichung der einzelnen Kursänderungen vom Durchschnitt aller Kursänderungen an. Je größer die Standardabweichung, desto stärker schlägt der Kurs nach oben oder unten aus. Damit steigt einerseits die Chance auf Kursgewinne, andererseits aber auch das Risiko von Kursverlusten. Die Standardabweichung ist also ein **Chancen- und Risikomaß** für die Aktie.

Das arithmetische Mittel der Renditen heißt auch **Drift** der Aktie, die Standardabweichung auch **Volatilität** der Aktie.

Statistische Kennzahlen von Hand zu berechnen ist eine eher mühsame Angelegenheit. Computerprogramme wie Excel können einem viel Arbeit abnehmen. Bezugnehmend auf Tabelle 3.1 können das arithmetische Mittel und die Standardabweichung der 48 (logarithmischen) Wochenrenditen der DaimlerChrysler-Aktie wie folgt mit Excel berechnet werden:

$$\text{MITTELWERT}(E4:E51) \quad \text{bzw.} \quad \text{STABWN}(E4:E51).$$

Die Verteilung der Wochenrenditen von DaimlerChrysler ist durchaus typisch für die Verteilung von Aktienrenditen. Die 48 Renditen liegen ziemlich symmetrisch um das arithmetische Mittel $\hat{\mu} = 0.00$. Alle Renditen mit Ausnahme derjenigen von Woche 37 liegen zwischen $\hat{\mu} - 2\hat{\sigma} = -0.14$ und $\hat{\mu} + 2\hat{\sigma} = 0.14$. 35 Renditen liegen zwischen $\hat{\mu} - \hat{\sigma} = -0.07$ und $\hat{\mu} + \hat{\sigma} = 0.07$. Das sind etwas mehr als zwei Drittel aller Renditen.

In vielen Fällen ist die Verteilung von Aktienrenditen näherungsweise eine sogenannte **Normalverteilung**. Genaueres zu Normalverteilungen und deren Verwendung bei der Modellierung von Aktienkursen erfahren Sie in den Abschnitten 3.9 bis 3.11.

3.5 Statistische Korrelation der Renditen

Hängen die (logarithmischen) Renditen von Aktien in aufeinander folgenden Zeiträumen voneinander ab? Gilt zum Beispiel: Wenn der Aktienkurs in einer Woche steigt, dann steigt er meistens in der darauf folgenden Woche nochmals? Wenn dies der Fall ist, dann sprechen Statistiker von einer positiven **Korrelation** zwischen den Renditen.
Um Korrelationen aufzuspüren, fasst man die Renditen von je zwei aufeinander folgenden Zeiträumen zu einem Renditepaar zusammen und trägt diese Renditepaare als Punkte in ein Koordinatensystem ein. Abbildung 3.6 zeigt das Ergebnis für die Wochenrenditen der DaimlerChrysler-Aktie von Januar bis November 2001.

Renditepaare, die in Abbildung 3.6 im 1. Quadranten des Koordinatensystems liegen, entsprechen zwei aufeinander folgenden positiven Renditen, das heißt zwei aufeinander folgenden Kursanstiegen. Renditepaare wie dasjenige der Wochen 2 und 3, die im 2. Quadranten liegen, entsprechen einer Kurssenkung gefolgt von einem Kursanstieg, usw.

In Abbildung 3.6 sind die 47 Renditepaare mehr oder weniger gleichmäßig auf die vier Quadranten verteilt. Alle vier möglichen Kombinationen „Kursanstieg gefolgt von Kursanstieg", „Senkung gefolgt von Anstieg", „Anstieg gefolgt von Senkung" und „Senkung gefolgt von Senkung" treten in etwa gleich häufig auf. In dem Sinne sind im Fall von DaimlerChrysler aufeinander folgende Renditen **unkorreliert**.

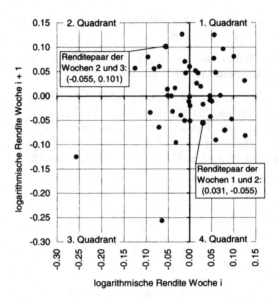

Abbildung 3.6: Darstellung der Paare aufeinander folgender Wochenrenditen der Daimler-Chrysler-Aktie von Januar bis November 2001

Mithilfe des **Korrelationskoeffizienten**[3] kann der lineare Zusammenhang aufeinander folgender Renditen quantifiziert werden. Tabelle 3.4 zeigt, wie der Korrelationskoeffizient berechnet wird.

Wochenpaar $(i, i+1)$	Renditepaar (x_i, x_{i+1})	Paar standardisierter Abweichungen $(z_i, z_{i+1}) = \left(\dfrac{x_i - \hat{\mu}}{\hat{\sigma}}, \dfrac{x_{i+1} - \hat{\mu}}{\hat{\sigma}} \right)$	Produkt standardisierter Abweichungen $z_i \cdot z_{i+1}$
$(1, 2)$	$(0.031, -0.055)$	$(0.422, -0.794)$	-0.335
$(2, 3)$	$(-0.055, 0.101)$	$(-0.794, 1.428)$	-1.134
$(3, 4)$	$(0.101, 0.081)$	$(1.428, 1.135)$	1.621
...	...	...	...
$(47, 48)$	$(0.096, -0.048)$	$(1.352, -0.691)$	-0.934
Korrelationskoeffizient = arithmetisches Mittel der Produkte der standardisierten Abweichungen			**0.117**

Tabelle 3.4: Berechnung des Korrelationskoeffizienten aufeinander folgender Wochenrenditen der DaimlerChrysler-Aktie von Januar bis November 2001

Für jede der n aufeinander folgende Renditen $x_1, x_2, \ldots, x_n$ wird die Abweichung vom arithmetischen Mittel $\hat{\mu}$ der n Renditen gebildet und diese Abweichung durch die Standardabweichung $\hat{\sigma}$ der n Renditen geteilt. Die so berechneten Größen

$$z_1 = \frac{x_1 - \hat{\mu}}{\hat{\sigma}}, \quad z_2 = \frac{x_2 - \hat{\mu}}{\hat{\sigma}}, \quad \ldots, \quad z_n = \frac{x_n - \hat{\mu}}{\hat{\sigma}}$$

heißen **standardisierte Abweichungen** vom arithmetischen Mittel $\hat{\mu}$. Den „Standard" setzt $\hat{\sigma}$: Die Größe z misst die Abweichungen in Vielfachen von $\hat{\sigma}$. Für jedes der $n-1$ Renditepaare

---

[3]Mit Korrelationskoeffizient meinen wir im Zusammenhang mit statistischen Daten immer den empirischen Korrelationskoeffizient.

$(x_1, x_2), (x_2, x_3), \ldots, (x_{n-1}, x_n)$ wird das Produkt der zugehörigen standardisierten Abweichungen gebildet:

$$z_1 \cdot z_2, z_2 \cdot z_3, \ldots, z_{n-1} \cdot z_n.$$

Ein solches Produkt $z_i \cdot z_{i+1}$ ist genau dann positiv, wenn entweder beide Faktoren z_i und z_{i+1} positiv oder beide negativ sind. In diesem Fall liegen entweder beide der aufeinander folgenden Renditen x_i und x_{i+1} über dem arithmetischen Mittel $\hat{\mu}$ oder beide darunter. Entweder folgen also zwei überdurchschnittliche Kursänderungen oder zwei unterdurchschnittliche aufeinander. So oder so spricht man bei „gleichläufigem" Verhalten von einer **positiven Korrelation** der beiden Renditen.

Wenn das Produkt $z_i \cdot z_{i+1}$ dagegen negativ ist, so ist einer der beiden Faktoren z_i und z_{i+1} positiv und der andere negativ. In diesem Fall folgt auf eine überdurchschnittliche Rendite x_i eine unterdurchschnittliche Rendite x_{i+1} oder umgekehrt. So oder so spricht man bei „gegenläufigem" Verhalten von einer **negativen Korrelation** der beiden Renditen.

Der Korrelationskoeffizient ist das arithmetische Mittel aus den $n - 1$ Produkten $z_1 \cdot z_2, z_2 \cdot z_3, \ldots, z_{n-1} \cdot z_n$:

$$\begin{aligned}
\text{Korrelationskoeffizient} \quad &= \quad \frac{z_1 \cdot z_2 + z_2 \cdot z_3 + \ldots + z_{n-1} \cdot z_n}{n - 1} \\
&= \quad \frac{1}{n-1} \sum_{i=1}^{n-1} \left(\frac{x_i - \hat{\mu}}{\hat{\sigma}} \right) \left(\frac{x_{i+1} - \hat{\mu}}{\hat{\sigma}} \right).
\end{aligned}$$

Der Korrelationskoeffizient misst also die **durchschnittliche Korrelation** der Datenpaare. Korrelationskoeffizienten haben stets einen Wert zwischen -1 und $+1$. (Die Standardisierung sorgt dafür, dass sie nicht größer als $+1$ oder kleiner als -1 werden können.)
Wenn ein Korrelationskoeffizient in der Nähe von $+1$ liegt, so sind die Datenpaare überwiegend positiv korreliert. In der graphischen Darstellung erhalten wir eine Punktwolke, die in der Nähe einer Geraden (der Regressionsgeraden) mit positivem Anstieg liegt. Beträgt der Korrelationskoeffizient exakt $+1$, so liegen alle Punkte auf der Regressionsgeraden.
Liegt er umgekehrt in der Nähe von -1, so sind sie überwiegend negativ korreliert. Die Punktwolke gruppiert sich um eine Regressionsgerade mit negativem Anstieg.
Liegt der Korrelationskoeffizient dagegen in der Nähe von 0, so halten sich positiv und negativ korrelierte Datenpaare ungefähr die Waage. Die Punktwolke lässt keinen linearen Trend erkennen.

Im Beispiel der Wochenrenditen der DaimlerChrysler-Aktie des Jahres 2001 beträgt der Korrelationskoeffizient rund 0.1 (vgl. Tabelle 3.4). Dieser Wert bestätigt den Eindruck aus Abbildung 3.6: Die Renditen aufeinander folgender Wochen sind im Fall von DaimlerChrysler **unkorreliert**.

In Kapitel 4 über Portfolios werden wir noch einmal auf Korrelationen zu sprechen kommen. Im Gegensatz zu hier wird in Kapitel 4 nicht die Korrelation der *aufeinander folgenden* Renditen *einer* Aktie betrachtet, sondern die Korrelation der *gleichzeitigen* Renditen *zweier* Aktien. Wenn $x_1, x_2, \ldots, x_n$ die Renditen der einen Aktie in n aufeinander folgenden Perioden sind und $y_1, y_2, \ldots, y_n$ die Renditen der anderen Aktie in denselben Perioden, so werden wir in Kapitel 4 die Renditepaare $(x_1, y_1), (x_2, y_2), \ldots, (x_n, y_n)$ bilden und für diese die Produkte der standardisierten Abweichungen berechnen:

$$\left(\frac{x_1 - \hat{\mu}_x}{\hat{\sigma}_x} \right) \left(\frac{y_1 - \hat{\mu}_y}{\hat{\sigma}_y} \right), \left(\frac{x_2 - \hat{\mu}_x}{\hat{\sigma}_x} \right) \left(\frac{y_2 - \hat{\mu}_y}{\hat{\sigma}_y} \right), \ldots, \left(\frac{x_n - \hat{\mu}_x}{\hat{\sigma}_x} \right) \left(\frac{y_n - \hat{\mu}_y}{\hat{\sigma}_y} \right).$$

Dabei bezeichnen $\hat{\mu}_x$ und $\hat{\sigma}_x$ bzw. $\hat{\mu}_y$ und $\hat{\sigma}_y$ das arithmetische Mittel und die Standardabweichung der Renditen $x_1, x_2, \ldots, x_n$ bzw. $y_1, y_2, \ldots, y_n$. Das arithmetische Mittel der Produkte der standardisierten Abweichungen

$$\frac{1}{n} \sum_{i=1}^{n} \left(\frac{x_i - \hat{\mu}_x}{\hat{\sigma}_x} \right) \left(\frac{y_i - \hat{\mu}_y}{\hat{\sigma}_y} \right)$$

ist dann der Korrelationskoeffizient der Renditen der beiden Aktien. Er wird in Kapitel 4 eine wichtige Rolle spielen bei der Berechnung des Risikos eines Portfolios, das die beiden Aktien enthält.

Die in diesem Kapitel berechnete Korrelation der *aufeinander folgenden* Renditen *einer* Aktie wird auch als **Autokorrelation** bezeichnet.

3.6   Random-Walk-Theorie

Sind Aktienkurse sicher prognostizierbar? Die Antwort der Finanzmathematiker lautet Nein! Das gilt jedenfalls für kurz- und mittelfristige Prognosen auf Tage, Wochen oder Monate hinaus. Der Grund für das Nein liegt in den Ergebnissen aus den statistischen Analysen, wie Sie zwei davon in den letzten beiden Abschnitten kennengelernt haben. Was wir dabei für die Wochenrenditen der DaimlerChrysler-Aktie von Anfang Januar bis Ende November 2001 festgestellt haben, ist durchaus typisch für das Verhalten von Aktienkursen. Die Haupterkenntnis lautet:

> Das Auf und Ab der Aktienkurse ist ein Zufallsprozess.

Die Kursänderungen folgen keinem deterministischen Muster. Positive wie negative Renditen wechseln sich in unvorhersehbarer Reihenfolge ab. Die Kurse vollführen eine zufällige Irrfahrt, engl. einen **Random Walk**.

Die Random-Walk-Theorie wird nicht nur von Mathematikern, sondern auch von vielen Wirtschaftswissenschaftern vertreten. Sie argumentieren, dass heutzutage die Kurse von an Börsen gehandelten Aktien jederzeit den verfügbaren Informationen über die Unternehmen und das wirtschaftliche, politische und gesellschaftliche Umfeld entsprechen. Neue Informationen führen unverzüglich zu Kursanpassungen. Nun ist es aber im Allgemeinen nicht vorhersehbar, wann neue kursrelevante Informationen auftreten und ob es sich dabei um „gute" oder „schlechte" Nachrichten handelt, welche die Kurse ansteigen oder sinken lassen. Folglich bewegen sich die Aktienkurse zufällig.

Was bedeutet das Random-Walk-Modell konkret für den Kursverlauf der DaimlerChrysler-Aktie im Dezember 2001, d.h. in den Wochen 49 bis 52 des Jahres 2001? Um diesen „vorherzusagen", können wir ganz einfach für jede Woche eine Münze werfen. Wenn Kopf erscheint, steigt der Aktienkurs in der betreffenden Woche, wenn Zahl erscheint, sinkt der Kurs.

Aber in welchem Maße steigt bzw. sinkt der Aktienkurs? Diesbezüglich gibt uns die Statistik einen Anhaltspunkt. In den vorangegangenen 48 Wochen des Jahres 2001 betrug das arithmetische Mittel der logarithmischen Renditen $\hat{\mu} \approx 0.00$. Die einzelnen Renditen wichen im Mittel um eine Standardabweichung $\hat{\sigma} \approx 0.07$ nach oben oder unten vom arithmetischen Mittel ab. Vereinfachend können wir sagen: Wenn der Aktienkurs in einer Woche stieg, dann betrug die Rendite „typischerweise" $\hat{\mu} + \hat{\sigma} \approx 0.00 + 0.07 = 0.07$. Wenn der Aktienkurs dagegen sank, dann betrug die Rendite „typischerweise" $\hat{\mu} - \hat{\sigma} \approx 0.00 - 0.07 = -0.07$.

Der Kurs der DaimlerChrysler-Aktie stand Ende der Woche 48 bei € 46.90. Wenn wir für die Kursentwicklung in der Woche 49 eine Münze werfen und Kopf erscheint, dann steigt der Kurs bis Ende der Woche 49 „typischerweise" auf

$$e^{0.07} \cdot \text{€ } 46.90 = \text{€ } 50.30.$$

Wenn die Münze dagegen Zahl zeigt, dann sinkt der Kurs bis Ende Woche 49 „typischerweise" auf

$$e^{-0.07} \cdot \text{€ } 46.90 = \text{€ } 43.73.$$

Wenn wir für die Kursentwicklung in der Woche 50 eine weitere Münze werfen und diese Kopf zeigt, dann steigt der Kurs entweder von € 50.30 auf

$$e^{0.07} \cdot \text{€ } 50.30 = \text{€ } 53.95$$

oder von € 43.73 auf

$$e^{0.07} \cdot \text{€ } 43.73 = \text{€ } 46.90.$$

Wenn die zweite Münze dagegen Zahl zeigt, dann sinkt der Kurs entweder von € 50.30 auf

$$e^{-0.07} \cdot \text{€ } 50.30 = \text{€ } 46.90$$

oder von € 43.73 auf

$$e^{-0.07} \cdot \text{€ } 43.73 = \text{€ } 40.77.$$

Insgesamt sind so in den Wochen 49 und 50 vier verschiedene Kursentwicklungen möglich. Jede dieser vier Entwicklungen ist gleichwahrscheinlich und tritt daher mit Wahrscheinlichkeit 0.25 ein. Der Aktienkurs steht Ende Woche 50 je mit Wahrscheinlichkeit 0.25 bei € 53.95 bzw. bei € 40.77. Mit Wahrscheinlichkeit 0.5 steht der Kurs bei € 46.90.

| Aktienkurs | | | | | Wahr-scheinlichkeit |
Woche 48 30.11.01	Woche 49 07.12.01	Woche 50 14.12.01	Woche 51 21.12.01	Woche 52 28.12.01	
				€ 62.05	0.0625
			€ 57.86		
		€ 53.95		€ 53.95	0.25
	€ 50.30		€ 50.30		
€ 46.90		€ 46.90		€ 46.90	0.375
	€ 43.73		€ 43.73		
		€ 40.77		€ 40.77	0.25
			€ 38.02		
				€ 35.45	0.0625

Tabelle 3.5: Mittels Münzwerfen ergeben sich 16 mögliche Kursentwicklungen für die Daimler-Chrysler-Aktie im Dezember 2001; eine davon ist grau unterlegt.

Wenn wir für die Wochen 51 und 52 auch je eine Münze werfen, dann ergeben sich für den Monat Dezember insgesamt 16 mögliche Kursentwicklungen. Sie sind in Tabelle 3.5 dargestellt. Jeder Pfad von links nach rechts durch das Diagramm entspricht einer möglichen Kursentwicklung. Der grau unterlegte Pfad wird dann eingeschlagen, wenn der erste Münzwurf Kopf zeigt, der zweite und dritte Münzwurf je Zahl und der vierte Münzwurf wieder Kopf. Von den 16 möglichen Kursverläufen führt genau einer auf einen Aktienkurs von € 62.05 per Ende Dezember 2001. Die Wahrscheinlichkeit, dass der Aktienkurs bis Ende Dezember auf € 62.05 klettert, beträgt daher 1/16 = 0.0625. Vier Kursverläufe führen auf einen Aktienkurs von € 53.95. Die Wahrscheinlichkeit, dass der Aktienkurs Ende Dezember bei € 53.95 steht, beträgt daher 4/16 = 0.25.

Der in Tabelle 3.5 grau unterlegte Pfad entspricht von allen 16 möglichen Pfaden in Tabelle 3.5 am besten dem tatsächlichen Kursverlauf der DaimlerChrysler-Aktie im Dezember 2001. Der Kurs betrug am 07.12.01 € 48.85, am 14.12.01 € 44.10, am 21.12.01 € 45.40 und am 28.12.01 € 48.10 (Quelle: www.consors.de).

Es ist also zwar unmöglich, Aktienkurse sicher zu prognostizieren. Es ist jedoch möglich, im Rahmen von *Modellannahmen* zu berechnen, mit welchen *Wahrscheinlichkeiten* der Kurs in welchem Bereich liegen wird.

3.7   Rendite und Zeitraum

Wir kehren noch einmal zu den Renditekennzahlen einer Aktie zurück. Die Renditen einer Aktie und damit auch deren arithmetisches Mittel und Standardabweichung hängen vom zugrunde gelegten Zeitraum ab.

Woche Nr.	Datum	Kurs in €	logarith. Rendite	Woche Nr.	Datum	Kurs in €	logarith. Rendite
0	29.12.00	400.70					
2	12.01.01	360.50	−0.106	14	06.04.01	304.50	−0.051
4	26.01.01	359.80	−0.002	16	20.04.01	302.00	−0.008
6	09.02.01	371.50	0.032	18	04.05.01	316.00	0.045
8	23.02.01	356.10	−0.042	20	18.05.01	317.00	0.003
10	09.03.01	356.50	0.001	22	01.06.01	338.50	0.066
12	23.03.01	320.50	−0.106	24	15.06.01	339.50	0.003

Tabelle 3.6: Kurse und Renditen der Allianz-Aktie im Zweiwochenrhythmus zwischen Ende Dezember 2000 und Mitte Juni 2001. Quelle: www.consors.de

In Tabelle 3.6 sind die Kurse und Renditen der Namens-Aktie des Versicherungskonzerns Allianz AG an der Frankfurter Börse zwischen Ende Dezember 2000 und Mitte Juni 2001 im Zweiwochenrhythmus angegeben. Das arithmetische Mittel und die Standardabweichung der Zweiwochenrenditen betragen

$$\hat{\mu}_{Zweiwochen} = \frac{(-0.106) + \ldots + 0.003}{12} = -0.014$$

bzw.

$$\hat{\sigma}_{Zweiwochen} = \sqrt{\frac{((-0.106) - (-0.014))^2 + \ldots + (0.003 - (-0.014))^2}{12}} = 0.052.$$

Wie sehen die Kennzahlen dieser Aktie für andere Zeiträume aus? Wie groß sind etwa das arithmetische Mittel und die Standardabweichung der Vierwochenrenditen oder der Wochenrenditen der Allianz-Aktie zwischen Ende Dezember 2000 und Mitte Juni 2001? Kann man die Renditekennzahlen einer Aktie von einem Zeitraum auf einen anderen umrechnen?

In Tabelle 3.7 sind die Vierwochenrenditen der Allianz-Aktie zwischen Ende Dezember 2000 und Mitte Juni 2001 zusammengestellt. Deren arithmetisches Mittel und Standardabweichung betragen

$$\hat{\mu}_{Vierwochen} = \frac{(-0.108) + \ldots + 0.069}{6} = -0.028$$

bzw.

$$\hat{\sigma}_{Vierwochen} = \sqrt{\frac{((-0.108) - (-0.028))^2 + \ldots + (0.069 - (-0.028))^2}{6}} = 0.069.$$

Auffällig ist, dass das arithmetische Mittel der Vierwochenrenditen genau doppelt so groß ist wie dasjenige der Zweiwochenrenditen:

$$\hat{\mu}_{Vierwochen} = 2 \cdot \hat{\mu}_{Zweiwochen}.$$

Weniger klar dagegen ist, welcher Zusammenhang zwischen den Standardabweichungen der Vierwochen- und Zweiwochenrendite besteht. Es fällt aber auf, dass das Verhältnis

$$\frac{\hat{\sigma}_{Vierwochen}}{\hat{\sigma}_{Zweiwochen}} = \frac{0.069}{0.052} \approx 1.3$$

deutlich kleiner als 2 ist. Was steckt dahinter?

Woche Nr.	Datum	Kurs in €	logarithmische Rendite	Woche Nr.	Datum	Kurs in €	logarithmische Rendite
0	29.12.00	400.70					
4	26.01.01	359.80	−0.108	16	20.04.01	302.00	−0.059
8	23.02.01	356.10	−0.010	20	18.05.01	317.00	0.048
12	23.03.01	320.50	−0.105	24	15.06.01	339.50	0.069

Tabelle 3.7: Kurse und Renditen der Allianz-Aktie im Vierwochenrhythmus zwischen Ende Dezember 2000 und Mitte Juni 2001. Quelle: www.consors.de

Um die dahinter liegenden Strukturen deutlicher erkennbar zu machen, bezeichnen wir die 12 Zweiwochenrenditen mit $x_1, x_2, \ldots, x_{12}$ und die 6 Vierwochenrenditen mit $y_1, y_2, \ldots, y_6$. Aufgrund der Additivitätseigenschaft der (logarithmischen!) Renditen gilt

$$y_1 = x_1 + x_2, \quad \ldots, \quad y_6 = x_{11} + x_{12}.$$

Ein Blick in die Tabellen 3.6 und 3.7 bestätigt diesen Sachverhalt:

$$(-0.106) + (-0.002) = -0.108, \quad \ldots, \quad 0.066 + 0.003 = 0.069.$$

Der Kürze halber bezeichnen wir $\hat{\mu}_{Zweiwochen}$ und $\hat{\sigma}_{Zweiwochen}$ mit $\hat{\mu}_x$ und $\hat{\sigma}_x$ sowie desgleichen $\hat{\mu}_{Vierwochen}$ und $\hat{\sigma}_{Vierwochen}$ mit $\hat{\mu}_y$ und $\hat{\sigma}_y$. Der Zusammenhang zwischen den arithmetischen Mitteln ist rasch aufgedeckt:

$$\hat{\mu}_y = \frac{y_1 + \ldots + y_6}{6} = \frac{(x_1 + x_2) + \ldots + (x_{11} + x_{12})}{6} = 2\frac{x_1 + x_2 + \ldots + x_{11} + x_{12}}{12} = 2\hat{\mu}_x.$$

Es ist also tatsächlich exakt

$$\hat{\mu}_{Vierwochen} = 2\hat{\mu}_{Zweiwochen}.$$

Schwieriger gestaltet sich die Suche nach dem Zusammenhang zwischen den Standardabweichungen. Um nicht die Wurzel mitschleppen zu müssen, rechnen wir vorerst mit dem Quadrat der Standardabweichungen:

$$\hat{\sigma}_y^2 = \frac{(y_1 - \hat{\mu}_y)^2 + \ldots + (y_6 - \hat{\mu}_y)^2}{6} = \frac{[(x_1 + x_2) - 2\hat{\mu}_x]^2 + \ldots + [(x_{11} + x_{12}) - 2\hat{\mu}_x]^2}{6}$$

$$= \frac{[(x_1 - \hat{\mu}_x) + (x_2 - \hat{\mu}_x)]^2 + \ldots + [(x_{11} - \hat{\mu}_x) + (x_{12} - \hat{\mu}_x)]^2}{6}.$$

Der Zähler ergibt ausmultipliziert und umgestellt

$$\begin{aligned}
& (x_1 - \hat{\mu}_x)^2 + 2(x_1 - \hat{\mu}_x)(x_2 - \hat{\mu}_x) + (x_2 - \hat{\mu}_x)^2 + \ldots \\
& + (x_{11} - \hat{\mu}_x)^2 + 2(x_{11} - \hat{\mu}_x)(x_{12} - \hat{\mu}_x) + (x_{12} - \hat{\mu}_x)^2 \\
= \ & (x_1 - \hat{\mu}_x)^2 + (x_2 - \hat{\mu}_x)^2 + \ldots + (x_{11} - \hat{\mu}_x)^2 + (x_{12} - \hat{\mu}_x)^2 \\
& + 2\left[(x_1 - \hat{\mu}_x)(x_2 - \hat{\mu}_x) + \ldots + (x_{11} - \hat{\mu}_x)(x_{12} - \hat{\mu}_x)\right].
\end{aligned}$$

Wenn

$$(x_1 - \hat{\mu}_x)(x_2 - \hat{\mu}_x) + \ldots + (x_{11} - \hat{\mu}_x)(x_{12} - \hat{\mu}_x) = 0$$

wäre, dann wäre

$$\hat{\sigma}_y^2 = \frac{(x_1 - \hat{\mu}_x)^2 + \ldots + (x_{12} - \hat{\mu}_x)^2}{6} = 2\frac{(x_1 - \hat{\mu}_x)^2 + \ldots + (x_{12} - \hat{\mu}_x)^2}{12} = 2\hat{\sigma}_x^2$$

und somit

$$\hat{\sigma}_y = \sqrt{2}\,\hat{\sigma}_x \approx 1.4\,\hat{\sigma}_x.$$

Im Fall der Allianz-Aktie ist

$$\begin{aligned}
& (x_1 - \hat{\mu}_x)(x_2 - \hat{\mu}_x) + (x_3 - \hat{\mu}_x)(x_4 - \hat{\mu}_x) + \ldots + (x_{11} - \hat{\mu}_x)(x_{12} - \hat{\mu}_x) \\
= \ & (-0.106 - (-0.014))(-0.002 - (-0.014)) + (0.032 - (-0.014))(-0.042 - (-0.014)) + \ldots \\
& + (0.066 - (-0.014))(0.003 - (-0.014)) \\
= \ & -0.0011 - 0.0013 + \ldots + 0.0013 \\
= \ & -0.0017.
\end{aligned}$$

Im Vergleich dazu beträgt

$$\begin{aligned}
& (x_1 - \hat{\mu}_x)^2 + \ldots + (x_{12} - \hat{\mu}_x)^2 \\
= \ & (-0.106 - (-0.014))^2 + \ldots + (0.003 - (-0.014))^2 \\
= \ & 0.0084 + \ldots + 0.0003 = 0.0321.
\end{aligned}$$

Der Term

$$(x_1 - \hat{\mu}_x)(x_2 - \hat{\mu}_x) + \ldots + (x_{11} - \hat{\mu}_x)(x_{12} - \hat{\mu}_x)$$

ist also tatsächlich vernachlässigbar. Das lässt sich auch noch anders begründen. Der obige Term stellt nämlich im Wesentlichen den Korrelationskoeffizienten der 6 Paare

$$(x_1, x_2), (x_3, x_4), \ldots, (x_{11}, x_{12})$$

von aufeinander folgenden Renditen dar. (Um exakt den Korrelationskoeffizienten zu erhalten, müssen die Summanden standardisiert werden und die Summe ist durch die Anzahl Summanden zu teilen. Er beträgt -0.103.)

Die Überlegungen aus diesem Abschnitt lassen sich wie folgt verallgemeinern:

Wenn $\hat{\mu}_1$ und $\hat{\sigma}_1$ das arithmetische Mittel und die Standardabweichung der Rendite einer Aktie bezogen auf einen Zeitraum der Dauer T_1 bezeichnen sowie $\hat{\mu}_2$ und $\hat{\sigma}_2$ dieselben Kennzahlen derselben Aktie bezogen auf einen anderen Zeitraum der Dauer T_2, so gilt

$$\hat{\mu}_2 = \frac{T_2}{T_1}\,\hat{\mu}_1.$$

Wenn zudem die Korrelation zwischen den Renditen annähernd null ist, so gilt näherungsweise

$$\hat{\sigma}_2 \approx \sqrt{\frac{T_2}{T_1}}\,\hat{\sigma}_1.$$

Mit diesen Formeln können wir nun auch das arithmetische Mittel und die Standardabweichung der Wochenrenditen der Allianz-Aktie bestimmen:

$$\hat{\mu}_{Woche} = \frac{1}{2}\,\hat{\mu}_{Zweiwochen} = \frac{1}{2}\cdot(-0.014) = -0.007,$$

$$\hat{\sigma}_{Woche} \approx \sqrt{\frac{1}{2}}\,\hat{\sigma}_{Zweiwochen} = \sqrt{\frac{1}{2}}\cdot 0.052 = 0.037.$$

Um die Renditekennzahlen von verschiedenen Aktien miteinander vergleichen zu können, müssen alle auf den gleichen Zeitraum bezogen sein. Es ist üblich, ein Jahr als Zeitraum zu wählen. Für die Allianz-Aktie ist bezogen auf das Jahr 2001

$$\hat{\mu}_{Jahr} = 26\,\hat{\mu}_{Zweiwochen} = 26\cdot(-0.014) = -0.364,$$

$$\hat{\sigma}_{Jahr} \approx \sqrt{26}\,\hat{\sigma}_{Zweiwochen} = \sqrt{26}\cdot 0.052 = 0.265.$$

Diese Jahreskennzahlen haben keinen „realen statistischen Hintergrund". Sie können nicht wie die Wochen-, Zweiwochen- und Vierwochenkennzahlen aus den vorliegenden Kursen „herausgelesen" werden. Es handelt sich bei den Jahreskennzahlen um Hochrechnungen, die zu Vergleichszwecken vorgenommen werden oder auch, um bei Berechnungen das Jahr als Zeiteinheit verwenden zu können.

3.8 Zufällige Prozesse

Zufällige oder stochastische Prozesse beschreiben ein vom Zufall beeinflusstes Merkmal in Abhängigkeit von einem Parameter, der häufig die Zeit bedeutet.

Ein Beispiel für einen stochastischen Prozess ist die Lufttemperatur (L_t) im Laufe des Monats Dezember in Zürich. Abbildung 3.7 zeigt das Temperaturdiagramm vom Dezember 2001. Es stellt eine mögliche Realisierung (eine Bahn, eine Trajektorie, einen Verlauf) des Temperaturprozesses in Abhängigkeit von der Zeit dar. Im Dezember 2002 wird das Temperaturdiagramm vermutlich im Detail anders aussehen. Dennoch erkennen Meteorologen Gesetzmäßigkeiten und können Wahrscheinlichkeitsaussagen über den Temperaturverlauf im Dezember treffen.

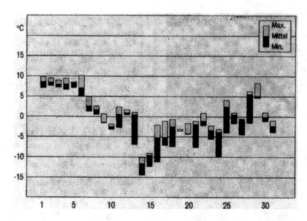

Abbildung 3.7: Temperaturverlauf in Zürich im Dezember 2001. Quelle: www.meteomedia.ch

Aktienkurse sind nicht sicher prognostizierbar. Wenn wir den Kurs einer Aktie zu einem Zeit-punkt kennen, dann können wir über ihren Kurs zu einem späteren Zeitpunkt in der Regel nur Wahrscheinlichkeitsaussagen treffen. Der Kurs S_t zur Zeit t wird als eine Zufallsgröße aufgefasst. Wir wollen vom Kurs einer Aktie nicht nur eine oder mehrere Momentaufnahmen machen, sondern seine gesamte Entwicklung in einem Zeitintervall $[a, b]$ untersuchen. Dies führt auf den mathematischen Begriff des zufälligen oder stochastischen Prozesses. Der stochastische Prozess $(S_t)_{t \in [a,b]}$ ist eine Zusammenfassung (auch Familie genannt) von Zufallsgrößen S_t, die durch den Zeitbereich $[a, b]$ gebildet wird. Jedes „Familienmitglied" ist durch einen Zeitpunkt t aus $[a, b]$ gekennzeichnet. Statt $(S_t)_{t \in [a, b]}$ schreibt man auch $\{S_t, t \in [a, b]\}$ und oft kurz (S_t).

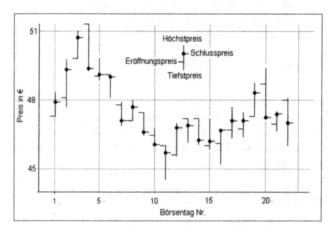

Abbildung 3.8:   Kursverlauf   der   DaimlerChrysler-Aktie   im   Januar   2002.   Quelle: www.consors.de

In Abbildung 3.8 ist eine Trajektorie des Kursprozesses der DaimlerChrysler-Aktie vom 02.01.02 bis 31.01.02 (22 Börsentage) dargestellt. Der Verlauf in einem anderen Monat wird sicher anders aussehen. Dennoch werden im Rahmen eines Modells Wahrscheinlichkeitsaus-sagen möglich sein, z.B. darüber, dass der Aktienkurs innerhalb einer Woche ein bestimmtes Niveau überschreitet.

Ein grundlegendes und recht einfaches mathematisches Modell für den Aktienkursprozess (S_t) ist das Black-Scholes-Modell. In Abschnitt 3.11 lernen Sie das Black-Scholes-Modell kennen. Für das Verständnis sind zwei Bausteine fundamental, deren wichtigste Eigenschaften wir zunächst zusammentragen. Es handelt sich um die Normalverteilung und den Wiener-Prozess.

3.9 Normalverteilung

Eine normalverteilte Zufallsgröße X kann beliebige reelle Werte annehmen. Die Wahrscheinlichkeitsverteilung von X wird mithilfe der Dichtefunktion gegeben. Die Normalverteilung mit den Parametern (μ, σ^2), $\mu \in \mathbb{R}$, $\sigma > 0$, hat folgende Dichte:

$$\varphi_{\mu, \sigma^2}(x) = \frac{1}{\sqrt{2\pi}\sigma}\,\mathrm{e}^{-\frac{1}{2}\left(\frac{x-\mu}{\sigma}\right)^2}.$$

Die Abbildung 3.9 zeigt die Graphen der Dichte für die Parameter (μ, σ^2) gleich $(0, 1)$, $(2, 4)$ und $(-1, 0.25)$.

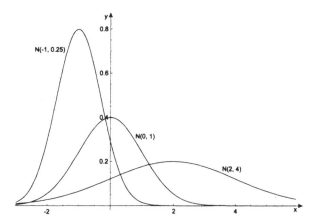

Abbildung 3.9: Dichtefunktionen der Normalverteilungen mit Parametern (μ, σ^2) gleich $(0, 1)$, $(2, 4)$ und $(-1, 0.25)$

Wenn die Zufallsgröße X normalverteilt mit den Parametern (μ, σ^2) ist, dann schreiben wir dafür kurz $X \sim \mathrm{N}(\mu, \sigma^2)$. Die Wahrscheinlichkeit $\mathrm{P}(a \leq X \leq b)$ dafür, dass die Werte von X in einem gegebenen Intervall $[a, b]$ liegen, ist gleich dem Integral

$$\int\limits_a^b \frac{1}{\sqrt{2\pi}\sigma}\,\mathrm{e}^{-\frac{1}{2}\left(\frac{x-\mu}{\sigma}\right)^2}\,dx.$$

Eine mit den Parametern (μ, σ^2) normalverteilte Zufallsgröße X hat den Erwartungswert μ und die Varianz σ^2:

$$\mathrm{E}(X) = \int\limits_{-\infty}^{\infty} x\,\varphi_{\mu, \sigma^2}(x)\,dx = \mu \quad \text{und} \quad \mathrm{Var}(X) = \int\limits_{-\infty}^{\infty} (x-\mu)^2\,\varphi_{\mu, \sigma^2}(x)\,dx = \sigma^2.$$

Für die Normalverteilung mit den Parametern $(0, 1)$ folgt $\mathrm{E}(X) = 0$ aufgrund der Symmetrie der Dichtefunktion. Die Varianz berechnet man mittels partieller Integration und nutzt dann die Eigenschaft $\int\limits_{-\infty}^{+\infty} \varphi_{\mu, \sigma^2}(x)\,dx = 1$.

Für eine beliebige Normalverteilung ergeben sich die Kenngrößen aus einer linearen Transformation (siehe weiter unten).

Der Parameter μ bestimmt die Symmetrie des Graphen (vgl. Abbildung 3.9). Die Normalverteilung ist achsensymmetrisch bezüglich der Geraden $x = \mu$. Die Werte von X fallen also mit gleicher Wahrscheinlichkeit in Intervalle, die symmetrisch bezüglich dieser Geraden liegen. Der Parameter σ^2 bestimmt die Steilheit des Graphen. Je größer σ, desto mehr streuen die Werte um μ und desto flacher muss der Graph sein, denn die Fläche unter dem Graphen der Dichtefunktion ist immer 1.

Auf dem Gesetz der großen Zahlen beruht folgende Interpretation der Parameter μ und σ: Der Durchschnitt aus vielen unabhängigen Beobachtungen der normalverteilten Zufallsgröße X liegt in der Nähe von μ und die Standardabweichung der beobachteten Werte in der Nähe von σ. Umgekehrt dienen arithmetisches Mittel und empirische Streuung aus vielen unabhängigen Beobachtungen einer normalverteilten Zufallsgröße als Schätzwerte für deren Erwartungswert und Varianz.

Beispiel: In den Abschnitten 3.4 und 3.5 wurde der Kursverlauf der DaimlerChrysler-Aktie zwischen Ende Dezember 2000 und Ende November 2001 eingehend statistisch untersucht. Wenn wir annehmen, dass die wöchentliche logarithmische Rendite R der DaimlerChrysler-Aktie eine normalverteilte Zufallsgröße ist, dann bilden das in Abschnitt 3.4 berechnete arithmetische Mittel $\hat{\mu} \approx 0.00$ und die empirische Streuung $\hat{\sigma}^2 \approx 0.0049$ Schätzwerte für den Erwartungswert $\mu = \mathrm{E}(R)$ und die Varianz $\sigma^2 = \mathrm{Var}(R)$.

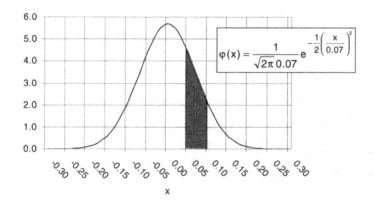

Abbildung 3.10: Dichtefunktion der Normalverteilung N(0.00, 0.0049)

In Abbildung 3.10 ist die Dichtefunktion der Normalverteilung $\mathrm{N}(\mu, \sigma^2)$ mit Parametern $\mu = 0$ und $\sigma^2 = 0.0049$ graphisch dargestellt. Die grau markierte Fläche entspricht der Wahrscheinlichkeit, dass die logarithmische Rendite R der DaimlerChrysler-Aktie zwischen 0.05 und 0.10 liegt, wenn diese normalverteilt mit Parametern $(\mu, \sigma^2) = (0, 0.0049)$ ist:

$$P(0.05 \leq R \leq 0.10) = \int\limits_{0.05}^{0.10} \frac{1}{\sqrt{2\pi}\,0.07} e^{-\frac{1}{2}\left(\frac{x}{0.07}\right)^2} dx = 0.161.$$

In Tabelle 3.8 sind die Wahrscheinlichkeiten für einige weitere Renditebereiche angegeben, wiederum vorausgesetzt, die Rendite ist normalverteilt mit Parametern $\mu = 0$ und $\sigma^2 = 0.0049$.

Renditebereich $[a, b)$	Wahrscheinlichkeit $P(a \leq R < b)$	Renditebereich $[a, b)$	Wahrscheinlichkeit $P(a \leq R < b)$
$[-0.30, -0.25)$	0.000	$[0.00, 0.05)$	0.262
$[-0.25, -0.20)$	0.002	$[0.05, 0.10)$	0.161
$[-0.20, -0.15)$	0.014	$[0.10, 0.15)$	0.061
$[-0.15, -0.10)$	0.061	$[0.15, 0.20)$	0.014
$[-0.10, -0.05)$	0.161	$[0.20, 0.25)$	0.002
$[-0.05, -0.00)$	0.262	$[0.25, 0.30)$	0.000

Tabelle 3.8: Wahrscheinlichkeiten für Renditebereiche, wenn die Rendite normalverteilt ist mit Parametern $(\mu, \sigma^2) = (0, 0.0049)$

Ein Vergleich der Tabelle 3.3 in Abschnitt 3.4 und der Tabelle 3.8 zeigt, dass die relativen Häufigkeiten, mit denen die Renditen der DaimlerChrysler-Aktie tatsächlich auftraten, und den Wahrscheinlichkeiten, mit denen die Renditen unter Annahme einer Normalverteilung auftreten würden, recht gut übereinstimmen.

Jede lineare Transformation $Y = \alpha X + \beta$ einer normalverteilten Zufallsgröße X erzeugt wieder eine normalverteilte Zufallsgröße Y. Die Gestalt der Parameter ergibt sich sofort aus den Eigenschaften von Erwartungswert und Varianz:

$$\mathrm{E}\left(\alpha X + \beta\right) = \alpha \mathrm{E}\left(X\right) + \beta = \alpha\mu + \beta, \qquad \mathrm{Var}\left(\alpha X + \beta\right) = \alpha^2 \mathrm{Var}\left(X\right) = \alpha^2\sigma^2.$$

Es bleibt zu zeigen, dass Y normalverteilt ist. Für $\alpha > 0$ gilt

$$\mathrm{P}\left(a \leq Y \leq b\right) = \mathrm{P}\left(a \leq \alpha X + \beta \leq b\right) = \mathrm{P}\left(\frac{a - \beta}{\alpha} \leq X \leq \frac{b - \beta}{\alpha}\right)$$

$$= \int_{\frac{a-\beta}{\alpha}}^{\frac{b-\beta}{\alpha}} \frac{1}{\sqrt{2\pi}\sigma} \, e^{-\frac{1}{2}\left(\frac{x-\mu}{\sigma}\right)^2} \, dx.$$

Integration durch die Substitution $y = \alpha x + \beta$ führt auf

$$\mathrm{P}\left(a \leq Y \leq b\right) = \int_a^b \frac{1}{\sqrt{2\pi}\sigma\alpha} \, e^{-\frac{1}{2}\left(\frac{y-(\alpha\mu+\beta)}{\alpha\sigma}\right)^2} \, dy.$$

Unter dem Integral steht die Dichte einer Normalverteilung mit den Parametern $\left(\alpha\mu + \beta, (\alpha\sigma)^2\right)$. Der Fall $\alpha < 0$ führt zu demselben Ergebnis. Wir fassen zusammen:

Lineare Transformation von normalverteilten Zufallsgrößen: Wenn die Zufallsgröße X normalverteilt ist mit den Parametern (μ, σ^2), dann ist die Zufallsgröße $Y = \alpha X + \beta$ für $\alpha, \beta \in \mathbb{R}$, $\alpha \neq 0$ normalverteilt mit den Parametern $\left(\alpha\mu + \beta, (\alpha\sigma)^2\right)$.

Die Normalverteilung mit den Parametern $(0, 1)$ spielt eine besondere Rolle. Sie heißt **Standardnormalverteilung**. Diese Sonderrolle wird durch folgende Eigenschaft begründet:

Standardisieren von normalverteilten Zufallsgrößen: Wenn die Zufallsgröße X normalverteilt ist mit den Parametern (μ, σ^2), dann ist die Zufallsgröße $Z = \dfrac{X - \mu}{\sigma}$ standardnormalverteilt.

Den Übergang von X zu $Z = \dfrac{X - \mu}{\sigma}$ nennt man **Standardisieren** der Zufallsgröße X. Früher war dieses Standardisieren notwendig, um Wahrscheinlichkeiten für normalverteilte Zufallsgrößen zu berechnen. Für die standardnormalverteilte Zufallsgröße Z ist nämlich die Funktion

$$\Phi(z) = P(Z \leq z) = \int_{-\infty}^{z} \frac{1}{\sqrt{2\pi}} e^{-\frac{1}{2}t^2} \, dt$$

tabelliert, und auf diese Tabellenwerte kann jede Wahrscheinlichkeitsaussage über $X \sim N(\mu, \sigma^2)$ zurückgeführt werden. Heute ist in vielen Computerprogrammen die entsprechende Funktion

$$\Phi_{\mu,\sigma^2}(x) = P(X \leq x) = \int_{-\infty}^{x} \frac{1}{\sqrt{2\pi}\sigma} e^{-\frac{1}{2}\left(\frac{t-\mu}{\sigma}\right)^2} \, dt$$

für beliebige Normalverteilungen verfügbar. In Excel lautet der Befehl

NORMVERT$(x; \mu; \sigma; 1)$.

Beispiel: Die Zufallsgröße X sei normalverteilt mit den Parametern $\mu = 3$ und $\sigma^2 = 4$. Die Wahrscheinlichkeit $P(-1 \leq X \leq 5)$ kann man wie folgt berechnen:

$$P(-1 \leq X \leq 5) = P(X \leq 5) - P(X \leq -1) = \Phi_{3,4}(5) - \Phi_{3,4}(-1).$$

In Excel erhält man $P(-1 \leq X \leq 5)$ als

NORMVERT$(5; 3; 2; 1)$ − NORMVERT$(-1; 3; 2; 1) = 0.8186$.

Eine standardnormalverteilte Zufallsgröße Z kann zwar (theoretisch) jeden beliebigen positiven und negativen Wert auf der reellen Achse annehmen, aber praktisch, d.h. mit einer Wahrscheinlichkeit von über 99 %, nimmt sie Werte nur aus dem Intervall $[-3, 3]$ an. Weiterhin gilt auf drei Nachkommastellen genau

$$P(-1 \leq Z \leq 1) = 0.683, \quad P(-2 \leq Z \leq 2) = 0.955 \text{ und } P(-3 \leq Z \leq 3) = 0.997.$$

Die Intervalle

$$[\mu - k\,\sigma, \mu + k\,\sigma], \ k = 1, 2, 3,$$

heißen die $k\sigma$-**Intervalle** einer Normalverteilung mit den Parametern (μ, σ^2) (vgl. Aufgabe 3). Sie geben eine grobe, aber griffige Information über die Verteilung der Werte der Zufallsgröße. Wir sehen noch einmal die Bedeutung der Standardabweichung. Wie in Aufgabe 3 zu zeigen ist, betragen die Wahrscheinlichkeiten der $k\sigma$-Intervalle unabhängig von den Parametern (μ, σ^2) stets 0.683, 0.955 bzw. 0.997. Die Länge der Intervalle aber wächst mit der Standardabweichung.

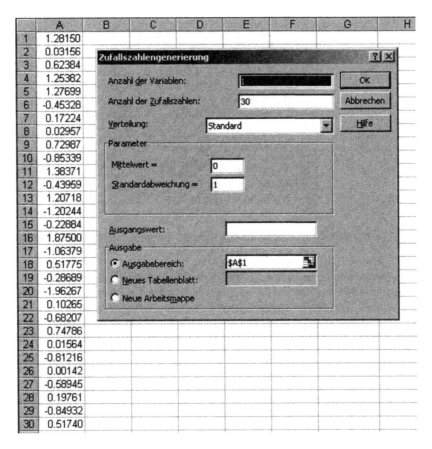

Abbildung 3.11: Simulation von Zufallszahlen mit Excel

Beispiel: Viele Computerprogramme bieten die Möglichkeit, Zufallszahlen erzeugen zu lassen, in Excel zum Beispiel mit der Befehlskette Extras/Analyse-Funktionen/Zufallszahlengenerierung/Standard. Wir haben damit 30 unabhängige Realisierungen der standardnormalverteilten Zufallsgröße Z erzeugt (vgl. Abbildung 3.11).

Das arithmetische Mittel dieser Daten beträgt 0.08 und die Standardabweichung 0.90. Bei nur 30 (Excel-simulierten) Beobachtungen ist das eine vertretbare Abweichung von 0 bzw. 1. In Excel können auch Realisierungen normalverteilter Zufallsgrößen mit beliebigen Parametern simuliert werden.

3.10 Wiener-Prozess

Anfang des 19. Jahrhunderts entdeckte der Botaniker ROBERT BROWN die später nach ihm benannte „Brownsche Bewegung". Er beobachtete unter dem Mikroskop, dass in Flüssigkeit gemengte Blütenpollen völlig regellose Zickzackbewegungen ausführen. Heute wissen wir, dass diese Bewegungen auf das ständige zufällige Zusammenstoßen der Blütenpollen mit den sich bewegenden Wassermolekülen zurückzuführen sind. Unter dem Mikroskop sehen wir etwa die in Abbildung 3.12 dargestellten „Bahnen" oder „Trajektorien" von Teilchen. Die eingezeichneten Punkte markieren die Orte, an denen sich die Teilchen nach gleichen Zeitabständen befanden.

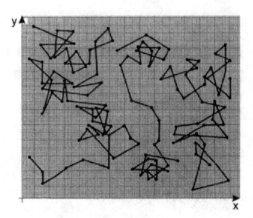

Abbildung 3.12: Brownsche Molekularbewegung dreier Teilchen in einer Rauchkammer. Quelle: [Gre92]

BROWN beobachtete eine sogenannte zufällige Irrfahrt des Teilchens. Die mathematisch exakte Modellierung dieses Phänomens mithilfe eines stochastischen Prozesses gelang im Jahre 1923 dem Mathematiker NORBERT WIENER. Das mathematische Modell heißt Wiener-Prozess und wird seitdem mit (W_t) bezeichnet. Zu jedem Zeitpunkt t wird die zufällige Position des in $(0,0)$ gestarteten Teilchens durch die Koordinaten (X_t, Y_t) beschrieben. Die zeitliche Entwicklung entlang jeder Koordinate lässt sich gut mit den Gesetzen eines Wiener-Prozesses erklären. Er besitzt folgende charakteristischen Eigenschaften.

Eigenschaften des Wiener-Prozesses

(i) $W_0 = 0$.

(ii) Für $0 \leq s < t$ ist $W_t - W_s$ eine normalverteilte Zufallsgröße mit dem Erwartungswert 0 und der Varianz $t - s$, kurz $W_t - W_s \sim \mathrm{N}(0, t - s)$.

(iii) Der Prozess hat unabhängige Zuwächse (Änderungen), d.h. für beliebige $0 \leq r < s \leq t < u$ sind die Zufallsgrößen $W_u - W_t$ und $W_s - W_r$ unabhängig.

Die Eigenschaft (i) bedeutet nur eine Festlegung des Ursprungs des Koordinatensystems. Die beiden anderen Eigenschaften wollen wir verdeutlichen, indem wir das Verhalten des Brownschen Teilchens in einem kurzen Zeitintervall der Länge Δt betrachten. Wir beschränken uns dabei auf seine x-Koordinate. Es sei also $(X_t) = (W_t)$.

Wegen (ii) gilt $W_{t+\Delta t} - W_t \sim \mathrm{N}(0, \Delta t)$. Die Änderung $W_{t+\Delta t} - W_t$ des Prozesses in jedem Zeitintervall der Länge Δt ist eine normalverteilte Zufallsgröße mit Erwartungswert 0 und Varianz Δt. Man nennt die Größe $W_{t+\Delta t} - W_t$ auch Zuwachs, obwohl sie natürlich negative Werte annehmen kann. Die Varianz der zufälligen Änderung des Prozesses hängt nur von der Länge des Zeitintervalls, nicht aber von seiner Lage auf der Zeitachse ab. Bezogen auf das Brownsche Teilchen heißt das: Gleichgültig, an welchem Ort x es sich zur Zeit t gerade befindet, seine Ortsveränderung im Zeitintervall $[t, t + \Delta t]$ ist normalverteilt gemäß $\mathrm{N}(0, \Delta t)$. Es bleibt z.B. mit etwa 95 %iger Wahrscheinlichkeit im 2σ-Intervall $[x - 2\sqrt{\Delta t}, x + 2\sqrt{\Delta t}]$, und zwar mit gleicher Wahrscheinlichkeit in den beiden Teilintervallen rechts und links von x. Die Länge dieses Intervalls wächst mit Δt.

Die Eigenschaft (iii) besagt, dass die Zuwächse in sich nicht überlappenden Zeitintervallen unabhängig sind. Das Verhalten des Zuwachses in einem Intervall, sei er groß oder klein, positiv oder negativ, beeinflusst in keiner Weise die Chancen für ein bestimmtes Verhalten des Zuwachses in einem späteren Zeitintervall. Wurde das Teilchen z.B. in einem Zeitintervall weit nach links gestoßen, so berührt das die Verteilung seiner Positionsveränderung im nächsten Zeitintervall nicht.

Sei $T = n \, \Delta t$. Dann kann man den Zuwachs $W_T - W_0 = W_T$ folgendermaßen zerlegen:

$$W_T = (W_{\Delta t} - W_0) + (W_{2\Delta t} - W_{\Delta t}) + (W_{3\Delta t} - W_{2\Delta t}) + ... + \left(W_{n\Delta t} - W_{(n-1)\Delta t}\right).$$

Wir beobachten das Teilchen immer nur nach Ablauf einer Zeit Δt. Seine „Schritte" sind unabhängig voneinander. Der vorige Schritt lässt keine Schlüsse über Richtung und Größe des nächsten Schritts zu. Das Teilchen vollführt eine zufällige Irrfahrt, eine scheinbar regellose Zickzackbewegung, wie sie BROWN unter dem Mikroskop beobachtete. Dennoch gibt es Gesetzmäßigkeiten: Im Durchschnitt vieler Schritte sind die Zuwächse praktisch 0. Die $k\sigma$-Intervalle erlauben grobe Wahrscheinlichkeitsaussagen über die Größe der Schritte. Mithilfe der Normalverteilungsannahme können wir die Wahrscheinlichkeit beliebiger Ereignisse berechnen.

Beispiel: Es sei $\Delta t = 0.01$. Dann gilt wegen der Unabhängigkeit der Zuwächse

$$\text{P}\left(W_{0.01} - W_0 < 0.2, \; -0.1 < W_{0.02} - W_{0.01} < 0, \; W_{0.03} - W_{0.02} > 0.05\right)$$
$$= \; \text{P}\left(W_{0.01} - W_0 < 0.2\right) \cdot P\left(-0.1 < W_{0.02} - W_{0.01} < 0\right) \cdot P\left(W_{0.03} - W_{0.02} > 0.05\right).$$

Da alle drei Zuwächse normalverteilt sind mit Parametern $\mu = 0$ und $\sigma^2 = 0.01$ gilt weiter

$$\text{P}\left(W_{0.01} - W_0 < 0.2\right) \cdot P\left(-0.1 < W_{0.02} - W_{0.01} < 0\right) \cdot P\left(W_{0.03} - W_{0.02} > 0.05\right)$$
$$= \; \Phi_{0,0.01}(0.2) \left(\Phi_{0,0.01}(0) - \Phi_{0,0.01}(-0.1)\right) \left(1 - \Phi_{0,0.01}(0.05)\right) = 0.10.$$

3.11 Black-Scholes-Modell für den Aktienkursprozess

Ausgerüstet mit den Eigenschaften des Wiener-Prozesses stellen wir Ihnen nun das Black-Scholes-Modell vor.

Wir beginnen mit dem Renditeprozess einer risikolosen festverzinslichen Anlage bei Verzinsung mit konstantem Aufzinsungsfaktor r. Der Wert K_t der Anlage entwickelt sich deterministisch in der Zeit und zwar gilt (vgl. Abschnitt 1.6)

$$K_t = K_0 \, r^t.$$

Daraus folgt für die Rendite

$$\ln\left(\frac{K_t}{K_0}\right) = \ln(r)\, t = \mu \, t.$$

Die Rendite wächst deterministisch und proportional mit der Zeit.

Betrachten wir nun den Renditeprozess einer Aktie mit dem Kursprozess (S_t):

$$R_t = \ln\left(\frac{S_t}{S_0}\right).$$

Die Zufallsgröße R_t gibt die Rendite im Zeitraum $[0, t]$ an. Der Prozess (R_t) ist zufällig, weil der Kursprozess selbst zufällig ist. Im Black-Scholes-Modell wird angenommen, dass sich der zufällige Renditeprozess aus einem deterministischen linearen Anteil und einem zufälligen Anteil zusammensetzt. Der zufällige Anteil wird als Wiener-Prozess mit einem Skalierungsfaktor σ beschrieben.

Black-Scholes-Modell: Für den Renditeprozess $R_t = \ln\left(\dfrac{S_t}{S_0}\right)$ einer Aktie mit Kursprozess S_t wird angenommen

$$R_t = \mu\, t + \sigma\, W_t, \quad t \geq 0,$$

wobei $\mu \in \mathbb{R}$ und $\sigma > 0$ Konstanten sind.

Welche Folgerungen ergeben sich aus dieser Modellannahme?

Zunächst ermitteln wir die Verteilung der Rendite R_t. Die Zufallsgröße $W_t = W_t - W_0$ besitzt gemäß Eigenschaft (ii) des Wiener-Prozesses eine Normalverteilung mit den Parametern 0 und t. Weil R_t eine lineare Funktion von W_t ist, folgt mit den Rechenregeln für den Erwartungswert und die Varianz, dass die Rendite normalverteilt ist mit den Parametern $\mu\, t$ und $\sigma^2\, t$, kurz

$$R_t \sim \mathrm{N}\left(\mu\, t, \sigma^2\, t\right).$$

Es wurde in Abschnitt 3.4 angedeutet, dass diese Verteilung bei vielen an Börsen gehandelten Aktien näherungsweise vorliegt.

Für den Erwartungswert der Rendite in $[0, t]$ gilt

$$\mathrm{E}\left(R_t\right) = \mu\, t.$$

Der Erwartungswert kann als Vorhersage für das arithmetische Mittel aus vielen Beobachtungen der Renditen über diesen Zeitraum interpretiert werden. Im Abschnitt 3.4 haben wir formuliert, dass das arithmetische Mittel ein Trendmaß für die Aktie darstellt und dass es proportional zur Länge des betrachteten Zeitraums ist. Der Parameter μ gibt die mittlere Rendite für die Zeiteinheit ($t = 1$) an. Er wird **Drift** genannt.

Für die Varianz der Rendite in $[0, t]$ gilt

$$\mathrm{Var}\left(R_t\right) = \sigma^2\, t.$$

Die Varianz ist ein Maß für die Streuung von R_t um den Erwartungswert. Die Standardabweichung beträgt $\sigma\sqrt{t}$ und bestimmt die Länge der $k\sigma$-Intervalle um den Erwartungswert $\mu\, t$. Je größer σ ist, mit desto größeren Kursgewinnen aber auch Kursverlusten muss man rechnen. Die auf die Zeiteinheit ($t = 1$) bezogene Standardabweichung σ heißt **Volatilität** der Aktie.

Die in Abschnitt 3.4 bestimmten statistischen Kennzahlen $\hat{\mu}$ und $\hat{\sigma}$ sind Schätzwerte für die Modellparameter μ und σ.

Wenn der Kurs S_0 zur Zeit $t = 0$ bekannt ist und über die Rendite $R_t = \ln\left(\dfrac{S_t}{S_0}\right)$ Wahrscheinlichkeitsaussagen möglich sind, dann sind auch über den Kurs S_t zur Zeit $t > 0$ Wahrscheinlichkeitsaussagen möglich. Diese erfolgen über den Zusammenhang

$$S_t = S_0\, \mathrm{e}^{\ln\left(\frac{S_t}{S_0}\right)} = S_0\, \mathrm{e}^{R_t}.$$

Beispiel: Als Zeiteinheit verwenden wir hier und nachfolgend wie in der Finanzmathematik üblich stets 1 Jahr. Für eine Aktie wird das Black-Scholes-Modell mit $\mu = 0.15$ und $\sigma = 0.35$ angenommen. Was kann man über die Rendite und die Kursentwicklung im Laufe einer Woche aussagen? Eine Woche entspricht $\frac{1}{52}$ Jahr, also betrachten wir $\Delta t \approx 0.02$. Es gilt gemäß Modellannahme

$$R_{0.02} \sim \mathrm{N}(0.15 \cdot 0.02, 0.35^2 \cdot 0.02), \text{ also } R_{0.02} \sim \mathrm{N}(0.003, 0.0025).$$

Das 3σ-Intervall für $R_{0.02}$ ist

$$\left(0.003 - 3 \cdot \sqrt{0.0025}, 0.003 + 3 \cdot \sqrt{0.0025}\right) = (-0.147, 0.153).$$

Wenn zur Zeit $t = 0$ der Aktienkurs € 250 betrug, so lässt sich der Aktienkurs zur Zeit $\Delta t = 0.02$ darstellen als

$$S_{0.02} = 250 \, e^{R_{0.02}}.$$

Mit einer Wahrscheinlichkeit von rund 99.7 % liegt $S_{0.02}$ im Intervall

$$\left(€\, 250 \, e^{-0.147}, €\, 250 \, e^{0.153}\right) = (€\, 215.82, €\, 291.33).$$

Mit welcher Wahrscheinlichkeit übersteigt der Kurs € 270? Dies führen wir auf eine Wahrscheinlichkeitsaussage über die Rendite zurück:

$$\begin{aligned}
\mathrm{P}\left(S_{0.02} > €\, 270\right) &= \mathrm{P}\left(€\, 250 \, e^{R_{0.02}} > €\, 270\right) = \mathrm{P}\left(R_{0.02} > \ln\left(\frac{€\, 270}{€\, 250}\right)\right) \\
&= \mathrm{P}\left(R_{0.02} > 0.0770\right) = 1 - \Phi_{0.0030, 0.0025}\left(0.0770\right) = 0.07.
\end{aligned}$$

Welche Verteilung und welche Kenngrößen besitzt der Aktienkurs

$$S_t = S_0 \, e^{R_t}$$

im Black-Scholes-Modell?

Wenn der Logarithmus einer Zufallsgröße Y, die nur positive Werte annimmt, normalverteilt ist, dann nennt man die Verteilung von Y eine **Log-Normalverteilung.** Die Dichte der Log-Normalverteilung ist im Unterschied zur Normalverteilung nicht symmetrisch, sondern schief (vgl. Abbildung 3.13).

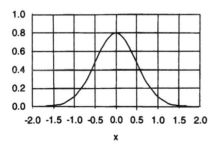
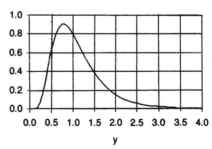

Abbildung 3.13: Dichte der Normalverteilung X mit den Parametern $\mu = 0$ und $\sigma = 0.5$ (links) und der Log-Normalverteilung $Y = e^X$ mit denselben Parametern (rechts)

Wir berechnen den Erwartungswert und die Varianz einer mit den Parametern μ und σ^2 lognormalverteilten Zufallsgröße Y. Weil $X = \ln(Y)$ normalverteilt ist mit den Parametern μ und σ^2, gilt

$$E(Y) = E(e^X) = \int\limits_{-\infty}^{\infty} e^x \frac{1}{\sqrt{2\pi}\sigma} e^{-\frac{1}{2}\left(\frac{x-\mu}{\sigma}\right)^2} dx.$$

Die Substitution $u = \dfrac{x-\mu}{\sigma}$ und elementare Umformungen erzeugen unter dem Integral die Dichte der Standardnormalverteilung, deren Integral 1 ist:

$$\begin{aligned}
E\left(e^X\right) &= \int\limits_{-\infty}^{+\infty} e^{\mu + \sigma u} \frac{1}{\sqrt{2\pi}} e^{-\frac{1}{2}u^2} du = e^{\mu} \int\limits_{-\infty}^{+\infty} \frac{1}{\sqrt{2\pi}} e^{-\frac{1}{2}\left(u^2 - 2\sigma u\right)} du \\
&= e^{\mu} \int\limits_{-\infty}^{+\infty} \frac{1}{\sqrt{2\pi}} e^{-\frac{1}{2}(u-\sigma)^2 + \frac{\sigma^2}{2}} du = e^{\mu + \frac{\sigma^2}{2}} \int\limits_{-\infty}^{+\infty} \frac{1}{\sqrt{2\pi}} e^{-\frac{1}{2}(u-\sigma)^2} du \\
&= e^{\mu + \frac{\sigma^2}{2}} \int\limits_{-\infty}^{+\infty} \frac{1}{\sqrt{2\pi}} e^{-\frac{1}{2}v^2} dv = e^{\mu + \frac{\sigma^2}{2}}.
\end{aligned}$$

Zur Berechnung der Varianz benutzen wir die Formel $\text{Var}(Y) = E(Y^2) - (E(Y))^2$:

$$\text{Var}(Y) = \text{Var}\left(e^X\right) = E\left(\left(e^X\right)^2\right) - \left(E\left(e^X\right)\right)^2 = E\left(e^{2X}\right) - e^{2\mu + \sigma^2}.$$

Wenn die Zufallsgröße X normalverteilt ist mit den Parametern μ und σ^2, dann ist die Zufallsgröße $2X$ normalverteilt mit den Parametern 2μ und $4\sigma^2$. Folglich besitzt e^{2X} eine Log-Normalverteilung mit eben diesen Parametern. Deren Erwartungswert setzen wir ein und erhalten

$$\text{Var}(Y) = e^{2\mu + 2\sigma^2} - e^{2\mu + \sigma^2} = e^{2\mu + \sigma^2}(e^{\sigma^2} - 1).$$

Die in Abbildung 3.13 dargestellte Log-Normalverteilung Y mit Parametern $\mu = 0$ und $\sigma = 0.5$ hat den Erwartungswert $E(Y) = e^{\frac{0.5^2}{2}} = 1.13$ und die Varianz $\text{Var}(Y) = e^{0.5^2}(e^{0.5^2} - 1) = 0.36$.

Im Black-Scholes-Modell ist der Logarithmus von $\dfrac{S_t}{S_0}$ normalverteilt mit den Parametern μt und $\sigma^2 t$, also besitzt $\dfrac{S_t}{S_0}$ eine Log-Normalverteilung (mit denselben Parametern). Für den Erwartungswert und die Varianz des Aktienkurses im Black-Scholes-Modell S_t gilt

$$E(S_t) = S_0 e^{\left(\mu + \frac{\sigma^2}{2}\right)t} \quad \text{und} \quad \text{Var}(S_t) = S_0^2 e^{2\left(\mu + \frac{\sigma^2}{2}\right)t}(e^{\sigma^2 t} - 1).$$

Für das vorige Beispiel einer Aktie, deren Rendite als normalverteilt mit $\mu = 0.15$ und $\sigma = 0.35$ angenommen wird, liefern diese Formeln

$$E(S_{0.02}) = 250 \cdot e^{\left(0.15 + \frac{0.35^2}{2}\right) \cdot 0.02} = 251.06$$

und

$$\text{Var}\,(S_{0.02}) = 250^2 \cdot \text{e}^{2\left(0.15+\frac{0.35^2}{2}\right)0.02}\left(\text{e}^{0.35^2\cdot 0.02} - 1\right) = 154.61.$$

Wir haben die Renditen und Kurse bisher immer im Zeitraum $[0, t]$ betrachtet. Welches Verhalten zeigen die Renditen im Black-Scholes-Modell in einem anderen Zeitraum $[u, u + t]$ der Länge t?

Es gilt

$$\ln\left(\frac{S_{u+t}}{S_u}\right) = \ln\left(\frac{\frac{S_{u+t}}{S_0}}{\frac{S_u}{S_0}}\right) = \ln\left(\frac{S_{u+t}}{S_0}\right) - \ln\left(\frac{S_u}{S_0}\right) = R_{u+t} - R_u.$$

Das ist die Additivitätseigenschaft der logarithmischen Rendite. Wir setzen für (R_t) die Modellannahme ein und erhalten

$$\ln\left(\frac{S_{u+t}}{S_u}\right) = \left(\mu\,(u + t) + \sigma\,W_{u+t}\right) - \left(\mu\,u + \sigma\,W_u\right) = \mu\,t + \sigma\,\left(W_{u+t} - W_u\right).$$

Der zufällige Anteil $\sigma\,(W_{u+t} - W_u)$ ist entsprechend der Eigenschaft (ii) des Wiener-Prozesses eine gemäß $N\,(0, \sigma^2 t)$ verteilte Zufallsgröße. Die Rendite $\ln\left(\frac{S_{u+t}}{S_u}\right)$ im Zeitraum $[u, u + t]$ besitzt folglich dieselbe Verteilung wie R_t, nämlich die Normalverteilung $N\,(\mu t, \sigma^2 t)$.

Sind im Black-Scholes-Modell Renditen in disjunkten Intervallen unabhängig? Im Abschnitt 3.5 hatten wir aus den Beobachtungsdaten einen Korrelationskoeffizienten nahe 0 ausgerechnet und Unkorreliertheit vermutet.

Es seien $[r, t]$ und $[u, v]$ disjunkte Zeitintervalle. Für die Renditen liefert das Modell bei Beachtung der Additivität die Darstellungen

$$\ln\left(\frac{S_t}{S_r}\right) = \mu\,(t - r) + \sigma\,(W_t - W_r) \quad \text{und} \quad \ln\left(\frac{S_v}{S_u}\right) = \mu\,(v - u) + \sigma\,(W_v - W_u).$$

Gemäß Eigenschaft (iii) des Wiener-Prozesses sind für $0 \leq r < t \leq u < v$ die Zufallsgrößen $W_t - W_r$ und $W_v - W_u$ unabhängig. Die jeweilige lineare Transformation ändert daran nichts. Die Unabhängigkeit gilt auch für endlich viele Teilintervalle: Renditen in disjunkten Zeitintervallen sind im Black-Scholes-Modell unabhängig. Aus der Unabhängigkeit folgt die Unkorreliertheit.

Zusammenfassung:

Im Black-Scholes-Modell mit der Drift μ und der Volatilität σ gilt:

1. In jedem Zeitintervall der Länge t ist die Rendite normalverteilt mit dem Erwartungswert $\mu\,t$ und der Standardabweichung $\sigma\sqrt{t}$.

2. Renditen in disjunkten Zeitintervallen sind unabhängige Zufallsgrößen.

3. Der Kurs S_t ist log-normalverteilt mit dem Erwartungswert $\text{E}(S_t) = S_0\,\text{e}^{\left(\mu + \frac{\sigma^2}{2}\right)t}$ und der Varianz $\text{Var}(S_t) = S_0^2\,\text{e}^{2\left(\mu + \frac{\sigma^2}{2}\right)t}\left(\text{e}^{\sigma^2 t} - 1\right)$.

3.12   Simulation eines Aktienkursprozesses

Auf der Grundlage des Black-Scholes-Modells können wir nun die Kursentwicklung einer Aktie simulieren (= nachspielen). Diese Simulation wird noch einmal die wesentlichen Bausteine des Modells verdeutlichen. Wir machen das am Beispiel der DaimlerChrysler-Aktie aus Abschnitt 3.2.

Die Parameter μ und σ schätzen wir aus den auf ein Jahr hochgerechneten beobachteten Kenngrößen:

$$\mu = 0.001 \cdot 52 = 0.052, \quad \sigma = 0.070 \cdot \sqrt{52} = 0.505.$$

Für das gewählte Beispiel lautet somit der Ansatz für die Rendite

$$R_t = 0.052\,t + 0.505\,W_t.$$

Wir wollen den Aktienkursprozess an 20 aufeinander folgenden Tagen simulieren. Somit ist $\Delta t = 1$ Tag. Gemeint ist damit ein *Handels*tag. Ein Jahr umfasst rund 250 Börsenhandelstage, also beträgt $\Delta t = \dfrac{1}{250} = 0.004$ Jahre. Wenn Z wie bisher eine standardnormalverteilte Zufallsgröße bezeichnet, dann besitzt die Rendite $R_{\Delta t}^k$ in jedem Zeitintervall $[k\,\Delta t,\,(k+1)\,\Delta t]$ $(k = 0, 1, 2, \dots)$ die Darstellung

$$R_{\Delta t}^k = 0.052 \cdot 0.004 + 0.505 \cdot \sqrt{0.004}\,Z \quad \text{bzw.} \quad R_{\Delta t}^k = 0.00021 + 0.03194\,Z. \tag{1}$$

Den Aktienkurs am Ende des Zeitintervalls erhalten wir zu

$$S_{(k+1)\Delta t} = S_{k\Delta t}\,e^{R_{\Delta t}^k}. \tag{2}$$

Als Startwert für den Aktienkurs zur Zeit $t = 0$ legen wir $S_0 = €\ 46.90$ fest. Das ist der Kurs der DaimlerChrysler-Aktie am 30.11.01 (vgl. Abschnitt 3.2). Durch die Gleichungen (1) und (2) ist eine rekursive Vorschrift zur Bestimmung der Aktienkurse von einem Tag zum nächsten gegeben. Der Aktienkurs am nächsten Tag hängt vom Kurs am heutigen Tag, den Parametern μ und σ und dem Wert der Zufallsgröße Z ab. Dieser Wert wird an jedem Tag unabhängig von der Vorgeschichte neu „ausgewürfelt". Hier spiegelt sich die Unabhängigkeit der Renditen von der Vergangenheit wider. Wir verwenden für unsere Simulation die mit dem Zufallszahlengenerator von Excel am Ende von Abschnitt 3.9 erzeugten Realisierungen der Zufallsgröße Z. Mit diesen Werten und den Rekursionsgleichungen (1) und (2) haben wir Tabelle 3.9 erstellt.

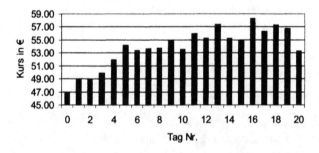

Abbildung 3.14: Simulation eines Aktienkursprozesses im Black-Scholes-Modell mit $S_0 = €\ 46.90, \mu = 0.052, \sigma = 0.505, \Delta t = 0.004$

In Abbildung 3.14 ist der simulierte Aktienkursprozess in Abhängigkeit von der Zeit (in Tagen) graphisch dargestellt.

Tag Nr. k	$k\Delta t$	$S_{k\Delta t}$ in €	Z	$R_{\Delta t}^k$	$S_{(k+1)\Delta t}$ in €
0	0.000	46.90	1.28150	0.04114	48.87
1	0.004	48.87	0.03156	0.00122	48.93
2	0.008	48.93	0.62384	0.02013	49.92
3	0.012	49.92	1.25382	0.04025	51.97
4	0.016	51.97	1.27699	0.04099	54.15
5	0.020	54.15	−0.45328	−0.01427	53.38
6	0.024	53.38	0.17224	0.00571	53.69
7	0.028	53.69	0.02957	0.00115	53.75
8	0.032	53.75	0.72987	0.02352	55.03
9	0.036	55.03	−0.85339	−0.02705	53.56
10	0.040	53.56	1.38371	0.04440	55.99
11	0.044	55.99	−0.43959	−0.01383	55.22
12	0.048	55.22	1.20718	0.03876	57.41
13	0.052	57.41	−1.20244	−0.03820	55.25
14	0.056	55.25	−0.22884	−0.00710	54.86
15	0.060	54.86	1.87500	0.06009	58.26
16	0.064	58.26	−1.06379	−0.03377	56.33
17	0.068	56.33	0.51775	0.01674	57.28
18	0.072	57.28	−0.28689	−0.00895	56.77
19	0.076	56.77	−1.96267	−0.06248	53.33
20	0.080	53.33			

Tabelle 3.9: Simulation eines Aktienkursprozesses im Black-Scholes-Modell mit $\Delta t = 0.004$, $S_0 = $ € $46.90, \mu = 0.052, \sigma = 0.505$

3.13 Modellkritik

Sind Aktienrenditen normalverteilt? Besser gefragt: Ist die Normalverteilung ein passendes Modell für die Rendite einer Aktie?

Ein mathematisches Modell stellt immer eine Idealisierung der Realität dar. Man versucht, mit einem Modell wesentliche Strukturen im realen Geschehen zu beschreiben, durchschaubar zu machen, um die komplexe Realität besser zu verstehen und begründete Entscheidungen zu treffen. Jedes Modell hat vorläufigen Charakter.

Das klassische Black-Scholes-Modell ist nun fast 30 Jahre alt. Längst weiß man aus der statistischen Analyse von Kursdaten, dass die in diesem Modell zentrale Annahme der Normalverteilung nur eine grobe Annäherung an die Realität ist.
Tatsächlich beobachtete Häufigkeitsverteilungen von Aktienrenditen sind häufig in der Nähe des Mittelwertes im Vergleich zur Normalverteilung höher und enger, fallen schneller ab, haben aber demgegenüber gewichtigere „Flanken", die extreme Kursschwankungen widerspiegeln. Die finanzmathematische Forschung verwendet heute bereits Klassen von Verteilungen, die ein besseres Modell für das Verhalten von Aktienrenditen liefern als die Normalverteilung.

Eine weitere „Schwachstelle" des Black-Scholes-Modells ist die als konstant in der Zeit angenommene Volatilität σ. Inzwischen werden Modelle untersucht, in denen die Volatilität selbst als stochastischer Prozess betrachtet wird.

Dennoch wird das Black-Scholes-Modell in der Praxis bei der Optionspreisberechnung (siehe Kapitel 5) weltweit immer noch verwendet. Der Grund dafür ist wohl vor allem die einfache

Handhabbarkeit, denn man braucht nur einen Parameter - die Volatilität - zu schätzen und ist in der Lage, Optionen zu bewerten und zu vergleichen. In den Rechnern der Händler ist die Black-Scholes-Formel fest programmiert. Es ist jedoch davon auszugehen, dass auch allgemeinere Modelle, die die Realität besser beschreiben, in zunehmendem Maße in der Praxis umgesetzt werden.

3.14   Aufgaben

1 In Tabelle 3.10 ist für jede Vierwochenperiode des Jahres 2001 entweder der (Schluss-)Kurs oder die einfache bzw. logarithmische Rendite der Aktie des amerikanischen Computerherstellers IBM an der New Yorker Börse angegeben.

Woche Nr.	Datum	Kurs in $	einfache Rendite	log. Rendite	Woche Nr.	Datum	Kurs in $	einfache Rendite	log. Rendite
0	29.12.00	85.0	—	—	28	13.07.01		−4.5 %	
4	26.01.01	114.2			32	10.08.01		−3.2 %	
8	23.02.01	104.0			36	07.09.01		−8.0 %	
12	23.03.01	93.5			40	05.10.01			0.014
16	20.04.01	114.8			44	02.11.01			0.111
20	18.05.01	117.4			48	30.11.01			0.054
24	15.06.01		−3.2 %		52	28.12.01			0.061

Tabelle 3.10: Kurse und Renditen der IBM-Aktie im Jahr 2001 im Vierwochenrhythmus. Quelle: www.consors.de

a) Vervollständigen Sie Tabelle 3.10.

b) Stellen Sie den Verlauf der logarithmischen Renditen graphisch dar. Untersuchen Sie die statistische Verteilung der logarithmischen Vierwochenrenditen der IBM-Aktie im Jahr 2001: Erstellen Sie ein Häufigkeitsdiagramm und berechnen Sie das arithmetische Mittel und die Standardabweichung.

c) Untersuchen Sie die statistische Korrelation aufeinander folgender logarithmischer Vierwochenrenditen der IBM-Aktie im Jahr 2001: Stellen Sie die Paare aufeinander folgender Renditen graphisch dar und berechnen Sie den Korrelationskoeffizienten.

d) Abbildung 3.15 zeigt den Verlauf der logarithmischen *Wochenrenditen* der IBM-Aktie des Jahres 2001. Das arithmetische Mittel und die Standardabweichung dieser *Wochenrenditen* betragen 0.007 bzw. 0.051. Vergleichen Sie diese Renditekennzahlen mit denjenigen in b).

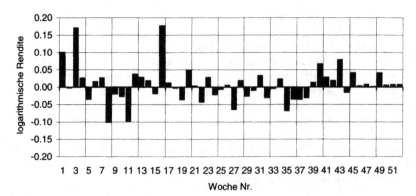

Abbildung 3.15: Renditeverlauf der IBM-Aktie im Jahr 2001 im *Wochen*rhythmus.

e) Rechnen Sie aufgrund der Angaben von d) die Renditekennzahlen von IBM auf ein Jahr hoch.

2 In Tabelle 3.11 ist für jede Vierwochenperiode des Jahres 2001 sowohl der (Schluss-)Stand des Deutschen Aktienindexes DAX als auch des Dow Jones Indexes DJI angegeben. Diese beiden Indizes stellen je eine Art Durchschnittskurs von 30 der wichtigsten Aktien der Frankfurter Börse bzw. der New Yorker Börse dar.

Woche Nr.	Datum	DAX	DJI	Woche Nr.	Datum	DAX	DJI
0	29.12.00	6434	10787	28	13.07.01	5928	10539
4	26.01.01	6695	10660	32	10.08.01	5433	10416
8	23.02.01	6075	10442	36	07.09.01	4731	9606
12	23.03.01	5545	9505	40	05.10.01	4488	9120
16	20.04.01	6128	10580	44	02.11.01	4583	9324
20	18.05.01	6187	11302	48	30.11.01	4990	9852
24	15.06.01	5915	10624	52	28.12.01	5160	10137

Tabelle 3.11: Deutscher Aktienindex DAX und Dow Jones Index DJI im Jahr 2001 im Vierwochenrhythmus. Quelle: www.consors.de

a) Berechnen Sie die logarithmischen Renditen der beiden Indizes und stellen Sie deren Verläufe graphisch dar. Berechnen Sie die zugehörigen arithmetischen Mittel und Standardabweichungen.

b) Untersuchen Sie, ob zwischen DAX und DJI eine statistische Korrelation besteht. Fassen Sie dazu in jeder Vierwochenperiode die logarithmischen Renditen des DAX und DJI zu einem Paar zusammen. Stellen Sie die Paare als Punkte in einem Diagramm dar. Was beobachten Sie? Berechnen Sie weiter den zugehörigen Korrelationskoeffizienten. Unterstützt er Ihre Beobachtungen?

3 Zeigen Sie mithilfe einer linearen Transformation, dass für eine Zufallsgröße X mit $X \sim N(\mu, \sigma^2)$ gilt

$$P\left(\mu - \sigma \leq X \leq \mu + \sigma\right) = 0.683,$$
$$P\left(\mu - 2\sigma \leq X \leq \mu + 2\sigma\right) = 0.955,$$
$$P\left(\mu - 3\sigma \leq X \leq \mu + 3\sigma\right) = 0.997.$$

4 Die *Zwei*wochenrendite R einer Aktie sei normalverteilt mit den Parametern $\mu = -0.014$ und $\sigma^2 = 0.0027$. Skizzieren Sie die Dichtefunktion der zugehörigen Normalverteilung und kennzeichnen Sie auf der Abszissenachse die $k\sigma$-Intervalle. Welche Renditen würden sie in diesem Modell als außergewöhnlich bezeichnen? Betrachten Sie vergleichend die statistischen Daten zur Allianz-Aktie in Tabelle 3.6 aus Abschnitt 3.7.

5 Für eine Aktie wird das Black-Scholes-Modell mit Drift $\mu = 0.15$ und Volatilität $\sigma = 0.40$ angenommen. Diese Kenngrößen beziehen sich auf ein Jahr. Der Schlusskurs der Aktie in der 35. Woche liege bei € 250.

a) Geben Sie die Verteilung der Rendite und des Aktienkurses am Schluss der 36. Woche an. Berechnen Sie für beide Zufallsgrößen den Erwartungswert und die Varianz.

b) Geben Sie ein Intervall an, in dem der Aktienkurs am Schluss der 36. Woche mit ca. 95 %iger Sicherheit liegen wird.

c) Mit welcher Wahrscheinlichkeit liegt der Schlusskurs über € 270?

d) Vergleichen Sie Ihre Ergebnisse mit denen des Beispiels aus dem Abschnitt 3.11 über das Black-Scholes-Modell.

6 Führen Sie weitere Simulationen der Kursentwicklung der DaimlerChrysler-Aktie im Dezember 2001 durch (vgl. Abschnitt 3.12).

a) Benutzen Sie die gleichen Parameter wie im Text.

b) Simulieren Sie nun mit gleichem μ, aber anderem σ, und studieren Sie die Abhängigkeit von der Volatilität bei vielen Simulationen.

c) Geben Sie für die benutzten Modelle die 2σ-Intervalle für den Aktienkurs an. Wie oft haben Ihre simulierten Werte diese Intervalle verlassen?

„Sie können Ihre Kritik an unseren Aktienanalysen auch mündlich anbringen, mein Herr!"

Zeichnung: Felix Schaad. Quelle: TAGES-ANZEIGER vom 12.04.02

4 Portfolios – Rendite-Risiko-Optimierung

Im Jahre 1952 publizierte ein 25 Jahre junger Doktorand von der University of Chicago eine 15 Seiten dünne Arbeit mit dem Titel „Portfolio Selection" im „Journal of Finance", einer erst seit wenigen Jahren bestehenden Fachzeitschrift für Finanzwissenschaft [Mar52]. Niemand ahnte, dass diese Arbeit ein Meilenstein der Finanzmathematik werden sollte und dem Autor, HARRY MARKOWITZ, 38 Jahre später den Nobelpreis für Wirtschaftswissenschaften einbringen würde.

„*I was struck with the notion that you should be interested in risk as well as return*", beschreibt MARKOWITZ rückblickend den Beginn seiner Arbeit[4]. MARKOWITZ geht davon aus, dass wer Geld anlegt, sein Augenmerk nicht nur auf die damit zu erzielende Rendite richtet, sondern auch das damit einhergehende Risiko in Betracht zieht. Und er nimmt an, dass Investoren risikoavers handeln. Das heißt: Wenn mehrere Anlagemöglichkeiten mit gleichem erwarteten Ertrag zur Auswahl stehen, so wählen Investoren diejenige mit dem kleinsten Risiko.

In der Praxis besitzt ein Investor Tausende von Anlagemöglichkeiten: Anleihen von Staaten und Firmen, Aktien von Groß- und Kleinunternehmen, Edelmetalle wie Gold oder Silber, Währungen wie den US-Dollar oder den Yen, usw. In der Regel wird ein Investor nicht sein ganzes Geld in eine einzige Anlage stecken, sondern es auf mehrere Anlagen verteilen. Alle Anlagen, die ein Investor hält, bilden zusammen sein **Portfolio**. MARKOWITZ entwickelte ein Verfahren, wie man in Bezug auf Rendite und Risiko optimierte Portfolios zusammenstellen kann. Und er verwendete dazu höhere Mathematik. Das war in den 50iger Jahren des 20. Jahrhunderts in der Finanzwissenschaft noch nicht üblich und brachte MARKOWITZ in Schwierigkeiten. „*Harry, I don't see anything wrong with the math here, but I have a problem. This isn't a dissertation in economics, and we can't give you a Ph.D. in economics for a dissertation that's not economics*", mahnte ihn der Vorsteher der Wirtschaftsfakultät der University of Chicago.

Neben Tausenden von Anlagemöglichkeiten gibt es auch Hunderte von Anlagestrategien. Wir können in diesem Kapitel nur das kleine Einmaleins der Portfoliotheorie vorstellen und keine Ausbildung zum Portfoliomanager bieten. Wir orientieren uns an MARKOWITZ und schränken uns in dreierlei Hinsicht ein:

- Erstens betrachten wir nur kleine Portfolios mit zwei bis vier verschiedenen Anlagen.

- Zweitens sind unsere Anlagen entweder börsengehandelte Aktien von großen Unternehmen oder kurzfristige Anleihen von wirtschaftlich entwickelten und politisch stabilen Staaten.

- Und drittens sind unsere Portfolios über den ganzen betrachteten Zeitraum hinweg prozentual gleich zusammengesetzt.

Die erste Einschränkung ist gar nicht so einschneidend. Drei Anlagen genügen, um viele wichtige Einsichten in die Portfoliotheorie zu gewinnen. Und die dabei verwendeten Berechnungsmethoden können problemlos auf mehr als drei Anlagen übertragen werden.

Die zweite Einschränkung hängt damit zusammen, dass wir die Rendite und das Risiko quantifizieren müssen. In Kapitel 3 haben wir dargelegt, dass sich die Kurse von an Börsen gehandelten Aktien wie zufällig ändern, und dass die relativen Kursänderungen in einfachen Modellen als näherungsweise normalverteilt angenommen werden. Wir verwenden denn auch

---

[4]Die vier Zitate in diesem einleitenden Abschnitt stammen aus [Ber93]

das arithmetische Mittel der relativen Kursänderungen als Maß für die erwartete Rendite einer Aktie und die Standardabweichung als Maß für das Risiko.

Die dritte Einschränkung vereinfacht die mathematischen Berechnungen und lässt formale Zusammenhänge deutlicher hervortreten.

Die kurzfristigen Anleihen von wirtschaftlich entwickelten und politisch stabilen Staaten betrachten wir als risikolose Anlagemöglichkeit. Sie werfen eine sichere Rendite ab, den sogenannten **risikolosen Zinssatz**. Dieser dient als Messlatte für die risikobehafteten Anlagen, die langfristig eine höhere Rendite einbringen sollten. Ist dies nicht der Fall, so investieren risikoaverse Anleger nicht in risikobehaftete Anlagen. Sie erwarten eine Prämie für die Übernahme von Risiko.

Neben MARKOWITZ werden wir in diesem Kapitel mit JAMES TOBIN noch einen weiteren Nobelpreisträger antreffen. Er wurde 1981 geehrt. TOBIN gilt als einer der bedeutendsten Ökonomen des 20. Jahrhunderts. Von 1961 bis 1962 war er wirtschaftlicher Berater von John F. Kennedy. Als TOBIN vom amerikanischen Präsidenten angefragt wurde, antwortete er: *„I'm afraid you got the wrong guy, Mr. President. I'm an ivory-tower economist."* Darauf erwiderte Kennedy: *„That's the best kind. I'll be an ivory-tower president."*

TOBIN war von Mathematik sehr angetan und bezeichnete die höhere Algebra als *„about the most intellectual experience of life"*. Zur Portfoliotheorie publizierte er 1958 eine Arbeit mit dem Titel „Liquidity Preference as Behavior Towards Risk" [Tob58]. Darin macht TOBIN eine überraschende Aussage. Sie lautet: Wenn eine risikolose Anlage zur Verfügung steht, dann sollten *alle* Investoren die gleichen risikobehafteten Anlagen im untereinander gleichen Verhältnis in ihren Portfolios halten. Die Portfolios unterscheiden sich dann nur in der Aufteilung der Investitionssumme in die risikolose Anlage einerseits und in die risikobehafteten Anlagen andererseits. Die Auswahl und Gewichtung der risikobehafteten Anlagen ist bei allen gleich! Wir werden darauf zurückkommen.

4.1 Portfolios mit zwei Anlagen: Ein Beispiel

Tabelle 4.1 zeigt die Schlusskurse von zwei fiktiven Aktien in sechs aufeinanderfolgenden Jahren. Ebenfalls angegeben sind in Tabelle 4.1 die einfachen Jahresrenditen. Diese entsprechen den relativen Kursänderungen. So beträgt die einfache Rendite der Aktie A im Jahr 1

$$\frac{€\,160 - €\,145}{€\,145} = 10.34\,\%$$

und im Jahr 2

$$\frac{€\,135 - €\,160}{€\,160} = -15.63\,\%.$$

Wer am Ende des Jahres 0 sein Geld ganz in Aktien A anlegt und diese Position bis Ende des Jahres 5 hält, erzielt damit eine mittlere Jahresrendite von

$$\frac{0.1034 - 0.1563 + \dots}{5} = 8.52\,\%$$

bei einer Standardabweichung von

$$\sqrt{\frac{(0.1034 - 0.0852)^2 + (-0.1563 - 0.0852)^2 + \dots}{5}} = 12.82\,\%.$$

Jahr Nr.	Aktie A		Aktie B	
	Schluss-kurs in €	einfache Rendite	Schluss-kurs in €	einfache Rendite
0	145		85	
1	160	10.34 %	90	5.88 %
2	135	−15.63 %	100	11.11 %
3	165	22.22 %	105	5.00 %
4	190	15.15 %	95	−9.52 %
5	210	10.53 %	110	15.79 %
Arith. Mittel		8.52 %		5.65 %
Standardabw.		12.82 %		8.52 %

Tabelle 4.1: Jahresschlusskurse und einfache Jahresrenditen der fiktiven Aktien A und B

Wer dagegen am Ende des Jahres 0 sein Geld ganz in Aktien B anlegt und diese Position bis Ende des Jahres 5 hält, erzielt damit eine kleinere mittlere Rendite von 5.65 % bei einer ebenfalls kleineren Standardabweichung von 8.52 %.

Statt nur in eine Aktie zu investieren, kann man sein Geld auch auf die beiden Aktien verteilen. Tabelle 4.2 zeigt die Wertentwicklung von € 100 000, die Ende des Jahres 0 zu 60 % in Aktien A und zu 40 % in Aktien B angelegt werden.

Jahr	einfache Rendite		Wert in €		
	Aktie A	Aktie B	Aktie A	Aktie B	Portfolio
0			60000	40000	100000
1	10.34 %	5.88 %	66204	42352	108556
2	−15.63 %	11.11 %	55856	47057	102913
3	22.22 %	5.00 %	68267	49410	117677
4	15.15 %	−9.52 %	78609	44706	123315
5	10.53 %	15.79 %	86887	51765	138652

Tabelle 4.2: Wertentwicklung einer Investition von € 100 000 zu 60 % in Aktien A und 40 % in Aktien B

Der Wert der Aktien A steigt im Jahr 1 von € 60 000 um 10.34 % auf € 66 204, der Wert der Aktien B von € 40 000 um 5.88 % auf € 42 352. Der Wert des Portfolios steigt von € 100 000 auf € 108 556. Usw.

Die prozentualen Anteile der beiden Aktien A und B am Portfolio verändern sich von Jahr zu Jahr. Sie betragen nur am Anfang 60 % bzw. 40 %. Der Anteil der Aktien A beträgt am Ende von Jahr 1 $\frac{€\ 66204}{€\ 108556} = 61.0\ \%$ und am Ende von Jahr 2 $\frac{€\ 55856}{€\ 102913} = 54.3\ \%$. Wer diese Anteilsunterschiede vermeiden will und in jedem Jahr mit genau 60 % in Aktien A und 40 % in Aktien B investiert sein will, muss Ende jedes Jahres sein Portfolio umschichten. Damit man im Jahr 2 mit genau 60 % des Portfoliowerts von € 108 556 – das heißt mit € 65 134 – in Aktien A investiert ist, muss man am Ende von Jahr 1 für

$$€\ 66204 - €\ 65134 = €\ 1070$$

Aktien A verkaufen und für den gleichen Betrag Aktien B hinzukaufen. Danach beträgt der Wert der Aktien B € 43 422, was genau 40 % des Portfoliowerts von € 108 556 entspricht.

*Wie eingangs gesagt, werden wir im weiteren Verlauf dieses Kapitels immer davon ausge-
hen, dass Ende des Jahres umgeschichtet wird, so dass die prozentuale Zusammensetzung
der Portfolios fest bleibt.*

In Tabelle 4.3 ist die Wertentwicklung der Investition von € 100 000 zu 60 % in Aktien A und
40 % in Aktien B bei jährlicher Umschichtung wiedergegeben.

Jahr	einfache Rendite		Wert in € vor Umschichtung		Wert in €	Wert in € nach Umschichtung		einfache Rendite Portfolio
	Aktie A	Aktie B	Aktie A	Aktie B	Portfolio	Aktie A	Aktie B	
i	a_i	b_i	A_i	B_i	P_i	A_i^*	B_i^*	p_i
0					100000	60000	40000	
1	10.34 %	5.88 %	66204	42352	108556	65134	43422	8.56 %
2	−15.63 %	11.11 %	54954	48246	103200	61920	41280	−4.93 %
3	22.22 %	5.00 %	75679	43344	119023	71414	47609	15.33 %
4	15.15 %	−9.52 %	82233	43077	125310	75186	50124	5.28 %
5	10.53 %	15.79 %	83103	58039	141142	84685	56457	12.63 %
	$\hat{\mu}_a = 8.52$	$\hat{\mu}_b = 5.65$	arithmetisches Mittel in %					$\hat{\mu}_p = 7.37$
	$\hat{\sigma}_a = 12.82$	$\hat{\sigma}_b = 8.52$	Standardabweichung in %					$\hat{\sigma}_p = 7.05$

Tabelle 4.3: Wertentwicklung einer Investition von € 100 000 zu 60 % in Aktien A und 40 % in
Aktien B, wobei das Portfolio am Ende jedes Jahres umgeschichtet wird, um die prozentuale
Zusammensetzung konstant zu halten.

In Tabelle 4.3 sind auch die einfachen Renditen des sog. **60/40-Portfolios** angegeben sowie
deren arithmetisches Mittel und Standardabweichung. In Abbildung 4.1 ist der Renditeverlauf
des 60/40-Portfolios zusammen mit denjenigen der Aktien A und B vergleichend dargestellt.

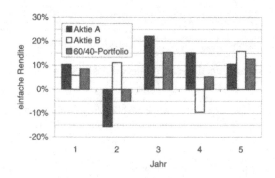

Abbildung 4.1: Verlauf der Jahresrenditen der Aktien A und B und des 60/40-Portfolios

Das arithmetische Mittel der Renditen des 60/40-Portfolios liegt mit 7.4 % zwischen denjenigen der Aktien A und B von 8.5 % und 5.7 %. Das war so zu erwarten: Eine Kombination
aus zwei Aktien rentiert sich mindestens so gut wie die schlechtere der beiden Aktien und
höchstens so gut wie die bessere.

Die Standardabweichung der Renditen des 60/40-Portfolios aber liegt mit 7.1 % unter denjenigen der Aktien A und B von 12.8 % und 8.5 %. Das heißt, der Wert des 60/40-Portfolios
unterliegt kleineren Schwankungen als die Kurse der Aktien A und B. Dies zeigt auch Abbildung 4.1. Der Grund dafür ist die mehrheitlich **negative Korrelation** der Renditen der

Aktien A und B. Damit ist folgendes gemeint: In Jahren, in denen die Aktie A überdurchschnittlich rentiert, rentiert die Aktie B nur durchschnittlich oder gar unterdurchschnittlich und umgekehrt. Im Jahr 1 rentiert die Aktie A überdurchschnittlich und die Aktie B nur durchschnittlich. Im Jahr 2 rentiert die Aktie A unterdurchschnittlich und die Aktie B überdurchschnittlich. Auch in den Jahren 3 und 4 verhalten sich die Renditen der Aktien A und B gegenläufig. Nur im Jahr 5 rentieren beide Aktien zugleich überdurchschnittlich und sind somit positiv korreliert.

Die Korrelation ist die Schlüsselgröße der Portfoliotheorie. Wir werden sie im nächsten Abschnitt quantifizieren.

Anteil		erwartete Rendite (=arith. Mittel der einf. Renditen)	Risiko (= Standardabw. der einf. Renditen)
Aktie A	Aktie B		
100 %	0 %	8.52 %	12.82 %
90 %	10 %	8.23 %	11.22 %
80 %	20 %	7.95 %	9.70 %
70 %	30 %	7.66 %	8.28 %
60 %	40 %	7.37 %	7.05 %
50 %	50 %	7.09 %	6.10 %
40 %	60 %	6.80 %	5.59 %
30 %	70 %	6.51 %	5.65 %
20 %	80 %	6.23 %	6.24 %
10 %	90 %	5.94 %	7.25 %
0 %	100 %	5.65 %	8.52 %

Tabelle 4.4: Erwartete Rendite und Risiko von Portfolios aus Aktien A und B in Abhängigkeit der prozentualen Zusammensetzung

Wir können die Rechnung aus Tabelle 4.3 auch für jede andere prozentuale Zusammensetzung des Portfolios durchführen. In Tabelle 4.4 sind die erwartete Rendite und das Risiko für 11 unterschiedliche Zusammensetzungen angegeben.

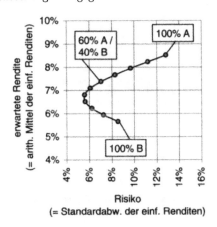

Abbildung 4.2: Rendite-Risiko-Diagramm mit den 11 Portfolios aus Tabelle 4.4

Abbildung 4.2 zeigt ein sogenanntes **Rendite-Risiko-Diagramm**. Jede Anlage und jede Kombination von Anlagen wird darin gemäß ihrem Risiko und ihrer erwarteten Rendite als Punkt platziert. In Abbildung 4.2 sind die 11 Portfolios aus Tabelle 4.4 eingetragen. Die

eingezeichnete Kurve markiert alle Rendite-Risiko-Profile, die durch die betrachteten Kombinationen der Aktien A und B möglich sind.

Welches der 11 Portfolios ein Investor wählen wird, hängt von seiner Risikobereitschaft ab.
Wenn er zum Beispiel ein Risiko von höchstens 8 % eingehen will, so wird er das 60/40-
Portfolio wählen. Es besitzt von den 6 Portfolios mit einem Risiko kleiner oder gleich 8 % die
höchste erwartete Rendite.

Die 4 Portfolios mit einem Anteil von Aktien A von 0 %, 10 %, 20 % und 30 % wird kein
Investor je wählen, da stets ein anderes Portfolio mit gleichem Risiko aber höherer erwarteter
Rendite zur Verfügung steht.

4.2   Portfolios mit zwei Anlagen: Allgemeiner Fall

Wir stellen in diesem Abschnitt Formeln zur Berechnung der erwarteten Rendite und des Risikos von Portfolios aus zwei Anlagen A und B auf. Dazu führen wir die folgenden Bezeichnungen
ein:

α, β feste prozentuale Anteile der Anlagen A und B am Portfolio,
                $0 \le \alpha, \beta \le 1, \alpha + \beta = 1$,

i Nummer des Zeitintervalls, $i = 0, \ldots, n$,

A_i, B_i Werte der zwei Anlagen *vor* Umschichtung am Ende von Zeitintervall i,

P_i Wert des Portfolios am Ende von Zeitintervall i,

A_i^*, B_i^* Werte der zwei Anlagen *nach* Umschichtung am Ende von Zeitintervall i,

a_i, b_i, p_i einfache Renditen der zwei Anlagen bzw. des Portfolios im
                Zeitintervall i, $i = 1, \ldots, n$,

$\hat{\mu}_a, \hat{\mu}_b, \hat{\mu}_p$ erwartete Renditen der Anlagen A und B bzw. des Portfolios,

$\hat{\sigma}_a, \hat{\sigma}_b, \hat{\sigma}_p$ Risiko der zwei Anlagen bzw. des Portfolios.

In jedem Zeitintervall $i = 1, \ldots, n$ bestehen die Zusammenhänge (vgl. Tabelle 4.3)

$$\begin{aligned}
P_i &= A_i + B_i, \\
A_i^* &= \alpha P_i, \quad B_i^* = \beta P_i, \\
A_i &= (1 + a_i)A_{i-1}^*, \quad B_i = (1 + b_i)B_{i-1}^*, \\
P_i &= (1 + p_i)P_{i-1}.
\end{aligned}$$

Daraus folgt

$$\begin{aligned}
P_i &= A_i + B_i = (1 + a_i)A_{i-1}^* + (1 + b_i)B_{i-1}^* \\
&= (1 + a_i)\alpha P_{i-1} + (1 + b_i)\beta P_{i-1} = (\alpha + \beta + \alpha a_i + \beta b_i)P_{i-1} \\
&= (1 + \alpha a_i + \beta b_i)P_{i-1}
\end{aligned}$$

und somit

$$p_i = \alpha a_i + \beta b_i.$$

Das heißt: Die einfache Rendite des Portfolios ist in jedem Zeitintervall gleich dem mit den
Portfolioanteilen gewichteten arithmetischen Mittel der einfachen Renditen der beiden Anlagen. Tatsächlich ist im Beispiel des 60/40-Portfolios aus dem letzten Abschnitt im Jahr 1

$$p_1 = \alpha a_1 + \beta b_1 = 0.60 \cdot 0.1034 + 0.40 \cdot 0.0588 = 8.56 \text{ \%}$$

und im Jahr 2

$$p_2 = \alpha a_2 + \beta b_2 = 0.60 \cdot (-0.1563) + 0.40 \cdot 0.1111 = -4.93 \text{ \%}.$$

Derselbe Zusammenhang gilt auch für die erwarteten Renditen:

$$\hat{\mu}_p = \frac{1}{n} \sum_{i=1}^{n} p_i = \frac{1}{n} \sum_{i=1}^{n} (\alpha a_i + \beta b_i) = \alpha \frac{1}{n} \sum_{i=1}^{n} a_i + \beta \frac{1}{n} \sum_{i=1}^{n} b_i = \alpha \hat{\mu}_a + \alpha \hat{\mu}_b.$$

Wiederum bestätigt sich das im Beispiel des 60/40-Portfolios:

$$\alpha \hat{\mu}_a + \alpha \hat{\mu}_b = 0.60 \cdot 0.0852 + 0.40 \cdot 0.0565 = 7.37 \ \%.$$

Da die Streuung im Unterschied zum arithmetischen Mittel eine nichtlineare Kenngröße ist, hat die Formel für das Risiko des Portfolios eine komplexere Struktur:

$$
\begin{aligned}
\hat{\sigma}_p^2 &= \frac{1}{n} \sum_{i=1}^{n} (p_i - \hat{\mu}_p)^2 = \frac{1}{n} \sum_{i=1}^{n} (\alpha a_i + \beta b_i - (\alpha \hat{\mu}_a + \beta \hat{\mu}_b))^2 \\
&= \frac{1}{n} \sum_{i=1}^{n} (\alpha (a_i - \hat{\mu}_a) + \beta (b_i - \hat{\mu}_b))^2 \\
&= \frac{1}{n} \sum_{i=1}^{n} \left(\alpha^2 (a_i - \hat{\mu}_a)^2 + \beta^2 (b_i - \hat{\mu}_b)^2 + 2\alpha\beta (a_i - \hat{\mu}_a)(b_i - \hat{\mu}_b) \right) \\
&= \alpha^2 \frac{1}{n} \sum_{i=1}^{n} (a_i - \hat{\mu}_a)^2 + \beta^2 \frac{1}{n} \sum_{i=1}^{n} (b_i - \hat{\mu}_b)^2 + 2\alpha\beta \frac{1}{n} \sum_{i=1}^{n} (a_i - \hat{\mu}_a)(b_i - \hat{\mu}_b) \\
&= \alpha^2 \hat{\sigma}_a^2 + \beta^2 \hat{\sigma}_b^2 + 2\alpha\beta \hat{\sigma}_a \hat{\sigma}_b \frac{1}{n} \sum_{i=1}^{n} \left(\frac{a_i - \hat{\mu}_a}{\hat{\sigma}_a} \right) \left(\frac{b_i - \hat{\mu}_b}{\hat{\sigma}_b} \right) \\
&= \alpha^2 \hat{\sigma}_a^2 + \beta^2 \hat{\sigma}_b^2 + 2\alpha\beta \hat{\sigma}_a \hat{\sigma}_b \hat{\rho}_{ab}.
\end{aligned}
$$

Daraus ergibt sich die folgende Formel zur Berechnung des Portfoliorisikos:

$$\hat{\sigma}_p = \sqrt{\alpha^2 \hat{\sigma}_a^2 + \beta^2 \hat{\sigma}_b^2 + 2\alpha\beta \hat{\sigma}_a \hat{\sigma}_b \hat{\rho}_{ab}}.$$

Das Risiko des Portfolios setzt sich also aus drei Teilen zusammen. Die ersten beiden Teile verkörpern die mit ihren Anteilen gewichteten Risiken der beiden Anlagen A und B. Der dritte Teil bringt die Korrelation der Renditen der beiden Anlagen mit ins Spiel. Der Ausdruck

$$\hat{\rho}_{ab} = \frac{1}{n} \sum_{i=1}^{n} \left(\frac{a_i - \hat{\mu}_a}{\hat{\sigma}_a} \right) \left(\frac{b_i - \hat{\mu}_b}{\hat{\sigma}_b} \right)$$

ist gleich dem **Korrelationskoeffizienten** der n Renditepaare $(a_1, b_1), (a_2, b_2), \ldots, (a_n, b_n)$. Wir haben den Korrelationskoeffizienten bereits in Abschnitt 3.5 eingeführt. Wir wiederholen noch einmal seine Bedeutung. Der Quotient $(a_i - \hat{\mu}_a)/\hat{\sigma}_a$ stellt die in Vielfachen der Standardabweichungen $\hat{\sigma}_a$ gemessene Abweichung der Rendite a_i der Anlage A vom arithmetischen Mittel $\hat{\mu}_a$ dar. Der Quotient ist in denjenigen Zeitintervallen i positiv, in denen die Rendite a_i überdurchschnittlich ist und negativ, in denen sie unterdurchschnittlich ist. Der Quotient $(b_i - \hat{\mu}_b)/\hat{\sigma}_b$ hat dieselbe Interpretation bezogen auf die Anlage B. Das Produkt

$$\left(\frac{a_i - \hat{\mu}_a}{\hat{\sigma}_a} \right) \left(\frac{b_i - \hat{\mu}_b}{\hat{\sigma}_b} \right)$$

ist positiv, wenn seine zwei Faktoren beide positiv oder beide negativ sind, das heißt, wenn die Renditen der zwei Anlagen A und B entweder beide überdurchschnittlich oder beide unterdurchschnittlich sind. Das Produkt ist umgekehrt in den Zeitintervallen negativ, in denen die eine der zwei Anlagen überdurchschnittlich rentiert und die andere unterdurchschnittlich. Der Korrelationskoeffizient $\hat{\rho}_{ab}$ ist das arithmetische Mittel aller Produkte. $\hat{\rho}_{ab}$ liegt stets zwischen −1 und +1. Wenn $\hat{\rho}_{ab}$ in der Nähe von +1 liegt, so sagt man, dass die Anlagen A und B positiv korreliert sind. Liegt $\hat{\rho}_{ab}$ in der Nähe von 0, so sind die beiden Anlagen unkorreliert. Liegt $\hat{\rho}_{ab}$ in der Nähe von −1, so sind A und B negativ korreliert.

In unserem Beispiel der Aktien A und B aus dem letzten Abschnitt liegt eine schwache negative Korrelation vor. Die Berechnung des zugehörigen Korrelationskoeffizienten ist in Abbildung 4.3 dokumentiert.

	A	B	C	D	E	F
	Zeitintervall	einfache Renditen		standardisierte Abw.		Produkt stand. Abw.
		Aktie A	Aktie B			
2	i	a_i	b_i	$(a_i - \mu_a)\,/\,\sigma_a$	$(b_i - \mu_b)\,/\,\sigma_b$	$(a_i - \mu_a)\,/\,\sigma_a \cdot (b_i - \mu_b)\,/\,\sigma_b$
3	1	10.34%	5.88%	0.1420	0.0270	0.0038
4	2	-15.63%	11.11%	-1.8838	0.6408	-1.2072
5	3	22.22%	5.00%	1.0686	-0.0763	-0.0815
6	4	15.15%	-9.52%	0.5172	-1.7805	-0.9208
7	5	10.53%	15.79%	0.1568	1.1901	0.1866
8						
9	Arithm. Mittel μ	8.52%	5.65%	Korrelationskoeffizient ρ_{ab}		-0.4038
10	Standardabw. σ	12.82%	8.52%			

Abbildung 4.3: Berechnung des Korrelationskoeffizienten zwischen Aktien A und B

In Excel kann man den Korrelationskoeffizienten direkt berechnen lassen. Bezogen auf Abbildung 4.3 lautet der Befehl

KORREL(B3 : B7; C3 : C7).

Die Formel für das Portfoliorisiko liefert für das 60/40-Portfolio

$$\hat{\sigma}_p = \sqrt{\alpha^2 \hat{\sigma}_a^2 + \beta^2 \hat{\sigma}_b^2 + 2\alpha\beta\hat{\sigma}_a\hat{\sigma}_b\hat{\rho}_{ab}}$$

$$= \sqrt{0.6^2 \cdot 0.1282^2 + 0.4^2 \cdot 0.0852^2 + 2 \cdot 0.6 \cdot 0.4 \cdot 0.1282 \cdot 0.0852 \cdot (-0.4038)} = 7.04\ \%.$$

Datum	DAX (Punkte)	Dow Jones (Punkte)	Nikkei (Punkte)	Gold (US-$/Unze)	US-Dollar (€/US-$)
28.12.2001	5160.1	10137.0	10542.6	274.65	1.1321
25.01.2002	5156.6	9840.1	10144.1	277.45	1.1575
22.02.2002	4745.6	9968.2	10356.8	290.15	1.1404
29.03.2002	5397.3	10404.0	11333.1	301.00	1.1481
26.04.2002	5000.4	9910.7	11541.4	306.70	1.1100
31.05.2002	4818.3	9925.3	11763.7	324.95	1.0763
28.06.2002	4382.6	9239.3	10621.8	316.10	1.0110

Tabelle 4.5: Entwicklung verschiedener Anlagen im 1. Halbjahr 2002. Quelle: „Tages-Anzeiger", Zürich

In der Praxis sind Anlagen kaum je so negativ korreliert wie die beiden fiktiven Aktien A und B. Die Tabellen 4.5 bis 4.7 geben einen Eindruck davon, wie reale Anlagen bzw. Anlagegruppen korrelieren.

Monat	einfache Rendite (= relative Änderung)				
	DAX	Dow Jones	Nikkei	Gold	US-Dollar
Jan. 2002	−0.1 %	−2.9 %	−3.8 %	1.0 %	2.2 %
Feb. 2002	−8.0 %	1.3 %	2.1 %	4.6 %	−1.5 %
März 2002	13.7 %	4.4 %	9.4 %	3.7 %	0.7 %
April 2002	−7.4 %	−4.7 %	1.8 %	1.9 %	−3.3 %
Mai 2002	−3.6 %	0.1 %	1.9 %	6.0 %	−3.0 %
Juni 2002	−9.0 %	−6.9 %	−9.7 %	−2.7 %	−6.1 %
Arith. Mittel	−2.4 %	−1.5 %	0.3 %	2.4 %	−1.8 %
Standardabw.	7.8 %	3.8 %	5.9 %	2.8 %	2.7 %

Tabelle 4.6: Einfache Renditen der Anlagen aus Tabelle 4.5 im 1. Halbjahr 2002

In Tabelle 4.5 sind für den jeweils letzten Freitag der Monate Dezember 2001 bis Juni 2002 der Stand der Aktienindizes DAX (Frankfurter Börse), Dow Jones (New Yorker Börse) und Nikkei (Börse von Tokio), der Goldpreis (in US-\$ pro Unze) und der Kurs des US-Dollar (in € pro US-\$) angegeben. Tabelle 4.6 enthält die relativen Änderungen der Anlagen bzw. Anlagegruppen aus Tabelle 4.5. Tabelle 4.7 schließlich listet die Korrelationen zwischen je zwei der Anlagen bzw. Anlagegruppen aus Tabelle 4.5 auf. Alle Anlagen sind positiv korreliert, am stärksten die Aktienmärkte der USA und Japan, am schwächsten der Aktienmarkt von Deutschland und der Goldpreis.

	DAX	Dow Jones	Nikkei	Gold	US-Dollar
DAX	−	0.7070	0.6660	0.2818	0.6668
Dow Jones	0.7070	−	0.8670	0.7887	0.5816
Nikkei	0.6660	0.8670	−	0.7790	0.4755
Gold	0.2818	0.7887	0.7790	−	0.3618
US-Dollar	0.6668	0.5816	0.4755	0.3618	−

Tabelle 4.7: Korrelationen der Anlagen aus Tabelle 4.5 im 1. Halbjahr 2002

Portfolios mit zwei Anlagen. Zusammenfassung:

Für ein Portfolio, das aus zwei Anlagen A und B mit den Anteilen α und β zusammengesetzt ist, können die erwartete Rendite $\hat{\mu}_p$ und das Risiko $\hat{\sigma}_p$ wie folgt berechnet werden:

$$\hat{\mu}_p = \alpha\hat{\mu}_a + \alpha\hat{\mu}_b, \quad \hat{\sigma}_p = \sqrt{\alpha^2\hat{\sigma}_a^2 + \beta^2\hat{\sigma}_b^2 + 2\alpha\beta\hat{\sigma}_a\hat{\sigma}_b\hat{\rho}_{ab}}.$$

Dabei bezeichnen $\hat{\mu}_a$ und $\hat{\mu}_b$ die erwarteten Renditen der Anlagen A und B, $\hat{\sigma}_a$ und $\hat{\sigma}_b$ die Risiken von A und B sowie $\hat{\rho}_{ab}$ den Korrelationskoeffizienten zwischen den Renditen von A und B. Für die Anteile α und β gilt $0 \leq \alpha, \beta \leq 1$ und $\alpha + \beta = 1$.

Die Korrelation ist die Schlüsselgrösse der Portfoliotheorie. Je schwächer die beiden Anlagen A und B positiv korreliert sind, das heißt je kleiner $\hat{\rho}_{ab}$ ist, desto tiefer ist das Portfoliorisiko $\hat{\sigma}_p$ (vgl. auch unten).

Die Wahl der Portfoliozusammensetzung hängt von der Risikobereitschaft des Anlegers ab. Er wird bei vorgegebenem Höchstrisiko dasjenige Portfolio wählen, welches die größte erwartete Rendite aufweist.

Ein Spezialfall

Wir betrachten noch den Spezialfall, dass die beiden Anlagen A und B sowohl die gleiche erwartete Rendite als auch das gleiche Risiko besitzen, und dass A und B zu gleichen Teilen am Portfolio beteiligt sind:

$$\hat{\mu}_a = \hat{\mu}_b = \hat{\mu}, \quad \hat{\sigma}_a = \hat{\sigma}_b = \hat{\sigma}, \quad \alpha = \beta = 0.5.$$

Dann gilt für die erwartete Rendite und das Risiko des Portfolios:

$$\hat{\mu}_p = \alpha\hat{\mu}_a + \alpha\hat{\mu}_b = \hat{\mu}, \quad \hat{\sigma}_p = \sqrt{\alpha^2\hat{\sigma}_a^2 + \beta^2\hat{\sigma}_b^2 + 2\alpha\beta\hat{\sigma}_a\hat{\sigma}_b\hat{\rho}_{ab}} = \sqrt{\frac{1 + \hat{\rho}_{ab}}{2}}\,\hat{\sigma}.$$

Die erwartete Portfoliorendite ist in diesem Spezialfall gleich der erwarteten Rendite der Einzelanlagen. Das Portfoliorisiko hängt von der Korrelation der beiden Einzelanlagen ab:

- Wenn A und B vollständig positiv korrelieren, das heißt $\hat{\rho}_{ab} = 1$ ist, dann ist $\hat{\sigma}_p = \hat{\sigma}$ und das Portfolio somit gleich riskant wie die Einzelanlagen.

- Wenn A und B vollständig negativ korrelieren, das heißt $\hat{\rho}_{ab} = -1$ ist, dann ist $\hat{\sigma}_p = 0$ und das Portfolio somit risikolos.

- Wenn A und B unkorreliert sind, das heißt $\hat{\rho}_{ab} = 0$ ist, dann ist $\hat{\sigma}_p = \dfrac{\hat{\sigma}}{\sqrt{2}}$ und das Risiko des Portfolios somit in etwa gleich dem 0.7-fachen desjenigen der Einzelanlagen.

4.3 Portfolios mit drei Anlagen: Beispiel und allgemeiner Fall

Wir erweitern das Beispiel mit den beiden fiktiven Aktien A und B um eine dritte fiktive Aktie C (vgl. Tabelle 4.8).

Jahr Nr.	Aktie A		Aktie B		Aktie C	
	Schluss-kurs in €	einfache Rendite	Schluss-kurs in €	einfache Rendite	Schluss-kurs in €	einfache Rendite
0	145		85		100	
1	160	10.34 %	90	5.88 %	115	15.00 %
2	135	−15.63 %	100	11.11 %	105	−8.70 %
3	165	22.22 %	105	5.00 %	100	−4.76 %
4	190	15.15 %	95	−9.52 %	130	30.00 %
5	210	10.53 %	110	15.79 %	135	3.85 %
Arith. Mittel		8.52 %		5.65 %		7.08 %
Standardabw.		12.82 %		8.52 %		14.05 %

Tabelle 4.8: Kurse, einfache Renditen und Renditekennzahlen der Aktien A, B und C

Man könnte denken, dass die Aktie C keine allzu interessante Anlage ist, da sie im Vergleich zur Aktie A bei einem höheren Risiko (von 14.1 % gegenüber 12.8 %) eine kleinere erwartete Rendite (von 7.1 % gegenüber 8.5 %) aufweist. Diese Einschätzung mag für die Aktie C als Einzelanlage zutreffen. Die Aktie C ist aber mit der Aktie B stark negativ korreliert (vgl. Abbildung 4.4 und Tabelle 4.9). Die negative Korrelation bietet die Möglichkeit, durch Hinzunahme der Aktie C das Portfoliorisiko weiter zu verkleinern.

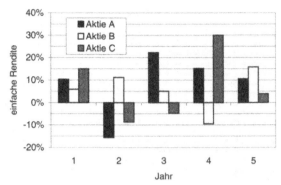

Abbildung 4.4: Renditeverlauf der Aktien A, B und C

	Aktie A	Aktie B	Aktie C
Aktie A	——	$\hat{\rho}_{ab} = -0.4037$	$\hat{\rho}_{ac} = 0.4202$
Aktie B	$\hat{\rho}_{ba} = -0.4037$	——	$\hat{\rho}_{bc} = -0.7632$
Aktie C	$\hat{\rho}_{ca} = 0.4202$	$\hat{\rho}_{cb} = -0.7632$	——

Tabelle 4.9: Korrelationen zwischen den Aktien A, B und C

Wir leiten nun Formeln für die erwartete Rendite und das Risiko eines Portfolios aus drei Anlagen A, B und C her. Dabei gehen wir genau gleich vor wie im Fall von zwei Anlagen.

α, β, γ	feste prozentuale Anteile der Anlagen A, B und C am Portfolio, $0 \leq \alpha, \beta, \gamma \leq 1,\ \alpha + \beta + \gamma = 1,$
i	Nummer des Zeitintervalls, $i = 0, \ldots, n,$
A_i, B_i, C_i	Werte der drei Anlagen *vor* Umschichtung am Ende von Zeitintervall i,
P_i	Wert des Portfolios am Ende von Zeitintervall i,
A_i^*, B_i^*, C_i^*	Werte der drei Anlagen *nach* Umschichtung am Ende von Zeitintervall i,
a_i, b_i, c_i, p_i	einfache Renditen der drei Anlagen bzw. des Portfolios im Zeitintervall i, $i = 1, \ldots, n$,
$\hat{\mu}_a, \hat{\mu}_b, \hat{\mu}_c, \hat{\mu}_p$	erwartete Renditen der drei Anlagen bzw. des Portfolios,
$\hat{\sigma}_a, \hat{\sigma}_b, \hat{\sigma}_c, \hat{\sigma}_p$	Risiko der drei Anlagen bzw. des Portfolios.

In jedem Zeitintervall $i = 1, \ldots, n$ bestehen die Zusammenhänge

$$
\begin{aligned}
P_i &= A_i + B_i + C_i, \\
A_i^* &= \alpha P_i, \ B_i^* = \beta P_i, \ C_i^* = \gamma P_i, \\
A_i &= (1 + a_i)A_{i-1}^*, \ B_i = (1 + b_i)B_{i-1}^*, \ C_i = (1 + c_i)C_{i-1}^*, \\
P_i &= (1 + p_i)P_{i-1}.
\end{aligned}
$$

Daraus folgt

$$
\begin{aligned}
P_i &= A_i + B_i + C_i = (1 + a_i)A_{i-1}^* + (1 + b_i)B_{i-1}^* + (1 + c_i)C_{i-1}^* \\
&= (1 + a_i)\alpha P_{i-1} + (1 + b_i)\beta P_{i-1} + (1 + c_i)\gamma P_{i-1} \\
&= (\alpha + \beta + \gamma + \alpha a_i + \beta b_i + \gamma c_i)P_{i-1} \\
&= (1 + \alpha a_i + \beta b_i + \gamma c_i)P_{i-1}
\end{aligned}
$$

und somit

$$p_i = \alpha a_i + \beta b_i + \gamma c_i.$$

Weiter ist

$$
\begin{aligned}
\hat{\mu}_p &= \frac{1}{n}\sum_{i=1}^{n} p_i = \frac{1}{n}\sum_{i=1}^{n}(\alpha a_i + \beta b_i + \gamma c_i) \\
&= \alpha\frac{1}{n}\sum_{i=1}^{n} a_i + \beta\frac{1}{n}\sum_{i=1}^{n} b_i + \gamma\frac{1}{n}\sum_{i=1}^{n} c_i \\
&= \alpha\hat{\mu}_a + \beta\hat{\mu}_b + \gamma\hat{\mu}_c.
\end{aligned}
$$

Also ist die erwartete Rendite des Portfolios gleich dem mit den Portfolioanteilen gewichteten arithmetischen Mittel der erwarteten Renditen der drei Anlagen. Dieser Zusammenhang bleibt auch bei mehr als drei Anlagen bestehen.

Für das Risiko erhalten wir

$$
\begin{aligned}
\hat{\sigma}_p^2 &= \frac{1}{n}\sum_{i=1}^{n}(p_i - \hat{\mu}_p)^2 = \frac{1}{n}\sum_{i=1}^{n}(\alpha a_i + \beta b_i + \gamma c_i - (\alpha\hat{\mu}_a + \beta\hat{\mu}_b + \gamma\hat{\mu}_c))^2 \\
&= \frac{1}{n}\sum_{i=1}^{n}[\alpha(a_i - \hat{\mu}_a) + \beta(b_i - \hat{\mu}_b) + \gamma(c_i - \hat{\mu}_c)]^2 \\
&= \frac{1}{n}\sum_{i=1}^{n}[\alpha^2(a_i - \hat{\mu}_a)^2 + \beta^2(b_i - \hat{\mu}_b)^2 + \gamma^2(c_i - \hat{\mu}_c)^2 \\
&\qquad + 2\alpha\beta(a_i - \hat{\mu}_a)(b_i - \hat{\mu}_b) + 2\alpha\gamma(a_i - \hat{\mu}_a)(c_i - \hat{\mu}_c) + 2\beta\gamma(b_i - \hat{\mu}_b)(c_i - \hat{\mu}_c)] \\
&= \alpha^2\frac{1}{n}\sum_{i=1}^{n}(a_i - \hat{\mu}_a)^2 + \beta^2\frac{1}{n}\sum_{i=1}^{n}(b_i - \hat{\mu}_b)^2 + \gamma^2\frac{1}{n}\sum_{i=1}^{n}(c_i - \hat{\mu}_c)^2 \\
&\qquad + 2\alpha\beta\frac{1}{n}\sum_{i=1}^{n}(a_i - \hat{\mu}_a)(b_i - \hat{\mu}_b) + 2\alpha\gamma\frac{1}{n}\sum_{i=1}^{n}(a_i - \hat{\mu}_a)(c_i - \hat{\mu}_c) \\
&\qquad + 2\beta\gamma\frac{1}{n}\sum_{i=1}^{n}(b_i - \hat{\mu}_b)(c_i - \hat{\mu}_c) \\
&= \alpha^2\hat{\sigma}_a^2 + \beta^2\hat{\sigma}_b^2 + \gamma^2\hat{\sigma}_c^2 + 2\alpha\beta\hat{\sigma}_a\hat{\sigma}_b\hat{\rho}_{ab} + 2\alpha\gamma\hat{\sigma}_a\hat{\sigma}_c\hat{\rho}_{ac} + 2\beta\gamma\hat{\sigma}_b\hat{\sigma}_c\hat{\rho}_{bc}
\end{aligned}
$$

bzw.

$$\hat{\sigma}_p = \sqrt{\alpha^2\hat{\sigma}_a^2 + \beta^2\hat{\sigma}_b^2 + \gamma^2\hat{\sigma}_c^2 + 2\alpha\beta\hat{\sigma}_a\hat{\sigma}_b\hat{\rho}_{ab} + 2\alpha\gamma\hat{\sigma}_a\hat{\sigma}_c\hat{\rho}_{ac} + 2\beta\gamma\hat{\sigma}_b\hat{\sigma}_c\hat{\rho}_{bc}}.$$

Das Risiko eines Portfolios aus drei Anlagen A, B, C setzt sich aus sechs Teilen zusammen. Die ersten drei Teile verkörpern die mit ihren Anteilen gewichteten Risiken der drei Anlagen. In die letzten drei Teile gehen die paarweisen Korrelationen (AB, AC, BC) der Renditen der drei Anlagen ein. Dieser Zusammenhang kann für mehr als drei Anlagen verallgemeinert werden. Bei vier Anlagen A, B, C und D besteht der Ausdruck unter der Wurzel aus 10 Summanden. In die ersten vier Summanden gehen die gewichteten Risiken der vier Anlagen ein, in die letzten sechs Summanden die paarweisen Korrelationen (AB, AC, AD, BC, BD, CD) der Renditen der vier Anlagen. Usw.

Beispiel: Für das **60/20/20-Portfolio** bestehend aus 60 % Aktien A und je 20 % Aktien B und C betragen die drei Teile, aus denen sich die erwartete Portfoliorendite $\hat{\mu}_p$ zusammensetzt,

$$\alpha\,\hat{\mu}_a = 0.6 \cdot 0.0852 = 5.11\,\%, \quad \beta\,\hat{\mu}_b = 0.2 \cdot 0.0565 = 1.13\,\%, \quad \gamma\,\hat{\mu}_c = 0.2 \cdot 0.0708 = 1.42\,\%.$$

Somit ist dann

$$\hat{\mu}_p = 0.0511 + 0.0113 + 0.0142 = 7.66\,\%.$$

Die sechs Teile, aus denen sich das Portfoliorisiko $\hat{\sigma}_p$ zusammensetzt, betragen

$$\alpha^2\hat{\sigma}_a^2 = 0.6^2 \cdot 0.1282^2 = 0.005917,$$

$$\beta^2\hat{\sigma}_b^2 = 0.2^2 \cdot 0.0852^2 = 0.000290,$$

$$\gamma^2\hat{\sigma}_c^2 = 0.2^2 \cdot 0.1405^2 = 0.000790,$$

$$2\alpha\beta\hat{\sigma}_a\hat{\sigma}_b\hat{\rho}_{ab} = 2 \cdot 0.6 \cdot 0.2 \cdot 0.1282 \cdot 0.0852 \cdot (-0.4037) = -0.001058,$$

$$2\alpha\gamma\hat{\sigma}_a\hat{\sigma}_c\hat{\rho}_{ac} = 2 \cdot 0.6 \cdot 0.2 \cdot 0.1282 \cdot 0.1405 \cdot 0.4202 = 0.001816,$$

$$2\beta\gamma\hat{\sigma}_b\hat{\sigma}_c\hat{\rho}_{bc} = 2 \cdot 0.2 \cdot 0.2 \cdot 0.0852 \cdot 0.1405 \cdot (-0.7632) = -0.000731.$$

Also ist

$$\begin{aligned}\hat{\sigma}_p &= \sqrt{0.005917 + 0.000290 + 0.000790 - 0.001058 + 0.001816 - 0.000731}\\ &= \sqrt{0.007024} = 8.38\,\%.\end{aligned}$$

Das 60/20/20-Portfolio hat ein gutes Rendite-Risiko-Profil. Seine Rendite ist mit 7.7 % hoch für ein Risiko von 8.4 %, das so tief ist wie die am wenigsten riskante Einzelanlage B (vgl. Abbildung 4.5).

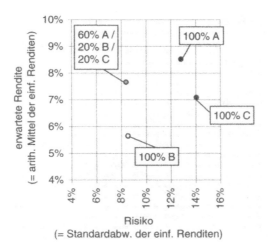

Abbildung 4.5: Rendite-Risiko-Diagramm mit Aktien A, B und C und 60/20/20-Portfolio

Um einen Überblick zu gewinnen, welche erwarteten Renditen und Risiken mit Portfolios aus Aktien A, B und C möglich sind, haben wir die Anteile α, β und γ in 10 %-Schritten variiert und jeweils $\hat{\mu}_p$ und $\hat{\sigma}_p$ berechnet. Das Ergebnis ist in den Tabellen 4.10 und 4.11 sowie in Abbildung 4.6 dargestellt.

Wenn wir α, β und γ statt in 10 %-Schritten in 5 %-Schritten variieren, erhalten wir das Rendite-Risiko-Diagramm aus Abbildung 4.7.

		Anteil β										
		0 %	10 %	20 %	30 %	40 %	50 %	60 %	70 %	80 %	90 %	100 %
	0 %	7.1	6.9	6.8	6.7	6.5	6.4	6.2	6.1	5.9	5.8	5.7
	10 %	7.2	7.1	6.9	6.8	6.7	6.5	6.4	6.2	6.1	5.9	
	20 %	7.4	7.2	7.1	6.9	6.8	6.7	6.5	6.4	6.2		
An-	30 %	7.5	7.4	7.2	7.1	6.9	6.8	6.7	6.5			
teil	40 %	7.7	7.5	7.4	7.2	7.1	6.9	6.8				
α	50 %	7.8	7.7	7.5	7.4	7.2	7.1					
	60 %	7.9	7.8	7.7	7.5	7.4		erwartete Portfolio-				
	70 %	8.1	7.9	7.8	7.7			rendite $\hat{\mu}_p$ in %				
	80 %	8.2	8.1	7.9								
	90 %	8.4	8.2									
	100 %	8.5										

Tabelle 4.10: Erwartete Rendite $\hat{\mu}_p$ von Portfolios aus Aktien A, B und C in Abhängigkeit der Anteile α und β. Der Anteil γ beträgt $1 - \alpha - \beta$.

		Anteil β										
		0 %	10 %	20 %	30 %	40 %	50 %	60 %	70 %	80 %	90 %	100 %
	0 %	14.1	12.0	10.0	8.1	6.2	4.7	3.7	3.9	5.0	6.7	8.5
	10 %	13.2	11.2	9.2	7.3	5.5	4.1	3.5	4.0	5.5	7.2	
	20 %	12.5	10.5	8.6	6.7	5.1	3.9	3.8	4.7	6.2		
An-	30 %	12.0	10.0	8.1	6.4	5.0	4.3	4.5	5.6			
teil	40 %	11.6	9.7	8.0	6.5	5.4	5.1	5.6				
α	50 %	11.3	9.6	8.0	6.8	6.1	6.1					
	60 %	11.3	9.7	8.4	7.4	7.0		Portfoliorisiko				
	70 %	11.4	10.0	8.9	8.3			$\hat{\sigma}_p$ in %				
	80 %	11.7	10.5	9.7								
	90 %	12.2	11.2									
	100 %	12.8										

Tabelle 4.11: Risiko $\hat{\sigma}_p$ von Portfolios aus Aktien A, B und C in Abhängigkeit der Anteile α und β. Der Anteil γ beträgt $1 - \alpha - \beta$.

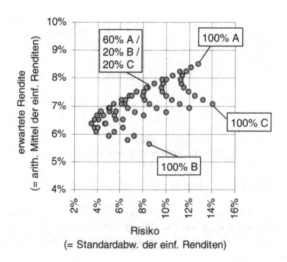

Abbildung 4.6: Rendite-Risiko-Diagramm mit Portfolios aus A, B und C, wobei die Anteile α, β und γ in 10 %-Schritten variiert sind (vgl. Tabelle 4.10 und 4.11)

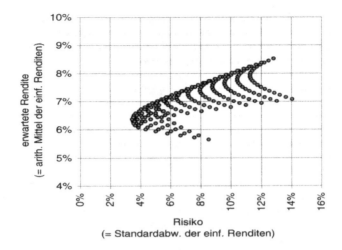

Abbildung 4.7: Rendite-Risiko-Diagramm mit Portfolios aus A, B und C, wobei die Anteile α, β und γ in 5 %-Schritten variiert sind.

4.4 Effiziente Portfolios

Ein Portfolio P heißt **effizient**, wenn die folgenden beiden Bedingungen zutreffen:

(1) Jedes andere Portfolio Q mit mindestens gleich großer erwarteter Rendite wie P (d.h. $\hat{\mu}_q \geq \hat{\mu}_p$) besitzt ein größeres Risiko als P (d.h. $\hat{\sigma}_q > \hat{\sigma}_p$).

(2) Jedes andere Portfolio Q mit höchstens gleich großem Risiko wie P (d.h. $\hat{\sigma}_q \leq \hat{\sigma}_p$) besitzt eine kleinere erwartete Rendite als P (d.h. $\hat{\mu}_q < \hat{\mu}_p$).

Die beiden Bedingungen (1) und (2) sind äquivalent. Sie besagen beide, dass im Rendite-Risiko-Diagramm keine Portfolios Q links oben von P liegen, wenn P effizient ist (vgl. Abbildung).

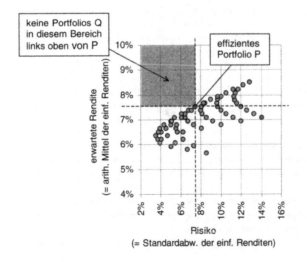

Abbildung 4.8: Effizientes Portfolio P

Abbildung 4.9 enthält alle Portfolios aus Abbildung 4.7, die in Bezug zu den anderen Portfolios aus Abbildung 4.7 effizient sind. Ihre Zusammensetzungen sind in Tabelle 4.12 angegeben. Die Gesamtheit aller effizienten Portfolios liegen auf einer Kurve. Diese Kurve heißt im Englischen „Efficient Frontier". Wir nennen sie **Effizienzkurve**.

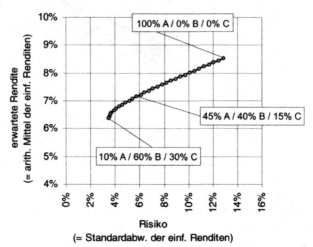

Abbildung 4.9: Effiziente Portfolios aus Abbildung 4.7 (vgl. auch Tabelle 4.12). Sie liegen auf einer Kurve, der sogenannten Effizienzkurve.

Rational handelnde Investoren entscheiden sich gemäß MARKOWITZ für ein effizientes Portfolio. Welches sie davon wählen, hängt von ihrer Risikobereitschaft ab. Wer zum Beispiel höchstens 6 % Risiko eingehen will, wird das effiziente Portfolio mit 45 % Aktien A, 40 % Aktien B und 15 % Aktien C wählen (vgl. Abbildung 4.9 und Tabelle 4.12).

Portfolios mit drei und mehr Anlagen. Zusammenfassung:

Für ein Portfolio, das aus drei Anlagen A, B und C mit den Anteilen α, β und γ zusammengesetzt ist, können die erwartete Rendite $\hat{\mu}_p$ und das Risiko $\hat{\sigma}_p$ wie folgt berechnet werden:

$$\hat{\mu}_p = \alpha\hat{\mu}_a + \beta\hat{\mu}_b + \gamma\hat{\mu}_c,$$

$$\hat{\sigma}_p = \sqrt{\alpha^2\hat{\sigma}_a^2 + \beta^2\hat{\sigma}_b^2 + \gamma^2\hat{\sigma}_c^2 + 2\alpha\beta\hat{\sigma}_a\hat{\sigma}_b\hat{\rho}_{ab} + 2\alpha\gamma\hat{\sigma}_a\hat{\sigma}_c\hat{\rho}_{ac} + 2\beta\gamma\hat{\sigma}_b\hat{\sigma}_c\hat{\rho}_{bc}}.$$

Dabei bezeichnen $\hat{\mu}_a$, $\hat{\mu}_b$ und $\hat{\mu}_c$ die erwarteten Renditen der drei Anlagen, $\hat{\sigma}_a$, $\hat{\sigma}_b$ und $\hat{\sigma}_c$ deren Risiken sowie $\hat{\rho}_{ab}$, $\hat{\rho}_{ac}$ und $\hat{\rho}_{bc}$ die paarweisen Korrelationskoeffizienten zwischen den Renditen von A und B, A und C sowie B und C. Für die Anteile α, β und γ gilt $0 \leq \alpha$, β, $\gamma \leq 1$ und $\alpha + \beta + \gamma = 1$. Diese Formeln gelten analog auch für Portfolios mit mehr als drei Anlagen.

Ein Portfolio heißt effizient, wenn jedes andere Portfolio mit mindestens gleich großer erwarteter Rendite ein größeres Risiko besitzt und wenn jedes andere Portfolio mit höchstens gleich großem Risiko eine kleinere erwartete Rendite aufweist. Die Gesamtheit aller effizienten Portfolios liegen im Rendite-Risiko-Diagramm auf einer Kurve, der Effizienzkurve. Rational handelnde Investoren wählen gemäß MARKOWITZ ein effizientes Portfolio.

Zusammensetzung Portfolio			erwartete Rendite	Risiko	Zusammensetzung Portfolio			erwartete Rendite	Risiko
α in %	β in %	γ in %	$\hat{\mu}_p$ in %	$\hat{\sigma}_p$ in %	α in %	β in %	γ in %	$\hat{\mu}_p$ in %	$\hat{\sigma}_p$ in %
100	0	0	8.52	12.82	55	35	10	7.37	6.75
95	0	5	8.45	12.49	50	35	15	7.30	6.38
95	5	0	8.38	12.01	45	35	20	7.23	6.08
90	5	5	8.30	11.67	45	40	15	7.16	5.72
90	10	0	8.23	11.22	40	40	20	7.08	5.40
85	10	5	8.16	10.86	40	45	15	7.01	5.13
85	15	0	8.09	10.45	35	45	20	6.94	4.79
80	15	5	8.02	10.07	30	45	25	6.87	4.55
80	20	0	7.95	9.69	30	50	20	6.80	4.29
75	20	5	7.87	9.30	25	50	25	6.73	4.04
70	20	10	7.80	8.94	20	50	30	6.65	3.92
70	25	5	7.73	8.55	20	55	25	6.58	3.69
65	25	10	7.66	8.18	15	55	30	6.51	3.58
65	30	5	7.59	7.84	15	60	25	6.44	3.54
60	30	10	7.52	7.44	10	60	30	6.37	3.45
55	30	15	7.44	7.10					

Tabelle 4.12: Zusammensetzungen der effizienten Portfolios aus Abbildung 4.9

4.5 Leerverkäufe

Wertpapiere wie z.B. Anleihen oder Aktien können wie Geld ausgeliehen werden. Wer Aktien ausleiht und diese verkauft, tätigt einen sogenannten **Leerverkauf**. Leerverkäufe sind gang und gäbe – zumindest bei Großinvestoren. Leerverkäufe bieten interessante Möglichkeiten. Man kann mit ihnen Portfolios teilweise fremdfinanzieren, man kann von sinkenden Aktienkursen profitieren und man kann Portfolios zusammenstellen, deren erwartete Rendite größer ist als diejenige der Komponenten. Allerdings ist dabei das Risiko auch entsprechend höher. Wir illustrieren dies an einem Beispiel.

Eine Investorin will € 150 000 längerfristig in Aktien A anlegen. Sie setzt dafür € 100 000 eigenes Kapital ein und leiht sich Aktien B im Wert von für € 50 000 für 5 Jahre aus. Sie verkauft die Aktien B für € 50 000 und kauft mit den zur Verfügung stehenden € 100000 + € 50 000 = € 150000 Aktien A.

Tabelle 4.13 zeigt die Wertentwicklung des Portfolios der Investorin. Der Wert der leerverkauften Aktien B wird negativ bilanziert, da es sich dabei um eine Schuld handelt. Spätestens am Ende des Jahres 5 müssen die Aktien B wiederbeschafft und zurückgegeben werden. Das ·Portfolio wird am Ende jedes Jahres umgeschichtet, um das Verhältnis zwischen dem Wert der Aktien A und dem Wert der Aktien B konstant 3 : 1 zu halten. Gegebenenfalls müssen dazu weitere Aktien B leerverkauft werden.

Ungünstig entwickelt sich der Wert des Portfolios besonders dann, wenn der Kurs der Aktie A sinkt und gleichzeitig der Kurs der Aktie B steigt. Dies ist im Jahr 2 der Fall. Dann nämlich nimmt der Besitzwert der Aktien A ab und der Schuldwert der Aktien B zu.

Günstig dagegen entwickelt sich der Wert des Portfolios, wenn der Kurs der Aktie A steigt und gleichzeitig der Kurs der Aktie B sinkt. Dies ist im Jahr 4 der Fall. Dann nämlich nimmt der Besitzwert der Aktien A zu und der Schuldwert der Aktien B ab. In diesem Fall profitiert die Investorin vom sinkenden Aktienkurs B.

| Jahr | einfache Rendite in % | | Wert in € vor Umschichtung | | Wert in € | Wert in € nach Umschichtung | | Rendite in % |
	Aktie A	Aktie B	Aktie A	Aktie B	Portfolio	Aktie A	Aktie B	Portfolio
0					100000	150000	−50000	
1	10.34	5.88	165510	−52940	112570	168855	−56285	12.57
2	−15.63	11.11	142463	−62538	79925	119888	−39963	−29.00
3	22.22	5.00	146527	−41961	104566	156849	−52283	30.83
4	15.15	−9.52	180612	−47306	133306	199959	−66653	27.49
5	10.53	15.79	221015	−77178	143837	215756	−71919	7.90
	8.52	5.65	Arithmetisches Mittel der einfachen Renditen in %					9.96
	12.82	8.52	Standardabweichung der einfachen Renditen in %					21.31

Tabelle 4.13: Entwicklung von € 100000 angelegt zu −50 % in Aktie B und 150 % in Aktie A

Am Ende des Jahres 5 müssen alle ausgeliehenen Aktien B zurückgegeben werden. Dazu müssen sie erst einmal wiederbeschafft werden, das heißt, es müssen für € 71 919 Aktien B zurückgekauft werden.

Die erwartete Rendite der Investorin beträgt 9.96 %, das Risiko 21.31 %. Erwartete Rendite und Risiko des Portfolios sind größer als bei den Einzelanlagen A und B.

Die in diesem Kapitel hergeleiteten Formeln für die erwartete Portfoliorendite und das Portfoliorisiko gelten auch für Portfolios mit Leerverkäufen. Dazu müssen leerverkaufte Komponenten mit negativen Anteilen und „überkaufte" Komponenten mit Anteilen größer als 1 versehen werden. Im Beispiel der Investorin besteht das Portfolio aus $\alpha = 150$ % Aktien A und $\beta = -50$ % Aktien B. Für die Portfoliorendite erhält man dann

$$\hat{\mu}_p = \alpha\hat{\mu}_a + \beta\hat{\mu}_b = 1.5 \cdot 8.52 \% - 0.5 \cdot 5.65 \% = 9.96 \%$$

und für das Portfoliorisiko

$$\begin{aligned}
\hat{\sigma}_p &= \sqrt{\alpha^2\hat{\sigma}_a^2 + \beta^2\hat{\sigma}_b^2 + 2\alpha\beta\hat{\sigma}_a\hat{\sigma}_b\hat{\rho}_{ab}} \\
&= \sqrt{1.5^2 \cdot 0.1282^2 + (-0.5)^2 \cdot 0.0852^2 + 2 \cdot 1.5 \cdot (-0.5) \cdot 0.1282 \cdot 0.0852 \cdot (-0.4038)} \\
&= 21.31 \%.
\end{aligned}$$

Leerverkäufe spielen auch im folgenden Abschnitt über TOBIN's Beitrag zur Portfoliotheorie und im Kapitel 5 bei der Bewertung von Optionen eine Rolle.

4.6   Portfolios mit einer risikolosen Anlage

Wir sind in diesem Kapitel gestartet mit zwei fiktiven Aktien A und B. Dazu kam im Laufe des Kapitels eine dritte fiktive Aktie C. Nun nehmen wir noch eine vierte Anlage D hinzu. Im Gegensatz zu den Anlagen A, B und C soll die Anlage D risikolos sein:

$$\hat{\sigma}_d = 0 \%.$$

Als so gut wie risikolos gelten kurzfristige Anleihen wirtschaftlich und politisch stabiler Staaten. In Deutschland heißen diese Anleihen Schatzpapiere, in den USA Treasury Bills. Sie haben Laufzeiten zwischen einem Monat und einem Jahr. Ende April 2002 betrug die (auf ein Jahr hochgerechnete) Rendite für deutsche Schatzpapiere mit einer Laufzeit von drei Monaten 3.33 %, während amerikanische Treasury Bills mit einer Laufzeit von drei Monaten 1.90 % rentierten.

$\hat{\sigma}_d = 0$ % bedeutet, dass die Rendite der Anlage D nicht schwankt. Wir nehmen an, dass unsere risikolose Anlage D eine konstante Rendite von 4.0 % pro Jahr abwirft (vgl. Abbildung 4.10).

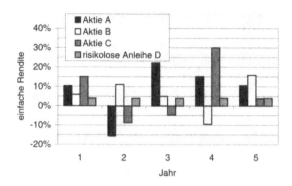

Abbildung 4.10: Renditeverlauf der Aktien A, B und C sowie der risikolosen Anleihe D

Die erwartete Rendite von D beträgt $\hat{\mu}_d = 4.0$ %. Die Korrelationen zwischen D einerseits und A, B bzw. C andererseits sind null:

$$\hat{\rho}_{ad} = 0, \quad \hat{\rho}_{bd} = 0, \quad \hat{\rho}_{cd} = 0.$$

Wir bezeichnen mit P irgendein Portfolio aus Aktien A, B und C, zum Beispiel das 60/20/20-Portfolio (vgl. Abbildung 4.5). Nun kombinieren wir das Portfolio P mit der Anlage D und bilden so ein neues Portfolio Q. Wir bezeichnen mit π den Anteil von P und mit δ den Anteil von D am neuen Portfolio Q. Die erwartete Rendite und das Risiko des Portfolios Q betragen dann

$$\hat{\mu}_q = \pi\hat{\mu}_p + \delta\hat{\mu}_d, \quad \hat{\sigma}_q = \sqrt{\pi^2\hat{\sigma}_p^2 + \delta^2\hat{\sigma}_d^2 + 2\pi\delta\hat{\sigma}_p\hat{\sigma}_d\hat{\rho}_{pd}}.$$

Wegen $\hat{\sigma}_d = 0$ % ist

$$\hat{\sigma}_q = \pi\hat{\sigma}_p.$$

In Tabelle 4.14 sind die erwartete Rendite und das Risiko für einige Portfolios Q angegeben, welche aus dem 60/20/20-Portfolio P mit $\hat{\mu}_p = 7.66$ %, $\hat{\sigma}_p = 8.38$ % und der Anlage D zusammengesetzt sind. Abbildung 4.11 zeigt die Portfolios Q aus Tabelle 4.14 im Rendite-Risiko-Diagramm.

Die Portfolios Q liegen im Rendite-Risiko-Diagramm auf einer Geraden. Im Englischen wird diese Gerade „Capital Allocation Line" genannt. Wir nennen sie **Kapitalzuteilungsgerade**. Die Gleichung der Kapitalzuteilungsgeraden lautet

$$\hat{\mu}_q = \frac{\hat{\mu}_p - \hat{\mu}_d}{\hat{\sigma}_p}\hat{\sigma}_q + \hat{\mu}_d.$$

Jeder Punkt auf dieser Geraden entspricht einer Zuteilung des zur Verfügung stehenden Kapitals in einen risikolosen Teil (Anlage D) und einen risikobehafteten Teil (Portfolio P). Ein negativer Anteil der Anlage D bedeutet, dass dieser leerverkauft ist. Das daraus resultierende Zusatzkapital ist in das Portfolio P investiert. Dessen Anteil beträgt dann über 100 %.

| Portfolio P | Anlage D | Portfolio Q | |
Anteil π	Anteil δ	erw. Rendite $\hat{\mu}_q$	Risiko $\hat{\sigma}_q$
0.0 %	100.0 %	4.00 %	0.00 %
20.0 %	80.0 %	4.73 %	1.68 %
40.0 %	60.0 %	5.46 %	3.35 %
60.0 %	40.0 %	6.20 %	5.03 %
80.0 %	20.0 %	6.93 %	6.70 %
100.0 %	0.0 %	7.66 %	8.38 %
120.0 %	−20.0 %	8.39 %	10.06 %
140.0 %	−40.0 %	9.12 %	11.73 %

Tabelle 4.14: Portfolios Q zusammengesetzt aus risikobehaftetem Portfolio P und risikoloser Anlage D. P besteht aus 60 % Aktien A und je 20 % Aktien B und C.

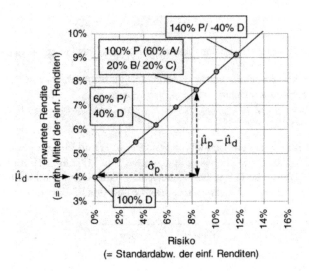

Abbildung 4.11: Rendite-Risiko-Diagramm mit Portfolios Q aus Tabelle 4.14. Sie liegen auf einer Geraden, der sogenannten Kapitalzuteilungsgeraden.

Nun kommen wir zurück auf JAMES TOBIN und dessen Beitrag zur Portfoliotheorie. TOBIN stellte sich die Frage, mit welchem risikobehafteten Portfolio P man die risikolose Anlage D kombinieren soll.

TOBIN erkannte, dass es optimal ist, wenn man die risikolose Anlage D mit demjenigen risikobehafteten Portfolio P aus Aktien A, B und C kombiniert, **welches effizient ist und für welches die Kapitalzuteilungsgerade tangential an die Effizienzkurve liegt** (vgl. Abbildung 4.12). Das risikobehaftete Portfolio P mit diesen Eigenschaften heißt **supereffizient**.

Im Beispiel der Aktien A, B, C und der Anleihe D besteht das supereffiziente Portfolio P aus 15 % Aktien A, 55 % Aktien B und 30 % Aktien C (vgl. Abbildung 4.12 und Tabelle 4.12).

Die Portfolios Q auf der Kapitalzuteilungsgeraden zum supereffizienten Portfolio sind im Sinne von MARKOWITZ optimal:

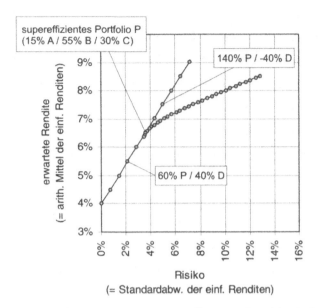

Abbildung 4.12: Rendite-Risiko-Diagramm mit supereffizientem Portfolio P. Die Kapitalzuteilungsgerade von P liegt tangential an die Effizienzkurve.

Zu vorgegebenem Risiko hat das Portfolio Q auf der Kapitalzuteilungsgeraden zum supereffizienten Portfolio P die höchste erwartete Rendite von allen Portfolios aus Aktien A, B, C und der risikolosen Anleihe D.

Wer zum Beispiel ein Risiko von höchstens um die 2 % eingehen will, sollte 60 % seines Geldes in das supereffiziente Portfolio P (bestehend aus 15 % Aktien A, 55 % Aktien B und 30 % Aktien C) sowie 40 % in die risikolose Anlage D investieren. Wer dagegen ein Risiko von höchstens um die 5 % eingehen will, sollte -40 % in die risikolose Anlage investieren – das heißt leerverkaufen – und 140 % in das supereffiziente Portfolio P (vgl. Abbildung 4.12).

Das Überraschende an der Sache ist, dass **alle** Investoren das **gleiche** risikobehaftete Portfolio P aus Aktien A, B und C halten sollten, nämlich das **supereffiziente**. Ihr Gesamtportfolio Q unterscheidet sich nur in den Anteilen des supereffizienten Portfolios P einerseits und der risikolosen Anlage D andererseits.

Es gibt ein einfaches rechnerisches Kriterium zur Bestimmung des supereffizienten Portfolios: die **Steigung** der Zuteilungsgeraden. Es gilt nämlich:

Von allen effizienten Portfolios, die man aus den risikobehafteten Anlagen mit positiven Anteilen zusammenstellen kann, besitzt das supereffiziente Portfolio die Kapitalzuteilungsgerade mit der größten Steigung.

Die Kapitalzuteilungsgerade zum supereffizienten Portfolio P aus 15 % Aktien A, 55 % Aktien B und 30 % Aktien C hat die Steigung

$$\frac{\hat{\mu}_p - \hat{\mu}_d}{\hat{\sigma}_p} = \frac{0.0651 - 0.04}{0.0358} = 0.701.$$

Tabelle 4.15 enthält die Steigungen der Kapitalzuteilungsgeraden zu den effizienten Portfolios aus Tabelle 4.12. Die größte Steigung beträgt 0.701 und gehört zum supereffizienten Portfolio P aus 15 % Aktien A, 55 % Aktien B und 30 % Aktien C.

Zusammensetzung Portfolio			Steigung der Zuteilungsgeraden	Zusammensetzung Portfolio			Steigung der Zuteilungsgeraden
α in %	β in %	γ in %	$\dfrac{\hat{\mu}_p - \hat{\mu}_d}{\hat{\sigma}_p}$	α in %	β in %	γ in %	$\dfrac{\hat{\mu}_p - \hat{\mu}_d}{\hat{\sigma}_p}$
100	0	0	0.353	55	35	10	0.500
95	0	5	0.356	50	35	15	0.517
95	5	0	0.364	45	35	20	0.531
90	5	5	0.369	45	40	15	0.552
90	10	0	0.377	40	40	20	0.571
85	10	5	0.383	40	45	15	0.587
85	15	0	0.391	35	45	20	0.613
80	15	5	0.399	30	45	25	0.630
80	20	0	0.407	30	50	20	0.652
75	20	5	0.417	25	50	25	0.674
70	20	10	0.425	20	50	30	0.677
70	25	5	0.436	20	55	25	0.700
65	25	10	0.447	15	55	30	0.701
65	30	5	0.458	15	60	25	0.690
60	30	10	0.472	10	60	30	0.686
55	30	15	0.485				

Tabelle 4.15: Steigungen der Kapitalzuteilungsgeraden zu den effizienten Portfolios aus Tabelle 4.12

4.7 Rückblick und Ausblick

Die Portfoliotheorie von MARKOWITZ ist finanztheoretisch interessant und mathematisch elegant. Sie hat aber praktisch gesehen einen großen Nachteil. Es handelt sich dabei nicht um die umfangreichen Berechnungen, die durchgeführt werden müssen. Diese können heute dem Computer übergeben werden. Es geht vielmehr um die Eingabedaten. Bevor gerechnet werden kann, müssen für jede Anlage die erwartete Rendite und das Risiko sowie für je zwei Anlagen die Korrelation der Renditen vorliegen. Die Festlegung dieser Daten ist schwierig, zumal sie für die Zukunft prognostiziert werden müssen. Dafür zuständig sind die Finanzanalysten. Sie studieren die Kurse der Anlagen in der Vergangenheit, untersuchen die Bilanzen von Firmen, berücksichtigen branchenspezifische und gesamtwirtschaftliche Entwicklungen und vieles mehr. Dabei gelangen kaum je zwei Analysten zum gleichen Ergebnis. Erschwerend kommt noch dazu, dass die Daten im Modell von MARKOWITZ über einen längeren Zeitraum hinweg als konstant angenommen werden, was in der Praxis kaum je der Fall ist. Es gibt denn auch nicht nur *ein* supereffizientes Portfolio, wie das Modell von MARKOWITZ suggeriert. Je nach Eingabedaten sieht das supereffiziente Portfolio anders aus.

Im Jahre 1963 vereinfachte WILLIAM SHARP [Sha63] das Modell von MARKOWITZ. Er schlug vor, nicht mehr die Korrelationen zwischen je zwei Anlagen zu betrachten, sondern nur noch die Korrelationen zwischen jeder Anlage und einem Index, welcher die Gesamtheit aller Anlagen repräsentiert. Dadurch verringert sich die Anzahl der Eingabedaten stark und es stellt sich heraus, dass die Korrelationen zum Index deutlich zuverlässiger prognostiziert werden können als zwischen Einzelanlagen. 1964 ging SHARP noch einen Schritt weiter und entwickelte auf der

Basis der Korrelationen zu einem Index ein neues Risikomaß, das sogenannte „Beta" [Sha64].
Daraus entstand dann das sogenannte „Capital Asset Pricing Model", kurz CAPM genannt.
Im Jahre 1990 erhielt SHARP für seine Beiträge zur Portfoliotheorie zusammen mit MARKO-
WITZ den Nobelpreis für Wirtschaftswissenschaften.

Eine ausführliche Darstellung des Capital Asset Pricing Model und eine Beschreibung der
weiteren Entwicklungen in der Portfoliotheorie findet man zum Beispiel in [BKM02].

4.8 Aufgaben

1 Tabelle 4.16 zeigt unter anderem die Renditen von zwei fiktiven Aktien X und Y in vier
aufeinanderfolgenden Quartalen.

   a) Ein Investor legt am Ende von Quartal 0 € 50 000 zu 20 % in Aktien X und zu
   80 % in Aktien Y an. Ende jedes Quartals schichtet er sein Portfolio so um, dass
   die wertmäßigen Anteile von X und Y im darauffolgenden Quartal wiederum 20 %
   bzw. 80 % betragen. Vervollständigen Sie Tabelle 4.16.

Quartal	einfache Rendite		Wert in € vor Umschichtung		Wert in € Portfolio	Wert in € nach Umschichtung		einfache Rendite Portfolio
	Aktie X	Aktie Y	Aktie X	Aktie Y		Aktie X	Aktie Y	
0					50000	10000	40000	
1	2.50 %	8.00 %						
2	6.00 %	−4.50 %						
3	−4.00 %	3.50 %						
4	10.50 %	14.00 %						

Tabelle 4.16: Zu Aufgabe 1 a)

   b) Berechnen Sie anhand von Tabelle 4.16 die erwartete Rendite und das Risiko bezogen auf ein Quartal für die Aktien X und Y sowie für das Portfolio aus 20 %
   Aktien X und 80 % Aktien Y. Berechnen Sie zudem den Korrelationskoeffizienten
   zwischen den Renditen von X und Y.

   c) Variieren Sie den Anteil der Aktien X und Y am Portfolio in 10 %-Schritten, berechnen Sie jeweils die erwartete Rendite und das Risiko des Portfolios pro Quartal
   und tragen Sie die Portfolios in ein Rendite-Risiko-Diagramm ein.

   d) Geben Sie an, welche der in c) berechneten Portfolios effizient sind.

Wir ergänzen die Aktien X und Y durch eine risikolose Anleihe Z. Sie wirft eine Rendite
von 2.75 % pro Quartal ab.

   e) Bestimmen Sie das Portfolio aus Aktien X und Y, welches in Bezug auf die Anleihe
   Z supereffizient ist. Geben Sie die Anteile von X und Y auf 5 % genau an.

   f) Frau Bär will € 50 000 in die drei Anlagen X, Y und Z investieren und dabei ein
   Risiko von 4 % pro Quartal eingehen. Wie sollte Frau Bär gemäss TOBIN ihr Geld
   auf die drei Anlagen verteilen und welche Rendite kann sie erwarten?

   g) Herr Bulle will € 50 000 in die drei Anlagen X, Y und Z investieren und erwartet
   dabei eine Rendite von 6 % pro Quartal. Wie sollte Herr Bulle gemäss TOBIN sein
   Geld auf die drei Anlagen verteilen und welches Risiko muss er eingehen?

2 Um zu entscheiden, welches Portfolio für einen Investor optimal ist, wird manchmal eine sogenannte „utility-function", zu deutsch **Nutzenfunktion**, verwendet. Dabei wird jedem Portfolio P ein Nutzen U_p zugeordnet. Eine typische Zuordnung lautet

$$U_p = \hat{\mu}_p - \lambda\, \hat{\sigma}_p^2.$$

Dabei bezeichnen $\hat{\mu}_p$ und $\hat{\sigma}_p$ wie üblich die erwartete Rendite und das Risiko des Portfolios P. λ ist ein Parameter. Typischerweise liegen seine Werte zwischen 0 und 10. Der so festgelegte Nutzen eines Portfolios ist umso größer, je größer die erwartete Rendite und je kleiner das Risiko des Portfolios ist. Je größer der Parameter λ ist, desto stärker wird das Risiko gewichtet. Mit dem Parameter λ geht also die Risikobereitschaft eines Investors in die Nutzenfunktion ein. Je risikoscheuer ein Investor ist, desto größer wird λ gewählt.

Wir betrachten noch einmal die zwei Anlagen A und B aus diesem Kapitel. Die Renditekennzahlen lauten $\hat{\mu}_a = 8.52\,\%$, $\hat{\mu}_b = 5.65\,\%$, $\hat{\sigma}_a = 12.82\,\%$, $\hat{\sigma}_b = 8.52\,\%$ und $\hat{\rho}_{ab} = -0.4038$.

a) Setzen Sie $\lambda = 1$, und berechnen Sie den Nutzen U_p für die 11 Portfolios aus Tabelle 4.4. Bestimmen Sie weiter dasjenige Portfolio mit dem größten Nutzen U_p. Geben Sie die Anteile von A und B auf 5 % genau an.

b) Setzen Sie $\lambda = 10$, und berechnen Sie den Nutzen U_p für die 11 Portfolios aus Tabelle 4.4. Bestimmen Sie weiter dasjenige Portfolio mit dem größten Nutzen U_p. Geben Sie die Anteile von A und B auf 5 % genau an.

3 Wenn man sein Geld auf viele verschiedene Anlagen verteilt, spricht man von **Diversifikation**. Die Tabelle 4.17 zeigt das arithmetische Mittel und die Standardabweichung der Jahresrenditen von 1980 bis 1993 der Aktienindizes von Deutschland, Frankreich, England, USA und Japan. Tabelle 4.18 gibt die Korrelationskoeffizienten zwischen den Jahresrenditen der fünf Indizes an.

	Arith. Mittel	Standardabw.
Deutschland	21.7 %	25.0 %
Frankreich	17.2 %	26.6 %
England	18.3 %	23.5 %
USA	15.7 %	21.1 %
Japan	17.3 %	26.6 %

Tabelle 4.17: Arith. Mittel und Standardabw. der Jahresrenditen von 1980 bis 1993 der Aktienindizes von fünf großen Industrieländern. Quelle: [BKM02]

	Deutschland	Frankreich	England	USA	Japan
Deutschland	——	0.63	0.47	0.37	0.36
Frankreich	0.63	——	0.51	0.44	0.42
England	0.47	0.51	——	0.53	0.43
USA	0.37	0.44	0.53	——	0.26
Japan	0.36	0.42	0.43	0.26	——

Tabelle 4.18: Korrelationen der Jahresrenditen von 1980 bis 1993 der Aktienindizes von fünf großen Industrieländern. Quelle: [BKM02]

a) Vergleichen Sie die folgenden fünf Portfolios in Bezug auf Rendite und Risiko: 100 % Deutschand, je 50 % Deutschland und Frankreich, je 33.3 % Deutschland, Frankreich und England, je 25 % Deutschland, Frankreich, England und USA, je 20 % Deutschland, Frankreich, England, USA und Japan. Was stellen Sie fest?

b) Wir betrachten den Spezialfall von n Anlagen $A_1, A_2, \ldots, A_n$ mit gleicher erwarteter Rendite $\hat{\mu}_a$ und gleichem Risiko $\hat{\sigma}_a$. Zudem sollen alle paarweisen Korrelationen der Renditen null sein. Wir bilden ein Portfolio P, in dem alle n Anlagen gleich gewichtet sind. Welche erwartete Rendite und welches Risiko hat das Portfolio P? Was passiert, wenn n immer größer wird?

4 Wir betrachten den Fall von zwei risikobehafteten Anlagen A und B mit Korrelation **null** sowie einer risikolosen Anlage D. Wir bezeichnen wie üblich die erwarteten Renditen von A, B und D mit $\hat{\mu}_a$, $\hat{\mu}_b$ und $\hat{\mu}_d$ sowie die Risiken von A und B mit $\hat{\sigma}_a$ und $\hat{\sigma}_b$. Wir nehmen an, dass $\hat{\mu}_a > \hat{\mu}_b > \hat{\mu}_d$ und $\hat{\sigma}_a > \hat{\sigma}_b$ ist.

a) Wir bilden ein Portfolio P aus den risikobehafteten Anlagen A und B. Wir bezeichnen mit α und β die Anteile von A und B am Portfolio P, wobei $\alpha + \beta = 1$ ist.

- Wir bezeichnen mit x bzw. y die erwartete Rendite $\hat{\mu}_p$ bzw. das Quadrat des Risikos, $\hat{\sigma}_p^2$, des Portfolios P. Zeigen Sie, dass zwischen x und y ein quadratischer Zusammenhang der Form

$$y = ux^2 + vx + w$$

  besteht. Drücken Sie die Koeffizienten u, v und w durch die Renditekennzahlen der Anlagen A und B aus.

- Zeigen Sie, dass das Portfolio P genau dann effizient ist, wenn für den Anteil α gilt:

$$\alpha \geq \frac{\hat{\sigma}_b^2}{\hat{\sigma}_a^2 + \hat{\sigma}_b^2}.$$

- Zeigen Sie, dass das Portfolio P in Bezug auf die risikolose Anlage D genau dann supereffizient ist, wenn für den Anteil α gilt:

$$\alpha = \frac{(\hat{\mu}_a - \hat{\mu}_d)\hat{\sigma}_b^2}{(\hat{\mu}_b - \hat{\mu}_d)\hat{\sigma}_a^2 + (\hat{\mu}_a - \hat{\mu}_d)\hat{\sigma}_b^2}.$$

b) Wir bilden ein Portfolio Q aus den drei Anlagen A, B und D. Wir bezeichnen mit α, β und δ die Anteile von A, B und D am Portfolio Q, wobei $\alpha + \beta + \delta = 1$ ist. Wir legen den Nutzen U_q des Portfolios Q wie folgt fest:

$$U_q = \hat{\mu}_q - \lambda \hat{\sigma}_q^2.$$

Zeigen Sie, dass der Nutzen dann am größten ist, wenn für die Anteile α und β gilt:

$$\alpha = \frac{\hat{\mu}_a - \hat{\mu}_d}{2\lambda \hat{\sigma}_a^2}, \quad \beta = \frac{\hat{\mu}_b - \hat{\mu}_d}{2\lambda \hat{\sigma}_b^2}.$$

Inwiefern ist der Quotient α/β interessant? Hinweis: Tobin.

„Ich denke, Ihre Sicherheit ist Ihnen ein ordentliches Trinkgeld wert! "

Zeichnung: Felix Schaad. Quelle: TAGES-ANZEIGER vom 10.03.00

5 Optionen – Preisbildung via No-Arbitrage-Prinzip

Ein (europäischer) Unternehmer muss in 6 Monaten an seinen (amerikanischen) Handelspartner eine Zahlung in Höhe von $ 1 200 000 leisten. Der zufällig schwankende Dollarkurs stellt für ihn ein nicht kalkulierbares Risiko dar. Gegenwärtig kostet ein Dollar € 0.92. Er fürchtet jedoch, dass der Dollarkurs stark steigt und seine Ausgaben für diese Zahlung in die Höhe treibt. Wie bei einer **Versicherung** kann er sein Risiko durch den **Kauf einer Option** an einen risikobereiten Marktteilnehmer weitergeben. Die Option könnte beispielsweise das **Recht** beinhalten, in 6 Monaten $ 1 200 000 zum Kurs von € 0.95 zu erwerben. Das Risiko übernimmt der Optionsverkäufer und er verlangt dafür einen **Preis**. Eine Option auf $ 100 kostet € 1.55. Wenn der Unternehmer den gesamten Betrag auf diese Weise absichern will, dann kostet ihn das

$$\frac{1\,200\,000}{100} \cdot €\, 1.55 = €\, 18\,600.$$

Liegt der Dollarkurs in 6 Monaten unter € 0.95, dann wird der Unternehmer von seiner Option keinen Gebrauch machen, da er die Devisen günstiger am Markt erwerben kann. Für ihn besteht **keine Pflicht zur Ausübung** der Option. Sein Verlust beträgt € 18 600, die der Optionsverkäufer als Einnahme verbucht.

Liegt der Dollarkurs in 6 Monaten über € 0.95, beispielsweise bei € 1.10, dann übt der Unternehmer seine Option aus und der **Optionsverkäufer** hat die **Pflicht**, ihm $ 1 200 000 zum Kurs von € 0.95 zu verkaufen. Der Unternehmer zahlt dafür 1 200 000 · € 0.95 = € 1 140 000. Zusammen mit dem Optionspreis hat ihn die Transaktion € 1 158 600 gekostet. Ohne die Option wären 1 200 000 · € 1.10 = € 1 320 000 fällig gewesen.

Die Option [lat. optio = freier Wille, Belieben] steht in der Umgangssprache für eine Wahlmöglichkeit: *„Die Preise liegen zwischen 6 und 11 € netto kalt pro m² – fest jeweils für fünf Jahre mit der Option auf fünf Jahre Vertragsverlängerung."* *„BestCitySpecial-Option"* – ein Telefontarif. *„Unverbindlich auf Option reservieren"*. *„Eine ökologisch günstige Option"*. Diese Optionen als Wahl**möglichkeit** kosten nichts, man kann sie wahrnehmen, muss es aber nicht tun.

Das Einstiegsbeispiel vom Unternehmer deutet an, dass es mit Optionen in der Finanzwelt eine besondere Bewandtnis hat. Was Optionen dort bedeuten, warum sie gehandelt werden und wie ihre Preise bestimmt werden, davon handelt dieses Kapitel.

5.1 Was sind Optionen?

Eine Option ist ein **Vertrag** zwischen zwei Parteien. Der **Käufer** der Option erwirbt das **Recht** (aber nicht die Pflicht)

- ein bestimmtes (Finanz)Gut – den **Basiswert** oder Underlying,
- in einer vereinbarten Menge – der **Kontraktgröße**,
- zu einem festgelegten Preis – dem **Ausübungspreis** oder Strike Price oder Exercise Price,
- innerhalb eines festgelegten Zeitraums – der **Ausübungsfrist** oder zu einem festgelegten Zeitpunkt – dem **Ausübungstermin** oder **Verfallstermin**

zu **kaufen** oder zu **verkaufen**.

Der Verkäufer der Option übernimmt die **Pflicht**, den Basiswert zum vereinbarten Preis zu verkaufen bzw. zu kaufen, falls der Käufer der Option von seinem Recht Gebrauch macht, d.h. die **Option ausübt**. Als Gegenleistung zahlt ihm der Käufer der Option eine Prämie – den **Optionspreis**.

Beispiel: Am 31.05.02 um 10:40 Uhr stand der Kurs der Deutsche Bank AG Namensaktien an der Frankfurter Börse bei € 75.10. Der Trend der Kursentwicklung seit Februar war ansteigend. An der EUREX, einer Börse für den Handel mit Optionen und Futures, der voll elektronisch abgewickelt wird, wurden am 31.05.02 vormittags u.a. folgende Optionen zum Kauf von Namensaktien der Deutsche Bank AG mit einer Ausübungsfrist bis zum dritten Freitag im Dezember 2002 angeboten:

Ausübungspreis	Optionspreis pro Aktie
€ 90.00	€ 1.82
€ 85.00	€ 3.10
€ 80.00	€ 4.88
€ 75.00	€ 7.20
€ 70.00	€ 10.12
€ 65.00	€ 13.53

Die vorgeschriebene Kontraktgröße ist 100 Aktien, d.h. man zahlt bei einem Ausübungspreis von € 80 für die Option auf 100 Aktien € 488.
Diese Angaben sind unter www.eurexchange.com abrufbar.

Optionen gehören zu den sogenannten **Derivaten**, das sind Finanzinstrumente, die an einen Basiswert gebunden bzw. von ihm abgeleitet sind (lat. derivare = ableiten). Weitere Derivate sind Forwards und Futures.

Je nach Typ des Basiswertes unterscheidet man folgende Arten von Optionen:

Optionsart	Basiswert
Aktienoptionen	Aktien
Devisenoptionen	Devisen
Zinsoptionen	Anleihen, Zinssätze
Indexoptionen	Indizes wie z.B. DAX

Neben diesen häufigsten Basiswerten gibt es weitere wie z.B. Rohstoffe oder Optionen selbst. Wir werden in diesem Buch als Beispiele nur Aktienoptionen wählen.

Call oder Put, amerikanisch oder europäisch

Eine Option, die das **Recht zum Kauf** einräumt, heißt **Call**-Option oder kurz Call. Der Besitzer der Option ruft den Basiswert ab.

Eine Option, die das **Recht zum Verkauf** einräumt, heißt **Put**-Option oder kurz Put. Der Besitzer der Option stößt den Basiswert ab.

Eine **amerikanische** Option kann **jederzeit** innerhalb der Ausübungsfrist ausgeübt werden, eine **europäische** Option dagegen **nur zu einem festgelegten Zeitpunkt**, dem Ausübungstermin.
Die an der EUREX gehandelten Aktienoptionen sind vom amerikanischen Typ.

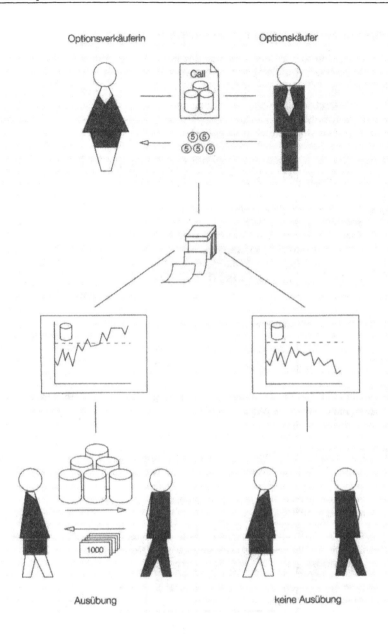

Abbildung 5.1: Ablauf eines Optionsgeschäfts am Beispiel einer europäischen Call-Option auf Erdöl. Derselbe Ablauf gilt auch bei Optionen auf Aktien. Oben: Der Optionskäufer und die Optionsverkäuferin schließen einen Vertrag ab, der dem Käufer das Recht einräumt, eine gewisse Menge Erdöl zu einem späteren Zeitpunkt, dem Ausübungstermin, zu einem heute festgelegten Preis, dem Ausübungspreis, von der Verkäuferin zu erwerben. Dafür zahlt der Käufer der Käuferin den Optionspreis. Unten links: Wenn der Marktpreis für Erdöl zum Ausübungstermin über dem Ausübungspreis liegt, dann übt der Optionskäufer die Option aus. Die Optionsverkäuferin liefert das Erdöl, der Optionskäufer zahlt dafür den Ausübungspreis. Unten rechts: Wenn der Marktpreis für Erdöl zum Ausübungstermin unter dem Ausübungspreis liegt, dann lässt der Optionskäufer die Option ungenutzt verfallen. Quelle: [Ade00].

Payoff-Diagramme und Gewinn-/Verlust-Diagramme

Der Preis einer Option ändert sich mit der Zeit in zufälliger Weise. Er ist ein stochastischer Prozess ebenso wie der Kurs der Aktie, auf den sich die Option bezieht. Wir bezeichnen den Preis einer Call-Option bzw. Put-Option zum Zeitpunkt t mit C_t bzw. P_t.

Den im Optionsvertrag vereinbarten Ausübungspreis kürzen wir mit E ab und den letztmöglichen Ausübungszeitpunkt mit T. Eine europäische Option kann also nur zum Zeitpunkt T ausgeübt werden, eine amerikanische dagegen im Zeitintervall $(0, T]$.

Der Preis einer Option zum Verfallstermin T hängt einzig und allein vom Ausübungspreis E und dem Kurs S_T des Basiswertes zu diesem Zeitpunkt ab. Für eine Call-Option gilt:

$$C_T = \begin{cases} S_T - E, & \text{falls } S_T > E, \\ 0, & \text{falls } S_T \leq E. \end{cases}$$

Liegt nämlich zum Zeitpunkt T der Aktienkurs über dem Ausübungspreis E, dann wird der Besitzer die Option ausüben, die Aktie für E kaufen und für S_T am Markt verkaufen und so $S_T - E$ einnehmen. Ist zum Zeitpunkt T der Ausübungspreis E höher als der Aktienkurs, dann ist die Option wertlos. Die Werte $S_T - E$ bzw. 0 heißen **Payoff** der Option.

Für eine Put-Option stellt sich die Situation genau umgekehrt dar:

$$P_T = \begin{cases} 0, & \text{falls } S_T > E, \\ E - S_T, & \text{falls } S_T \leq E. \end{cases}$$

Der Kurs S_T der Aktie zum Zeitpunkt T ist zufällig. Wir können aber verschiedene „Szenarien" durchspielen, indem wir den Preis C_T der Option zur Zeit T in Abhängigkeit von verschiedenen Kursen S_T darstellen.

Beispiel: Call-Optionen auf Deutsche Bank AG Namensaktien mit einem Ausübungspreis von $E = €\,80$ mit Verfall im Dezember 2002. Wir betrachten Kurse S_T zwischen € 0 und € 120.

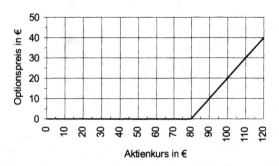

Abbildung 5.2: Preis C_T einer Call-Option (mit $E = €\,80$) zum Verfallstermin T in Abhängigkeit vom Aktienkurs S_T zum Verfallstermin T

Eine Abbildung wie 5.2 heißt **Payoff-Diagramm** einer Option. Den Gewinn bzw. Verlust für deren Besitzer erhalten wir, indem wir vom Payoff bzw. Optionspreis C_T den Optionspreis $C_0 = €\,4.88$ abziehen. Die graphische Darstellung des Gewinns bzw. Verlusts in Abhängigkeit vom Aktienkurs S_T nennt man **Gewinn-/Verlust-Diagramm** (siehe Abbildungen 5.3 und 5.4).

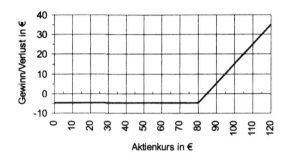

Abbildung 5.3: Gewinn/Verlust $S_T - E - C_0$ für $S_T > E$ bzw. $-C_0$ für $S_T \leq E$ des Käufers einer Call-Option (mit $E = €\ 80$ und $C_0 = €\ 4.88$) zum Verfallstermin T in Abhängigkeit vom Aktienkurs S_T zum Verfallstermin T

Der Verlust des Optionskäufers ist durch den Optionspreis beim Kauf der Option nach unten beschränkt, während sein Gewinn nach oben unbeschränkt ist. Was der eine Vertragspartner gewinnt, verliert der andere und umgekehrt. Das ist ersichtlich im Gewinn-/Verlust-Diagramm des Verkäufers der Call-Option in Abbildung 5.4.

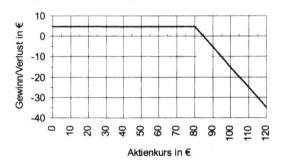

Abbildung 5.4: Gewinn/Verlust des Verkäufers einer Call-Option (mit gleichen Spezifikationen wie in Abbildung 5.3) zum Verfallstermin T in Abhängigkeit vom Aktienkurs S_T zum Verfallstermin T

Das einfache Beispiel zeigt die typische Situation: Die Risiken sind auf Seiten des Optionsverkäufers nach oben unbeschränkt, während der Optionskäufer im ungünstigsten Fall den Optionspreis verliert. Als Optionsverkäufer treten daher vor allem Institutionen auf, die über große finanzielle Mittel verfügen und außerdem ihre Risiken aus verschiedenartigen Finanzgeschäften eher ausgleichen können als eine Privatperson. Solche Institutionen sind vor allem Banken und Versicherungen.

Optionsverkäufer und Optionskäufer müssen unterschiedliche Vorstellungen über die Kursentwicklung der zugrunde liegenden Aktie haben.

- Der Käufer einer Call-Option rechnet mit einem Kursanstieg und erlangt durch die Option die Sicherheit, dass er höchstens den Ausübungspreis E beim Kauf der Aktie bezahlen muss.

- Der Verkäufer der Call-Option rechnet mit gleichbleibendem oder fallendem Kurs, der die Option wertlos macht und ihm den Optionspreis einbringt.

- Der Käufer einer Put-Option vermutet fallende Kurse und sichert sich durch den Kauf der Put-Option den Mindestpreis E, falls er eine Aktie verkaufen möchte.

- Der Verkäufer der Put-Option baut auf steigende oder stagnierende Kurse, bei denen sich die Ausübung der Put-Option nicht lohnt. Dann nämlich hat er keine Pflicht aus dem Verkauf der Option und ihm verbleibt als Einnahme der Optionspreis.

Innerer Wert und Zeitwert einer Option

Durch die Wahl des Ausübungspreises E und des Verfallstermins T präzisiert der Optionskäufer seine Vorstellungen über die Kursentwicklung. Die Abbildung 5.5 zeigt am Beispiel von an der EUREX gehandelten Put-Optionen auf Namensaktien der Deutsche Bank AG Wahlmöglichkeiten zwischen 12 Verfallsterminen.

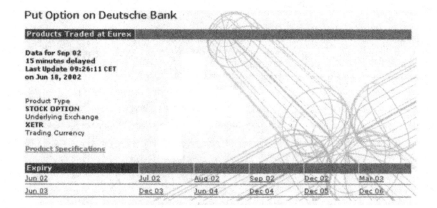

Abbildung 5.5: Mögliche Verfallstermine für Put-Optionen auf Namensaktien der Deutsche Bank AG an der EUREX am 18.06.2002. Quelle: www.eurexchange.com

Für den Verfallstermin Juli 2002 hatte man die Auswahl zwischen 17 Ausübungspreisen, die in der Abbildung 5.6 gezeigt sind.

Als **innerer Wert** einer Option zur Zeit t wird der Betrag bezeichnet, den die Option bei Ausübung zum Zeitpunkt t einbringen würde. Der innere Wert ist niemals negativ, da der Besitzer der Option nicht verpflichtet ist, sie auszuüben.
Der Kurs der Aktie stand am 18.06.2002, 9:25 Uhr bei € 69.75. Der innere Wert einer Put-Option aus der Abbildung 5.6 mit dem Ausübungspreis € 80.00 betrug zu diesem Zeitpunkt € 80.0 − € 69.75 = € 10.25. Eine Put-Option mit dem Ausübungspreis € 60.00 hatte hingegen einen inneren Wert von € 0.00.

Der innere Wert einer Put-Option ist positiv, wenn der Ausübungspreis über dem Kurs des Basiswertes liegt und zwar gilt dann

$$\text{Innerer Wert einer Put-Option } = E - S_t.$$

Sonst ist der innere Wert einer Put-Option gleich 0. Beide Fälle fassen wir zusammen zu

$$\text{Innerer Wert einer Put-Option } = \max(0, E - S_t).$$

| Type | | | | | | | | | | | |
| CALL | | | PUT | | | | | | | | |
Strike Price	Vers. Num.	Opening Price	High	Low	Last Price	Date	Time	Daily Settlem. Price	Traded Contr.	Open Interest (adj.)	Open Interest Date
95.00	0	n/a	n/a	n/a	21.40	Jun 10	09:21	25.30	0	230	Jun 14
90.00	0	n/a	n/a	n/a	16.15	Jun 04	17:18	20.30	0	1,278	Jun 14
85.00	0	n/a	n/a	n/a	18.02	Jun 14	15:51	15.39	0	913	Jun 14
80.00	0	n/a	n/a	n/a	10.95	Jun 17	16:44	11.00	0	9,696	Jun 14
75.00	0	n/a	n/a	n/a	8.10	Jun 17	13:19	7.33	0	19,302	Jun 14
70.00	0	n/a	n/a	n/a	4.38	Jun 17	17:14	4.52	0	18,352	Jun 14
65.00	0	2.20	2.20	2.20	2.20	Jun 18	09:06	2.56	4	19,036	Jun 14
60.00	0	n/a	n/a	n/a	1.62	Jun 17	12:50	1.32	0	12,687	Jun 14
55.00	0	n/a	n/a	n/a	0.80	Jun 17	16:45	0.60	0	5,674	Jun 14
50.00	0	n/a	n/a	n/a	0.39	Jun 13	16:08	0.25	0	4,829	Jun 14
48.00	0	n/a	n/a	n/a	0.15	May 30	00:00	0.19	0	544	Jun 14
46.00	0	n/a	n/a	n/a	n/a			0.15	0	736	Jun 14
44.00	0	n/a	n/a	n/a	0.17	May 30	00:00	0.12	0	265	Jun 14
42.00	0	n/a	n/a	n/a	n/a			0.09	0	1,331	Jun 14
40.00	0	n/a	n/a	n/a	n/a			0.07	0	1,526	Jun 14
38.00	0	n/a	n/a	n/a	n/a			0.06	0	350	Jun 14
1.00	0	n/a	n/a	n/a	n/a			0.01	0	0	Jun 14
Total									4	96,749	

Abbildung 5.6: Mögliche Ausübungspreise für Put-Optionen auf Namensaktien der Deutsche Bank AG mit Verfallstermin Juli 2002 an der EUREX am 18.06.2002. Quelle: www.eurexchange.com

Entsprechend gilt für eine Call-Option

$$\text{Innerer Wert einer Call-Option} = \max(0, S_t - E).$$

Eine Option heißt „in the money" oder „im Geld", wenn ihr innerer Wert positiv ist. Optionen, deren Ausübung einen negativen Betrag ergäbe, sind zu diesem Zeitpunkt „out of the money" oder „aus dem Geld". Bei Call-Optionen ist dies der Fall, wenn $S_t < E$ gilt.
Eine Option, die sich am Übergang von in the money zu out of the money befindet, nennt man „at the money" bzw. „am Geld". Ihr Ausübungspreis entspricht zu diesem Zeitpunkt etwa dem Kurs des Basiswertes.

Bei gegebenem Kurs des Basiswertes steigt der innere Wert einer Put-Option mit steigendem Ausübungspreis. Für die Daten aus Abbildung 5.6 zeigt die untere Linie in Abbildung 5.7 den inneren Wert der Put-Option. Die obere Linie stellt den Optionspreis dar, der bei amerikanischen Optionen wegen der sofortigen Ausübungsmöglichkeit nie kleiner als der innere Wert ist und ebenfalls mit dem Ausübungspreis steigt.
Zum Verfallszeitpunkt T stimmt der Preis einer Option mit ihrem inneren Wert überein. Zu jedem Zeitpunkt $t < T$ aber ist der Preis einer Option im allgemeinen höher als ihr innerer Wert. Die Differenz zwischen dem Optionspreis und dem inneren Wert ist der **Zeitwert** der Option:

Optionspreis = innerer Wert + Zeitwert.

Die Put-Option in Abbildung 5.6 mit dem Ausübungspreis € 60.00 hatte zwar am 18.06.2002 den inneren Wert € 0.00, kostete aber € 1.32. Diesen Zeitwert zahlt man u.a. für die Chance, dass der Aktienkurs während der Ausübungsfrist unter den Ausübungspreis fällt.

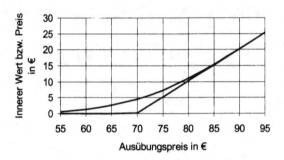

Abbildung 5.7: Innerer Wert (untere Kurve) und Optionspreis (obere Kurve) von Put-Optionen aus Abbildung 5.6 in Abhängigkeit vom Ausübungspreis bei einem Aktienkurs von € 69.75.

Um den Preis einer Option zu bestimmen, wird es folglich nötig sein, Vorstellungen über die Kursentwicklung der Aktie einzubringen. Am wichtigsten ist dabei, wie stark der Aktienkurs nach oben und unten ausschlagen kann. In Kapitel 3 haben wir im Abschnitt 3.4 die Volatilität als Maß für die Größe der Kursschwankungen einer Aktie eingeführt. Die Volatilität ist die Standardabweichung der Aktienrenditen.

Wie beeinflussen der Ausübungspreis E, der Aktienkurs S_t und die Volatilität σ der Aktie den Preis C_t bzw. P_t einer Call- bzw. Put-Option? Wir stellen hier nur einige qualitative Überlegungen an, die zum Teil später präzisiert werden. Die Tabelle 5.1 fasst das Ergebnis unserer Überlegungen zusammen.

Einflussfaktor	Preis C_t einer Call-Option	Preis P_t einer Put-Option
Ausübungspreis E ↗	↘	↗
Aktienkurs S_t ↗	↗	↘
Volatilität σ ↗	↗	↗

Tabelle 5.1: Einflussfaktoren des Optionspreises. Jeweils nur eine Größe ändert sich.

Bei steigendem Ausübungspreis verlieren Call-Optionen sowohl an innerem Wert als auch an Zeitwert, da die Chance kleiner wird, dass der Aktienkurs den Ausübungspreis übersteigt. Genauso verhält es sich bei fallendem Aktienkurs.
Bei Put-Optionen ist es genau umgekehrt. Ihr Preis fällt, wenn der Ausübungspreis fällt und ebenso, wenn der Aktienkurs steigt. Beispielhaft kann man den Einfluss des Ausübungspreises in Abbildung 5.6 verfolgen.

Die Volatilität misst die Schwankungsbreite der Rendite der Aktien um ihren Mittelwert und ist somit auch ein Maß für die Schwankungsbreite des Aktienkurses. Je größer die Volatilität, desto größer die Wahrscheinlichkeit, dass der Aktienkurs sehr große oder sehr kleine Werte annimmt. Sehr hohe Aktienkurse sind günstig für den Besitzer einer Call-Option, sehr niedrige für den Besitzer einer Put-Option. Bei beiden ist der Verlust durch den gezahlten Optionspreis begrenzt. Mit der Volatilität steigt folglich der Preis beider Optionsarten.

Wie die Preisbildung für Optionen im Einzelnen erfolgt, erfahren Sie noch in diesem Kapitel. Zunächst aber behandeln wir beispielhaft die wirtschaftlichen Gründe für den Kauf einer Option. Optionen werden zu Versicherungzwecken – wie schon das Einstiegsbeispiel gezeigt hat – oder zu Spekulationszwecken gekauft.

Kauf von Optionen zu Versicherungszwecken

Ein Investor besitzt 1000 Namensaktien der Deutsche Bank AG. Der Kurs steht am 11.07.02 bei € 67.90. Er befürchtet einen weiteren Kursrückgang und möchte sich davor schützen. Er kauft am 11.07.02 an der EUREX Put-Optionen auf 1000 Deutsche Bank-Aktien mit einem Ausübungspreis von € 65 und Verfallstermin August 2002. Er bezahlt dafür 1000 · € 1.80 = € 1800. Statt eines Gewinn-/Verlust-Diagramms für dieses Geschäft betrachten wir zwei mögliche Szenarien für den Kurs am 16.08.02.

Szenarium 1: Der Kurs sinkt auf € 50. Der Investor übt seine Option aus und verkauft die 1000 Aktien für je € 65. Er entgeht damit einem Verlust von € 15 pro Aktie. Dafür hat er € 1.80 „Versicherungsgebühr" bezahlt. Insgesamt hat sich der Optionskauf für ihn gelohnt.

Szenarium 2: Der Kurs steigt auf € 80. Der Investor übt seine Option nicht aus. Die Optionsprämie von € 1.80 je Aktie hat er umsonst bezahlt. Seine Aktien sind dafür im Marktwert um je € 12.10 gestiegen.

Das Absichern von Finanzpositionen gegen steigende oder sinkende Preise am Markt bezeichnet man als **„Hedging"**. Put- und Call-Optionen sind dafür geeignete Instrumente.

Kauf von Optionen zu Spekulationszwecken

Die Anzeige eines Informationsdienstes, nennen wir ihn ALPHA, verspricht:

> *„ALPHA ist ein neuartiger Informationsdienst, der Ihnen die spannendsten Tradingchancen im Optionssektor zeigt. Ganz gleich ob steigende oder fallende Kurse erwartet werden, ganz gleich ob es um Aktien, Indizes oder Devisen geht: ALPHA zeigt Ihnen, wie Sie im entsprechenden Trend innerhalb kurzer Zeit ein Vermögen verdienen können. ... Mit den Informationen von ALPHA agieren auch Sie wie die Profis und verdienen dreistellige Gewinne innerhalb weniger Wochen – auch bei sinkenden Kursen!"*

Das Eingehen von spekulativen Finanzpositionen, um kurzfristige Kursschwankungen durch Käufe oder Verkäufe von Wertpapieren oder Derivaten auszunutzen, wird auch als **Trading** bezeichnet.
Die Verlockung rührt vor allem daher, dass Optionen sehr viel billiger sind als das zugrunde liegende Basisobjekt, an dem der Spekulant darüber hinaus oft gar nicht interessiert ist.

Ein Spekulant hat den Markt beobachtet und rechnet kurzfristig mit einem Kursanstieg der Namensaktien der Deutsche Bank AG. Er will am 11.07.02 ca. € 1000 investieren und könnte 14 Aktien für 14 · € 67.90 = € 950.60 oder 900 Call-Optionen auf diese Aktien mit einem Ausübungspreis von € 75 und Verfallstermin August 2002 für 900 · € 1.08 = € 972 kaufen. Die beiden Geschäfte haben etwa dasselbe Volumen.

Wir untersuchen einen Monat später dieselben Szenarien wie bei unserem Investor von oben, der ja die entgegengesetzten Vorstellungen über die Kursentwicklung hatte.

Zunächst diskutieren wir das Optionsgeschäft. Wenn der Aktienkurs auf € 50 sinkt, dann übt der Spekulant seine Option nicht aus, denn sie ist wertlos. Er wird eine Aktie nicht für € 75 beim Optionsverkäufer erwerben, wenn er sie am Markt für 50 € kaufen kann.

Wenn der Aktienkurs dagegen auf € 80 steigt, dann übt der Spekulant seine Option aus. Er kauft 900 Aktien für je € 75 und verkauft sie sofort am Markt für je € 80.

Nun betrachten wir das Aktiengeschäft. Im Szenarium 1 verliert der Spekulant pro Aktie € 17.90, seine Rendite ist negativ und beträgt $\dfrac{€ - 17.90}{€ 67.90} = -26.4\%$. Tritt Szenarium 2 ein, so gewinnt er pro Aktie € 12.10, was einer Rendite von 17.8 % entspricht. Sein Gesamtgewinn beträgt in diesem Fall $14 \cdot € 12.10 = € 169.40$.

Die Tabelle 5.2 fasst den möglichen Ertrag der beiden Geschäfte bei den angenommenen Szenarien zusammen.

		Aktienkauf	Optionskauf
Szenarium 1: Kurs sinkt	Rendite	$\dfrac{€\,50.00 - €\,67.90}{€\,67.90} = -26.4\ \%$	$\dfrac{€\,0.00 - €\,1.08}{€\,1.08} = -100\ \%$
auf € 50	Verlust	€ 250.60	€ 972
Szenarium 2: Kurs steigt	Rendite	$\dfrac{€\,80.00 - €\,67.90}{€\,67.90} = 17.8\ \%$	$\dfrac{€\,5.00 - €\,1.08}{€\,1.08} = 363\ \%$
auf € 80	Gewinn	€ 169.40	€ 3 528

Tabelle 5.2: Beispiel für die Hebelwirkung von Optionen

Die Renditen aus dem Optionskauf sind sehr viel höher – im positiven wie im negativen Fall – als die Renditen aus dem Aktienkauf. Diese Eigenschaft bezeichnet man als **Hebelwirkung** oder **Leverage** von Optionen.

Option versus Optionsschein (Warrant)

Privatanleger kaufen meist keine Optionen, sondern **Optionsscheine**, im Englischen als **Warrants** bezeichnet. Optionen und Optionsscheine haben zwar die gleichen Ausstattungsmerkmale und können für dieselben Zwecke eingesetzt werden, dennoch bestehen zwischen den beiden grundsätzliche Unterschiede.

Eine Option ist ein individueller Vertrag zwischen zwei Parteien über ein bedingtes Termingeschäft. Nur diese zwei Parteien sind in den Vertrag involviert. Der Vertrag kann nicht gekündigt und nicht auf eine andere Partei übertragen werden. Wer aus einer Optionsvereinbarung aussteigen will, hat einzig die Möglichkeit, seinen bestehenden Vertrag durch einen neuen Vertrag (mit einer neuen Partei) zu neutralisieren. Diesen Vorgang nennt man **Glattstellen**.

Beispiel: Institution X *verkauft* eine Call-Option auf die Aktie Y mit Ausübungspreis € 100 und Ausübungsfrist 1 Jahr. Sie erhält dafür € 5 als Prämie. Bei Abschluss der Option steht der Kurs der Aktie bei € 90. Institution X besitzt selbst keine Aktien Y. Sie spekuliert darauf, dass der Aktienkurs nicht über € 100 steigen wird.
Nach 3 Monaten ist der Kurs der Aktie Y jedoch auf € 105 gestiegen und Institution X befürchtet, dass der Kurs noch weiter steigen wird bis auf € 120. Sollte das eintreffen und der Käufer der Option sein Recht ausüben, so würde Institution X dabei ein Minus von € 20 erleiden (Kauf einer Aktie Y für € 120 an der Börse und Verkauf für € 100 an den Optionsinhaber). Unter Berücksichtigung der eingenommenen Prämie von € 5, beträgt ihr Verlust aus dem Optionsgeschäft dann € 15. Aufgrund dieses pessimistischen Szenarios will Institution X

ihre Optionsverpflichtungen loswerden. Sie *kauft* dazu eine Call-Option auf die Aktie Y mit
Ausübungspreis € 100 und Ausübungsfrist 9 Monaten. Sie bezahlt dafür € 12.50 als Prämie.
Mit dieser zweiten Option stellt sie die erste glatt. Wenn im Laufe der nächsten 9 Monate der
Käufer der ersten Option sein Recht beansprucht, eine Aktie Y von Institution X für € 100
zu beziehen, dann übt Institution X die zweite Option aus, und bezieht ihrerseits eine Aktie
Y für € 100 vom Verkäufer der zweiten Option. Der Verlust von Institution X aus dem Op-
tionsgeschäft beläuft sich so auf „nur" € 7.50 (Prämie von € 12.50 für zweite Option minus
Prämie von € 5 für erste Option).

Optionsverträge werden an speziellen Optionsbörsen wie der EUREX abgeschlossen. Die Begriffe Käufer und Verkäufer der Option bezeichnen die Positionen, die man im Vertrag ein-
nimmt: Der Käufer erhält ein Recht, der Verkäufer übernimmt eine Pflicht.

Optionsscheine oder Warrants sind keine individuellen Verträge zwischen zwei Parteien, sondern Wertpapiere, die einheitlich ausgestattet sind und in großer Zahl von einer Körperschaft –
meist einem Finanzinstitut – herausgegeben werden. Die Positionen sind bei Optionsscheinen
fest verteilt: Der Inhaber eines Optionsscheins besitzt das Recht (zum Kauf oder Verkauf einer Aktie unter vorgegebenen Bedingungen), der Herausgeber übernimmt die Pflicht. Wer
Optionsscheine erwerben will, kann diese entweder zum Ausgabezeitpunkt vom Herausgeber
beziehen oder später an Wertpapierbörsen wie der Frankfurter Börse oder XETRA von Dritten abkaufen. Wie dem auch sei, die mit den Optionsscheinen verbundene Pflicht bleibt stets
beim Herausgeber. Wer also einen Optionsschein besitzt und sein Recht ausüben will, wendet
sich dazu an den Herausgeber und nicht etwa an denjenigen, von dem er den Optionsschein
an der Börse gekauft hat.

Für Privatanleger haben Optionsscheine gegenüber Optionen den Vorteil, dass sie genau wie
Anleihen und Aktien gehandelt und verwaltet werden können. Dafür haben Optionsscheine
gegenüber Optionen den Nachteil, dass man nicht jede Position einnehmen kann. So ist es etwa
gar nicht möglich, mit Optionsscheinen die Position von Institution X aufzubauen. Auch gibt
es Optionsscheine nicht auf jede Aktie und nicht in jeder Kombination von Ausübungspreis und
Ausübungsfrist. Die großen Finanzinstitute geben jedoch laufend neue Optionsscheine heraus.
Das Angebot ist inzwischen so groß, dass für fast jeden Zweck ein passender Optionsschein
erhältlich ist.

5.2 Erwartungswert- und No-Arbitrage-Prinzip

Das finanzwirtschaftliche Prinzip, das der Optionspreisberechnung zugrunde liegt, lässt sich
an einem sehr einfachen Modell für die Kursentwicklung einer Aktie verdeutlichen. Dieses
Modell wird später der Baustein für das ebenfalls diskrete, aber leistungsfähige allgemeine
Binomialmodell sein.

Erwartungswertprinzip und Arbitragemöglichkeit

Zum Zeitpunkt $t = 0$ sei $S_0 = $ € 100 der Kurs einer Aktie und C_0 der Preis einer europäischen
Call-Option auf diese Aktie mit Ausübungspreis $E = $ € 110 und Ausübungsfrist T. Wir nehmen an, dass während der Zeit T der Aktienkurs nur auf den Wert € 130 steigen oder auf den
Wert € 80 fallen kann. Die Wahrscheinlichkeiten dafür seien $p = 0.6$ bzw. $q = 1 - p = 0.4$.
Im ersten Fall hat die Option zum Zeitpunkt T den Preis $C_T = $ € $(130 - 110) = $ € 20, im
zweiten Fall ist $C_T = $ € 0, denn der Aktienkurs liegt unter dem Ausübungspreis. Die Abbildung
5.8 fasst diese Überlegungen zusammen.

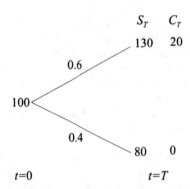

$$\begin{array}{cc} S_T & C_T \\ 130 & 20 \\ & \\ & \\ 0.6 & \\ 100 & \\ 0.4 & \\ & \\ 80 & 0 \\ t{=}0 & t{=}T \end{array}$$

Abbildung 5.8: Modell für die Kursentwicklung einer Aktie

Aus der Sicht von $t = 0$ ist der Optionspreis C_T in diesem Modell eine Zufallsgröße, deren Wahrscheinlichkeitsverteilung durch $P(C_T = € 20) = 0.6$ und $P(C_T = € 0) = 0.4$ gegeben ist. Der Erwartungswert $E(C_T)$ des Optionspreises beträgt $E(C_T) = € 20{\cdot}0.6 + € 0{\cdot}0.4 = € 12$. Den Barwert zum Zeitpunkt 0 erhalten wir durch Abzinsen. Angenommen, der Aufzinsungsfaktor für den Zeitraum T beträgt 1.03, so ergibt sich der Barwert von $E(C_T)$ zu $\dfrac{€\,12}{1.03} = € 11.65$.

Kann das ein Ansatz für den Optionspreis zum Zeitpunkt $t = 0$ sein? Dann hätten wir den Optionspreis zum Zeitpunkt $t = 0$ analog zur Nettoprämie einer Lebensversicherung mithilfe des Äquivalenzprinzips zu bestimmen: Der abgezinste Erwartungswert des Preises der Option zum Zeitpunkt $t = T$ ergibt den Preis zum Zeitpunkt $t = 0$, d.h.

$$C_0 = \frac{1}{r}\, E(C_T).$$

Im Beispiel mit $r = 1.03$ wäre demnach $C_0 = € 11.65$ der „richtige" Optionspreis nach dem Äquivalenzprinzip. Aus der Sicht des Optionsverkäufers würde diese Preisbildung bedeuten: Im Mittel nimmt er bei vielen Optionen ungefähr gerade soviel ein, wie ihm Verpflichtungen aus diesen Optionen entstehen.

Das verwendete **Äquivalenz- oder Erwartungswertprinzip** folgt der Devise: Verkaufen ($t = 0$) und abwarten ($t = T$). *Aber* am Markt kann man (nicht nur mit Optionen) *handeln!*

Betrachten wir einmal zusätzlich die Handlungsmöglichkeiten mit Aktien und Geld, das man gegen Zins leihen kann. Dabei werden wir implizit einige Annahmen über den Markt vorwegnehmen, die weiter unten explizit dargelegt werden. Der Akteur in der folgenden Tabelle 5.3 ist der Optionsverkäufer.

Der in Tabelle 5.3 zugrunde gelegte Optionspreis von € 11.65 hat einen risikolosen, d.h. von der Kursentwicklung unabhängigen Gewinn von € 2.80 ermöglicht. Wir betonen, dass kein eigenes Geld bei $t = 0$ nötig war, um die Transaktionen durchzuführen und dass der Optionsverkäufer bei $t = T$ wie am Anfang ohne Aktien dasteht.

Das Ergebnis des risikolosen Gewinns ist sicherlich überraschend. Wenn man sich vor Augen führt, dass es nicht nur in unserem kleinen Zahlenbeispiel, sondern auch in der Praxis so funktionieren kann, dann wird vielleicht verständlich, warum Arbitrage der Schlüssel zur „richtigen" Bewertung von Optionen ist.

$t = 0$	
$S_0 = 100$	
Aktion	Geldfluss
verkaufe 1 Call-Option	+11.65 (=Optionspreis)
leihe 28.35 Geld	+28.35
kaufe 0.4 Aktien	−40.00 (= −0.4 · 100)
Saldo	0

$t = T$			
falls $S_T = 130$		falls $S_T = 80$	
Aktion	Geldfluss	Aktion	Geldfluss
leihe 0.6 Aktien	——		
verkaufe 1 Aktie (Option)	+110.00 (=Ausübungspreis)	verkaufe 0.4 Aktien	+32.00 (= 0.4 · 80)
kaufe 0.6 Aktien (Markt)	−78.00 (= −0.6 · 130)		
gib 0.6 Aktien zurück	——		
zahle 28.35 Geld mit Zins zurück	−29.20 (= −1.03 · 28.35)	zahle 28.35 Geld mit Zins zurück	−29.20 (= −1.03 · 28.35)
Saldo	+2.80	Saldo	+2.80

Tabelle 5.3: Beispiel für Arbitrage bei „falschem" Optionspreis

Annahmen über den idealen Markt

Als **Arbitrage** wird ganz allgemein ein risikoloser Gewinn ohne eigenen Kapitaleinsatz beim Handel mit Finanzgütern bezeichnet.

Eine Arbitragemöglichkeit entsteht zum Beispiel durch Kursunterschiede gleicher Werte wie z.B. Aktien und Devisen an unterschiedlichen Finanzplätzen. Indem man diese Werte auf dem Markt mit den niedrigeren Preisen (mit geliehenem Geld) kauft und auf dem Markt mit den höheren Preisen verkauft, kann man einen Arbitragegewinn erzielen.

Im Optionspreisbeispiel gab es eine Arbitragemöglichkeit, weil es möglich war, ein Portfolio zu bilden, das zum Zeitpunkt $t = 0$ den Wert Null hatte und dessen Wert zum Zeitpunkt $t = T$ in jedem der beiden Fälle positiv war.

In einem gut funktionierenden Markt sorgt die Transparenz dafür, dass es keine oder nur kleine und kurzzeitig vorhandene Möglichkeiten zur Arbitrage gibt. Die Nachfrage nach dem billigeren Finanzgut würde nämlich zunehmen und gleichzeitig auch das Angebot an dem teureren Finanzgut. Wenn die Preisbildung von Angebot und Nachfrage bestimmt wird, verschwindet so die Arbitragemöglichkeit.

Wir gehen in unseren Modellen vom **No-Arbitrage-Prinzip** aus, das besagt, dass es keine Arbitragemöglichkeiten gibt.

Aus dem No-Arbitrage-Prinzip folgt:

> Haben zwei Portfolios morgen den gleichen Wert, wie immer sich der Markt von heute auf morgen entwickelt (bei jedem Szenarium), dann haben sie auch heute den gleichen Wert.

Wenn das nicht so wäre, könnte man heute das teurere Portfolio verkaufen und das billigere kaufen. Morgen verkauft man das billigere wieder und kauft das teurere zurück. Damit ist die Ausgangssituation wieder hergestellt und es bleibt ein risikoloser Gewinn, der gleich der Differenz der beiden Portfoliowerte heute ist.

Aus den bisherigen Beispielen werden noch weitere Annahmen über den Markt deutlich. Wir setzen in unseren Modellen einen **idealen Markt** voraus, in dem zusätzlich zum No-Arbitrage-Prinzip Folgendes gilt:

- An- und Verkauf von Finanzgütern sind jederzeit und in jedem Umfang möglich.

- Wertpapiere sind beliebig teilbar. Im vorigen Beispiel wurden 0.4 Aktien gekauft.

- Aktienleerverkäufe (vgl. Kapitel 4) und Kreditaufnahmen sind jederzeit und in jedem Umfang möglich.

- Der Zinssatz ist konstant und einheitlich für alle Marktteilnehmer sowohl für Geldeinlagen als auch für Kredite.

- Es gibt keine Transaktionskosten.

No-Arbitrage-Prinzip und Optionspreis – ein Beispiel

Die Preisbildung nach dem Erwartungswertprinzip geriet in Konflikt zum No-Arbitrage-Prinzip. Mit anderen Worten, der nach dem Erwartungswertprinzip gebildete Preis ist am Markt nicht durchsetzbar, weil er Arbitragemöglichkeiten bietet. Die Art und Weise, wie der Arbitragegewinn im Beispiel erzeugt wurde, gibt einen Hinweis auf eine ökonomisch sinnvolle, d.h. mit dem Marktmechanismus verträgliche Möglichkeit der Preisbildung.

Die grundlegende Idee lautet:

> Konstruiere ein Portfolio, dessen Preis zum Zeitpunkt $t = T$ mit dem Optionspreis C_T übereinstimmt. Dann muss nach dem No-Arbitrage-Prinzip auch zum Zeitpunkt $t = 0$ der Preis dieses Portfolios mit dem Optionspreis C_0 übereinstimmen.

Wir vollziehen diese Idee zunächst in unserem Beispiel.

Zur Zeit $t = 0$ stellt der Verkäufer der Option ein Portfolio aus (Aktie, Geld) $= (x, y)$ zusammen. Dabei gibt x die Anzahl an Aktien und y den Geldbetrag in € an. Der Wert dieses Portfolios zur Zeit T soll unabhängig von der Kursentwicklung der Aktie gleich dem Wert der Option zur Zeit T sein. Diese Forderung wird durch ein lineares Gleichungssystem dargestellt, das in unserem Rechenbeispiel folgendermaßen aussieht:

$$130\,x + 1.03\,y = 20,$$
$$80\,x + 1.03\,y = 0.$$

Dieses Gleichungssystem hat die Lösung: $(x, y) = (0.4, € - 31.07)$. Es ist also möglich, ein Portfolio zu bilden, das **unabhängig von der Kursentwicklung der Aktie** die Kosten für die zufällige Auszahlungsverpflichtung aus der Option bereitstellt (dupliziert). Der Optionsverkäufer muss 0.4 Aktien kaufen und sich € 31.07 leihen.

Das No-Arbitrage-Prinzip erzwingt nun, dass auch bei $t = 0$ der Wert des Calls gleich dem Wert des Portfolios ist, also $C_0 = x \cdot S_0 + y$. Im Beispiel ergibt sich $C_0 = 0.4 \cdot$€ $100 +$€ $-31.07 =$ € 8.93. Der Preis gemäß Erwartungswertprinzip betrug € 11.65, er war also zu hoch und folgerichtig resultierte aus dem Kauf des Portfolios $(0.4,$€ $- 28.35)$ und dem Verkauf der Call-Option (des teureren Finanzgutes) eine Arbitragemöglichkeit.

Der Arbitragegewinn war übrigens genau gleich der aufgezinsten Differenz aus dem Preis gemäß Erwartungswertprinzip und dem Preis gemäß No-Arbitrage-Prinzip: 1.03 (€ $11.65 -$ € $8.93) =$ € 2.80.

Wir merken an, dass die Wahrscheinlichkeiten p und $1 - p$ der Kursentwicklung der Aktie nicht in den Optionspreis eingehen. Das ist ein entscheidender Vorteil des No-Arbitrage-Ansatzes.

Marktteilnehmer werden sicher sehr verschiedene subjektive Vorstellungen über die Chancen von Kursentwicklungen haben. Insbesondere gilt das – wie eingangs bereits erläutert – für den Käufer und Verkäufer einer Option. Ein Optionspreismodell, in das die Wahrscheinlichkeiten für Aktienkursänderungen eingehen, würde daher nicht von beiden Seiten akzeptiert werden.

Wir beschreiben nun die allgemeine Situation im bisher betrachteten sogenannten **Einperiodenmodell**.

No-Arbitrage-Prinzip und Optionspreis – das allgemeine Einperiodenmodell

Der Aktienkurs zur Zeit t sei S_t, der Preis der europäischen Call-Option C_t. Der Aktienkurs kann während der Zeit T nur um einen Faktor u steigen oder um einen Faktor d fallen. Mit der Annahme $d < u$ schließen wir eine deterministische Kursentwicklung aus. Die Wahrscheinlichkeiten für das Steigen bzw. Fallen seien p bzw. $1 - p$, wobei $0 < p < 1$. (Wir benötigen diese Wahrscheinlichkeiten nicht für die Optionspreisberechnung, aber sie werden später eine Rolle spielen, wenn wir den Zusammenhang zum Black-Scholes-Modell herstellen.) Der Ausübungspreis der Option sei E und der risikolose Zinsfaktor *für die Periode T* sei r.

Wir nehmen außerdem an, dass $d < r < u$ gilt. Wäre eine dieser Ungleichungen verletzt, so ergäbe sich jeweils eine Arbitragemöglichkeit (vgl. Aufgabe 4).

Wir nennen die beiden möglichen Werte von C_T allgemein c_u und c_d, da wir nicht wissen, welcher der Werte S_T oder E der größere ist. Die Abbildung 5.9 veranschaulicht die allgemeine Situation.

Das die Auszahlungsverpflichtung aus der Option **duplizierende Portfolio (absichernde Portfolio)** aus (Aktie, Geld) $= (x, y)$ muss folgendem Gleichungssystem genügen:

$$x\,u\,S_0 + r\,y = c_u,$$
$$x\,d\,S_0 + r\,y = c_d.$$

Dieses Gleichungssystem besitzt die eindeutige Lösung

$$(x,y) = \left(\frac{c_u - c_d}{(u - d)S_0}, \frac{uc_d - dc_u}{(u - d)r} \right).$$

Das sogenannte **Äquivalenzportfolio** muss also $\dfrac{c_u - c_d}{(u - d)S_0}$ Aktien und $\dfrac{uc_d - dc_u}{(u - d)r}$ Geld enthalten. Das Vorzeichen von y ist immer negativ (vgl. Aufgabe 8), d.h. es wird Geld geliehen.

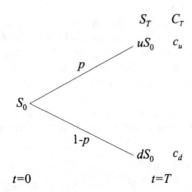

Abbildung 5.9: Einperiodenmodell zur Preisberechnung einer Call-Option

Der Wert dieses Portfolios zur Zeit $t = 0$ gibt den Preis der Option zur Zeit $t = 0$ an:

$$C_0 = \frac{c_u - c_d}{(u - d)S_0}S_0 + \frac{uc_d - dc_u}{(u - d)r}.$$

Nach elementaren Umformungen erhält man:

> Der Optionspreis zur Zeit $t = 0$ im allgemeinen Einperiodenmodell beträgt
>
> $$C_0 = \frac{(r - d)c_u + (u - r)c_d}{(u - d)r}.$$
>
> Das Äquivalenzportfolio besteht aus $\dfrac{c_u - c_d}{(u - d)S_0}$ Aktien und $\dfrac{uc_d - dc_u}{(u - d)r}$ Geld.

Beispiel:

a) Es sei $S_0 = €\ 150, u = 1.05, d = 0.96, r = 1.03$ und $E = €\ 155$. Dann ist $uS_0 = €\ 157.50$ und $dS_0 = €\ 144.00$. Somit ergibt sich $c_u = €\ 2.50$ und $c_d = €\ 0$. Wir erhalten nach Einsetzen dieser Werte in die obige Formel $C_0 = €\ 1.89$. Das Äquivalenzportfolio besteht aus $\dfrac{5}{27}$ Aktien und aus $€\ -25.89$ Geld, d.h. Kreditaufnahme.

b) Wir verändern im Beispiel a) lediglich den Ausübungspreis. Es sei nun $E = €\ 140$. Der Wert der Call-Option muss steigen, da die Chancen, dass der Aktienkurs den niedrigeren Ausübungspreis übertrifft, größer sind. Aus den Formeln erhalten wir in der Tat $C_0 = €\ 14.08, x = 1, y = €\ -135.92$.

Wir weisen darauf hin, dass bei der Optionspreisberechnung nach dem No-Arbitrage-Prinzip der Optionspreis als Ganzes ermittelt wird und nicht – wie es vielleicht nahe liegen würde – der innere Wert und der Zeitwert je separat. Die Aufteilung in innerer Wert und Zeitwert ist hingegen für qualitative Überlegungen hilfreich, wie auch der Abschnitt 5.3 zeigen wird.

Wahl der Parameter u und d im Einperiodenmodell

Wie soll man für eine konkrete Aktie und ein konkretes Zeitintervall $[0, T]$ die Parameter u und d wählen?

Wir sind darauf schon einmal im Abschnitt 3.6 kurz eingegangen. Ausgangspunkt ist die statistische Analyse der Aktie. Angenommen, aus n Beobachtungen ergaben sich für die logarithmische Rendite R_T im Zeitraum $[0, T]$ der Mittelwert μT und die Standardabweichung $\sigma\sqrt{T}$. Hierbei sind μ und σ die hochgerechneten Jahreskenngrößen, also die Drift und die Volatilität der Aktie.

Wenn wir nun annehmen, dass die Rendite R_T normalverteilt ist, dann liegen die möglichen Renditewerte mit Wahrscheinlichkeit 0.68 im 1-Sigma-Intervall $(\mu T - \sigma\sqrt{T}, \mu T + \sigma\sqrt{T})$ symmetrisch um μT. Das Einperiodenmodell stellt eine Diskretisierung des Aktienkurses auf zwei mögliche Werte dar. Um dies zu erreichen, fassen wir die Intervallenden des 1-Sigma-Intervalls als „typische Ausschläge" der Rendite nach oben und unten auf. Wir nehmen also an, dass die Rendite entweder $\mu T - \sigma\sqrt{T}$ oder $\mu T + \sigma\sqrt{T}$ beträgt. (Diese Vorgehensweise wird eine nachträgliche Rechtfertigung im Abschnitt 5.5 erfahren.) Daraus und aus dem Zusammenhang $S_T = S_0\, \mathrm{e}^{R_T}$ folgt die Festlegung

$$d = \mathrm{e}^{\mu T - \sigma\sqrt{T}} \text{ und } u = \mathrm{e}^{\mu T + \sigma\sqrt{T}}.$$

Beispiel: Für eine Aktie mit $\mu = 0.15$ und $\sigma = 0.35$ und $T = \dfrac{1}{250}$ ergibt sich $d = \mathrm{e}^{\frac{0.15}{250} - \frac{0.35}{\sqrt{250}}} \approx 0.979$ und $u = \mathrm{e}^{\frac{0.15}{250} + \frac{0.35}{\sqrt{250}}} \approx 1.023$. Bei $S_0 = \text{\euro}\,250$ kann der Kurs in diesem Einperiodenmodell entweder auf $dS_0 \doteq \text{\euro}\,244.75$ fallen oder auf $uS_0 = \text{\euro}\,255.75$ steigen.

Und doch Erwartungswert – die risikoneutrale Wahrscheinlichkeitsverteilung

Wir haben gesehen, dass der Optionspreis

$$C_0 = \frac{(r - d)c_u + (u - r)c_d}{(u - d)r}$$

im Einperiodenmodell **nicht** der abgezinste Erwartungswert des Optionspreises C_T bezüglich der Wahrscheinlichkeiten p und $1 - p$ für die beiden möglichen Werte c_u und c_d von C_T ist. Dennoch ist C_0 als Erwartungswert darstellbar und die zugehörigen Wahrscheinlichkeiten lassen eine plausible finanzwirtschaftliche Interpretation zu.

Für eine Darstellung als Erwartungswert formen wir den Term für C_0 etwas um zu

$$C_0 = \frac{1}{r}\left(\frac{r - d}{u - d}\, c_u + \frac{u - r}{u - d}\, c_d\right). \tag{$*$}$$

Setzen wir $p^* = \dfrac{r - d}{u - d}$, so folgt $q^* = 1 - p^* = \dfrac{u - r}{u - d}$. Wegen der Annahmen $d < u$ und $d < r < u$ gilt $0 < p^* < 1$. Die Werte p^* und q^* bilden also eine Wahrscheinlichkeitsverteilung für zwei mögliche Ergebnisse. Die obige Darstellung $(*)$ für C_0 ist gerade der mit r abgezinste Erwartungswert von C_T bezüglich der Wahrscheinlichkeitsverteilung $(p^*, 1 - p^*)$.

Welche Interpretation können wir der Wahrscheinlichkeitsverteilung $(p^*, 1 - p^*)$ geben?

Berechnen wir einmal den Erwartungswert von S_T bezüglich dieser Wahrscheinlichkeiten. Wir bezeichnen ihn mit $\mathrm{E}^*(S_T)$:

$$\mathrm{E}^*(S_T) = uS_0\frac{r - d}{u - d} + dS_0\frac{u - r}{u - d} = \frac{urS_0 - udS_0 + udS_0 - rdS_0}{u - d} = rS_0.$$

Somit haben wir

$$\mathrm{E}^*(S_T) = rS_0. \tag{**}$$

Das ist eine Überraschung: Bezüglich der Wahrscheinlichkeiten $(p^*, 1 - p^*)$ ist der Erwartungswert von S_T gerade der mit r aufgezinste Wert von S_0. Zum Zeitpunkt $t = 0$ steht S_0 fest. Eine risikolose Anlage von S_0 zum Zinsfaktor r würde im Zeitraum $[0, T]$ auf rS_0 anwachsen. Die Gleichung (**) besagt, dass bezüglich $(p^*, 1 - p^*)$ die Aktie im Durchschnitt gerade so viel abwirft wie die risikolose Anlage von S_0. Man nennt deshalb die Wahrscheinlichkeitsverteilung $(p^*, 1 - p^*)$ die **risikoneutrale oder risikolose Wahrscheinlichkeitsverteilung**. Sie ist eindeutig bestimmt, wenn u, d und r gegeben sind und die Bedingungen $d < u$ und $d < r < u$ erfüllen. Sie hängt also nicht von der subjektiven Bewertung der Chancen für das Steigen oder Fallen des Aktienkurses durch die Marktteilnehmer ab und kann von allen gleichermaßen akzeptiert werden. Hat man p^* und q^* berechnet, so erhält man C_0 als

$$C_0 = \frac{1}{r}\mathrm{E}^*(C_T) = \frac{1}{r}(p^* c_u + q^* c_d).$$

Beispiel: Für die Call-Option von Seite 124 mit $S_0 = €\ 150, u = 1.05, d = 0.96, r = 1.03$ und $E = €\ 155$ betragen die risikoneutralen Wahrscheinlichkeiten $p^* = \frac{7}{9}$ und $q^* = \frac{2}{9}$. Mit $c_u = €\ 2.50$ und $c_d = €\ 0$ ergibt sich daraus der Optionspreis von € 1.89.

5.3 Schranken für Optionspreise und Put-Call-Beziehungen

Allein aus der Gültigkeit des No-Arbitrage-Prinzips ist es möglich, obere und untere Schranken für die Preise von Optionen abzuleiten sowie eine Beziehung zwischen dem Call- und Put-Preis von gleich ausgestatteten Optionen herzuleiten. Mithilfe der Schranken werden wir beweisen, dass es nie vorteilhaft ist, eine amerikanische Call-Option auf eine dividendenlose Aktie vorzeitig auszuüben.

Die Optionspreise erhalten in diesem Abschnitt einen Index a bzw. e für amerikanisch bzw. europäisch.

Auf die Berücksichtigung von Dividendenzahlungen der den Optionen zugrunde liegenden Aktien während der Ausübungsfrist haben wir der Einfachheit halber verzichtet. Es ist möglich, die Zusammenhänge auch unter Einschluss von Dividendenzahlungen zu formulieren (vgl. etwa [Hul98]).

Eine erste Beziehung zwischen den Preisen von europäischen und amerikanischen Optionen lautet:

$$C_t^a \geq C_t^e \text{ und } P_t^a \geq P_t^e.$$

Dies ergibt sich daraus, dass eine amerikanische Option zu einem beliebigen Zeitpunkt innerhalb der Ausübungsfrist T ausgeübt werden kann. Deshalb muss ihr Wert zu jedem Zeitpunkt mindestens so groß sein wie der einer sonst gleichen europäischen Option, die ja nur am Ende der Frist ausgeübt werden darf.

Schranken für amerikanische Optionen

Für den Preis C_t^a einer amerikanischen Call-Option mit Ausübungspreis E und Ausübungsfrist T gilt

$$\max(0, S_t - E) \leq C_t^a \leq S_t, \quad 0 \leq t \leq T.$$

Für den Preis P_t^a einer amerikanischen Put-Option mit Ausübungspreis E und Ausübungsfrist T gilt

$$\max\left(0, E - S_t\right) \leq P_t^a \leq E, \quad 0 \leq t \leq T.$$

Beweis: Offenbar gilt $C_t^a \geq 0$ und $P_t^a \geq 0$. Wären nämlich die Preise negativ, so könnte man die Optionen „kaufen" und hätte in Gestalt der negativen Optionspreise einen risikolosen Gewinn und keinerlei spätere Zahlungsverpflichtungen.

Wäre $S_t - E > C_t^a$ zu einem Zeitpunkt t, so könnte man in t die Call-Option kaufen und sofort ausüben und hätte den risikolosen Gewinn $S_t - E - C_t^a > 0$ realisiert.

Auch die Annahme $P_t^a < E - S_t$ führt über den Kauf der Put-Option bei t und deren sofortiger Ausübung zu einem risikolosen, positiven Gewinn, nämlich $E - S_t - P_t^a$.

Somit sind die linken Seiten der beiden Ungleichungsketten bewiesen. Die rechten Seiten überlassen wir dem Leser als Übungsaufgaben (vgl. Aufgabe 5).

Als inneren Wert einer Option zum Zeitpunkt t hatten wir denjenigen Betrag bezeichnet, der bei Ausübung der Option zum Zeitpunkt t erzielt werden kann. Der innere Wert einer Call-Option zum Zeitpunkt t ist demzufolge gleich $\max(0, S_t - E)$. Aus den hergeleiteten Schranken folgt, dass der Preis einer amerikanischen Option immer größer oder gleich ihrem inneren Wert ist. Für europäische Optionen gilt diese Aussage nicht uneingeschränkt (vgl. aber Aufgabe 7).

Schranken für europäische Optionen

Es seien $i > 0$ der risikolose Zinssatz und $r = 1 + i > 1$ der risikolose Zinsfaktor pro Zeiteinheit. Dann gilt für europäische Optionen mit dem Ausübungspreis E und der Ausübungsfrist T

auf Aktien ohne Dividendenzahlung in $[0, T]$

$$\max\left(0, S_t - \frac{1}{r^{T-t}}E\right) \leq C_t^e \quad \text{und} \quad \max\left(0, \frac{1}{r^{T-t}}E - S_t\right) \leq P_t^e \text{ für } 0 \leq t \leq T,$$

sowie allgemein

$$C_t^e \leq S_t \quad \text{und} \quad P_t^e \leq \frac{1}{r^{T-t}}E \text{ für } 0 \leq t \leq T.$$

Beweis: Mit denselben Begründungen wie bei den amerikanischen Optionen folgt $C_t^e \geq 0$ und $P_t^e \geq 0$, sowie $C_t^e \leq S_t$.

Angenommen, es sei zu einem Zeitpunkt t die Beziehung $C_t^e < S_t - \frac{1}{r^{T-t}}E$ erfüllt. Dann gibt es folgende Handlungsmöglichkeit bei t:

Aktion	Geldfluss
verkaufe eine Aktie leer	$+S_t$
kaufe eine Call-Option	$-C_t^e$
lege $S_t - C_t^e$ an	$-(S_t - C_t^e)$
Saldo	0

Was passiert zum Zeitpunkt T? Wir betrachten die beiden Szenarien, die in der Tabelle auf der Seite 128 dargestellt sind.

$S_T > E$		$S_T \leq E$	
Aktion	Geldfluss	Aktion	Geldfluss
hebe Anlage ab	$+r^{T-t}(S_t - C_t^e)$	hebe Anlage ab	$+r^{T-t}(S_t - C_t^e)$
kaufe eine Aktie und gib die leer verkaufte Aktie zurück.	$-E$	kaufe eine Aktie und gib die leer verkaufte Aktie zurück.	$-S_T$
Saldo	$r^{T-t}(S_t - C_t^e) - E$ $= r^{T-t}(S_t - C_t^e - \frac{1}{r^{T-t}}E)$ > 0	Saldo	$r^{T-t}(S_t - C_t^e) - S_T$ $\geq r^{T-t}(S_t - C_t^e) - E$ $= r^{T-t}(S_t - C_t^e - \frac{1}{r^{T-t}}E)$ > 0

Die Annahme $C_t^e < S_t - E/r^{T-t}$ zieht offenbar einen Widerspruch zum No-Arbitrage-Prinzip nach sich und kann deshalb nicht zutreffen.

Um $E/r^{T-t} - S_t \leq P_t^e$ zu zeigen, wählen wir einen alternativen Weg über die Konstruktion von zwei Portfolios. In das Portfolio A geben wir eine Aktie und eine Put-Option auf diese Aktie. In das Portfolio B geben wir einen Geldbetrag von E/r^{T-t}. Dann hat zum Zeitpunkt t das Portfolio A den Wert $S_t + P_t^e$ und das Portfolio B den Wert E/r^{T-t}.

Betrachten wir den Wert $P_T^e + S_T$ des Portfolios A zum Zeitpunkt T in Abhängigkeit vom Aktienkurs. Wenn $S_T \geq E$ gilt, dann beträgt dieser Wert S_T, andernfalls $E - S_T + S_T = E$. Da Portfolio B bei T sicher den Wert E hat, ist der Wert von Portfolio A bei T niemals kleiner als derjenige von B. Aus dem No-Arbitrage-Prinzip folgern wir, dass diese Beziehung auch zum Zeitpunkt t gelten muss, d.h. $S_t + P_t^e \geq E/r^{T-t}$. Den Nachweis von $P_t^e \leq E/r^{T-t}$ überlassen wir dem Leser (vgl. Aufgabe 6).

Die Abbildung 5.10 veranschaulicht die Schranken für europäische Call-Optionen auf dividendenlose Aktien für ein festes t, $0 \leq t \leq T$, in Abhängigkeit vom Aktienkurs S_t.

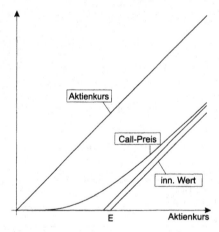

Abbildung 5.10: Prinzipieller Verlauf des Preises einer europäischen Call-Option

Für $t \to T$ nähert sich $\frac{1}{r^{T-t}}E$ dem Wert E und der Call-Preis seinem inneren Wert.

Für Put-Optionen auf dividendenlose Aktien erhalten wir den in Abbildung 5.11 dargestellten Verlauf innerhalb der Schranken.

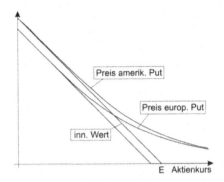

Abbildung 5.11: Prinzipieller Verlauf des Preises einer Put-Option

Es fällt auf, dass der Preis einer europäischen Put-Option kleiner als ihr innerer Wert sein kann. Wie es dazu kommt, erfahren Sie im Folgenden.

Vorzeitige Ausübung

Am Anfang dieses Abschnitts haben wir festgehalten, dass eine amerikanische Call-Option niemals weniger wert ist als die entsprechende europäische Call-Option. Tatsächlich aber ist eine amerikanische nicht mehr wert als eine europäische, denn:

Es ist niemals lohnend, eine amerikanische Call-Option auf eine Aktie ohne Dividendenzahlung in $[0,T]$ vor dem Verfallstermin auszuüben.

Zur Begründung ziehen wir die untere Schranke für C_t^e heran:

$$C_t^a \geq C_t^e \geq \max\left(0, S_t - \frac{1}{r^{T-t}}E\right).$$

Da eine vorzeitige Ausübung einer Call-Option höchstens dann sinnvoll ist, wenn der Aktienkurs über dem Ausübungspreis liegt, nehmen wir weiter $S_t > E$ an. Dann gilt aber wegen $r > 1$

$$C_t^a \geq C_t^e \geq \max\left(0, S_t - \frac{1}{r^{T-t}}E\right) = S_t - \frac{1}{r^{T-t}}E > S_t - E \text{ für alle } 0 \leq t < T.$$

Wir erkennen, dass der Preis der amerikanischen Call-Option für $t < T$ immer *echt* größer als der Wert ist, den man bei sofortiger Ausübung erzielen kann, d.h. größer als ihr innerer Wert. Demzufolge ist es ökonomisch nicht sinnvoll, die Option vor T auszuüben und somit auf den Zeitwert zu verzichten.

Beispiel: Die Besitzerin einer Call-Option auf die Deutsche Bank Aktie mit Ausübungspreis € 50.00 erwägt, ihre Option vorzeitig auszuüben, als der Kurs der Aktie bei € 55.51 steht. Die Call-Option kostet zu diesem Zeitpunkt € 11.46.
Nehmen wir zunächst an, die Besitzerin der Option sei an der Aktie interessiert. Bei vorzeitiger Ausübung zahlt sie € 50.00 für die Aktie. Verkauft sie hingegen eine Call-Option für € 11.46 (vgl. Abschnitt 5.1, Glattstellen) und kauft die Aktie am Markt für € 55.51, so zahlt sie letztlich € 55.51 − € 11.46 = € 44.05, also € 5.95 weniger. Das ist gerade der Zeitwert der Option, den sie bei vorzeitiger Ausübung verlieren würde.

Wenn die Besitzerin der Option nicht an der Aktie interessiert ist, so bringt ihr das Ausüben der Option € 5.51 ein, das Glattstellen dagegen € 11.46.

Bei einer amerikanischen Put-Option verhält es sich mit dem vorzeitigen Ausüben anders. Es kann lohnend sein, eine amerikanische Put-Option vorzeitig auszuüben. Wir beschränken uns auf einen Extremfall: Wenn $S_t = 0$ für ein $t < T$ ist, dann hat die Put-Option ihren maximal erreichbaren Wert, nämlich E, und die vorzeitige Ausübung ist sinnvoll. In dieser Situation hat die entsprechende europäische Put-Option, die ja nicht sofort ausgeübt werden kann, einen Preis, der unter ihrem inneren Wert liegt, und folglich hat sie einen negativen Zeitwert.

Ausgehend von diesem Extremfall kann man sich überlegen, dass die vorzeitige Ausübung auch dann sinnvoll ist, wenn der Aktienkurs unter ein gewisses Niveau gesunken ist, d.h. wenn die Option tief im Geld ist.

Put-Call-Parität und Put-Call-Beziehung

Put-Call-Parität für europäische Optionen auf dividendenlose Aktien:

$$C_t^e + \frac{1}{r^{T-t}}E = P_t^e + S_t \text{ für alle } 0 \le t \le T.$$

Beweis: Wir bilden zur Zeit t zwei Portfolios, die den beiden Seiten der behaupteten Gleichung entsprechen und bestimmen deren Wert zum Zeitpunkt T.

Portfolio A enthält zur Zeit t eine Call-Option und einen Geldbetrag $\frac{1}{r^{T-t}}E$.

Für $S_T > E$ hat dieses Portfolio zur Zeit T den Wert $C_T^e + r^{T-t}\left(\frac{1}{r^{T-t}}E\right) = S_T - E + E = S_T$.

Für $S_T \le E$ hat Portfolio A den Wert $C_T^e + r^{T-t}\left(\frac{1}{r^{T-t}}E\right) = 0 + E = E$.

In Portfolio B legen wir zur Zeit t eine Put-Option und eine Aktie. Dann hat dieses Portfolio bei T im Fall $S_T > E$ den Wert $P_T^e + S_T = 0 + S_T = S_T$ und im Fall $S_T \le E$ den Wert $P_T^e + S_T = E - S_T + S_T = E$.

Was auch mit dem Aktienkurs geschieht, die Portfolios haben bei T denselben Wert, also haben sie nach dem No-Arbitrage-Prinzip auch bei t denselben Wert und das ist gerade die Aussage der Put-Call-Parität.

Die Put-Call-Parität ermöglicht es, den Preis einer europäischen Put-Option zu bestimmen, wenn man den Preis der entsprechenden europäischen Call-Option kennt und umgekehrt.

Aus der Put-Call-Parität folgern wir

$$C_t^e - P_t^e = S_t - \frac{1}{r^{T-t}}E \text{ für alle } 0 \le t \le T.$$

Insbesondere gilt

$$C_T^e - P_T^e = S_T - E.$$

Für amerikanische Optionen treten an die Stelle der Put-Call-Parität Schranken für die Differenz zwischen Call- und Put-Preis:

> **Put-Call-Beziehung für amerikanische Optionen auf dividendenlose Aktien:**
>
> $$S_t - E \leq C_t^a - P_t^a \leq S_t - \frac{1}{r^{T-t}}E \text{ für alle } 0 \leq t \leq T.$$

Für $t = T$ besteht dieselbe Gleichung wie für europäische Optionen, was auch daraus folgt, dass zu diesem Zeitpunkt beide Optionstypen gleichwertig sind.

Die rechte Seite der Put-Call-Beziehung folgt mit den Beziehungen $C_t^a = C_t^e$ und $P_t^a \geq P_t^e$ aus der Put-Call-Parität. Die linke Seite lassen wir unbewiesen.

Beispiel: Wir wollen die Put-Call-Beziehung an realen Optionen überprüfen.

Für die Allianz-Namensaktie wurden am 15.08.2002 an der EUREX Preise von Call- und Put-Optionen mit Verfallstermin September 2002 sowie die jeweiligen Aktienkurse beobachtet. Die Schwierigkeit besteht darin, die beiden Preise für die Call- und Put-Option mit gleicher Ausübungsfrist sowie den Aktienkurs zum selben Zeitpunkt festzuhalten, wie es für die Put-Call-Parität notwendig ist. Das gelingt nur näherungsweise. Deshalb wurde bei den jeweiligen Aktienkursen ein mittlerer Wert genommen.

Mit dem Verfallstermin September 2002 ist der dritte Freitag im September gemeint, also der 20.09.02. Die Optionen haben noch eine Restlaufzeit $T - t$ von $\frac{26}{252}$ Zeiteinheiten, wenn man ein Handelsjahr mit 252 Tagen annimmt. Als risikolosen Zinssatz wählen wir den EURIBOR für 1-Monats-Geld und der betrug am 15.08.02 rund 3.3 % pro Jahr, also setzen wir $r = 1.033$. Die Tabelle 5.4 zeigt nun die beobachteten Optionspreise und deren Differenz sowie die Schranken gemäß Put-Call-Beziehung. Alle Preisangaben sind in €.

E	Call-Preis	Put-Preis	S_t	$S_t - E$	$C_t^a - P_t^a$	$S_t - \frac{1}{r^{T-t}}E$
130.00	8.90	12.30	126.31	-3.69	-3.40	-3.26
140.00	5.00	17.25	127.08	-12.92	-12.25	-12.45
150.00	3.50	25.40	128.16	-21.84	-21.90	-21.34
160.00	1.20	35.00	126.63	-33.37	-33.80	-32.83
195.00	0.20	65.60	128.88	-66.12	-65.40	-65.47

Tabelle 5.4: Untersuchung der Put-Call-Beziehung an realen Optionspreisen

Die Differenz der Optionspreise am Markt liegt also bis auf eine Ausnahme nicht innerhalb der theoretischen Schranken. Allerdings markieren die Schranken ein sehr enges Band und die tatsächliche Differenzen fallen nur geringfügig aus diesem Band heraus.

5.4 Binomialformel für den Preis einer europäischen Option

Die Schwäche des Einperiodenmodells ist offensichtlich, wenn das Intervall $[0, T]$ lang ist. Dann nämlich kann das Modell die vielen kleinen Schwankungen des Aktienkurses während der Zeit T nicht adäquat erfassen. Zugleich ist aber auch ein Weg zur Verbesserung des Modells naheliegend. Man müsste das Intervall $[0, T]$ in kleine Teilintervalle zerlegen und in jedem dieser Teilintervalle könnte man mit dem Einperiodenmodell arbeiten. Wie das genau erfolgt, davon ist in diesem Abschnitt die Rede.

Das n-Perioden-Binomialmodell wurde 1979 von COX, ROSS und RUBINSTEIN [CRR79] entwickelt. Es ist das einfachste diskrete Modell zur Optionspreisberechnung.

Das n-Perioden-Binomialmodell

Das Zeitintervall $[0, T]$ wird in n Teilintervalle der Länge $\dfrac{T}{n}$ eingeteilt. Der Aktienkurs ändert sich nur in den Zeitpunkten

$$\frac{T}{n}, 2\frac{T}{n}, \ldots, (n-1)\frac{T}{n}, T.$$

Im Unterschied zum Black-Scholes-Modell mit seiner stetigen Zeit wird im Binomialmodell die Zeit diskretisiert.

Zur Zeit $t = 0$ beträgt der Aktienkurs S. (Wir verzichten jetzt zwecks Vereinfachung der Bezeichnung auf den Index 0.)

In *jedem* Teilintervall steigt der Aktienkurs *unabhängig* von den anderen Teilintervallen und *unabhängig* vom bisherigen Kursverlauf um den *gleichen* Faktor u oder er sinkt um den *gleichen* Faktor d, wobei $d < u$ ist. Der Kurs einen Zeittakt später hängt also nur vom aktuellen Kurs und von u und d ab, nicht aber von der Geschichte des Kursprozesses **vor** dem aktuellen Zeitpunkt.

Die Aufwärtsbewegung tritt dabei immer mit Wahrscheinlichkeit p ein und die Abwärtsbewegung mit Wahrscheinlichkeit $q = 1 - p$. Es wird $0 < p < 1$ vorausgesetzt, da es andernfalls eine deterministische Aktienkursentwicklung wäre.

Es bezeichnet jetzt r den risikolosen Zinsfaktor *für eine Periode*. Die Bedingung $d < r < u$ garantiert die Arbitragefreiheit im Modell.

Die Abbildung 5.12 zeigt den Baum für ein 3-Perioden-Binomialmodell.

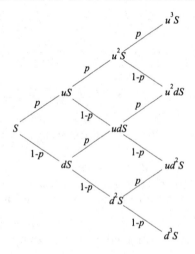

Abbildung 5.12: Baum für ein 3-Perioden-Binomialmodell

Nach 3 Zeittakten der Länge $\dfrac{T}{3}$, also zum Zeitpunkt T, nimmt der Aktienkurs S_T in diesem Modell einen der vier möglichen Werte $u^3 S, u^2 dS, du^2 S$ oder $d^3 S$ an. Mithilfe der Pfadregeln für mehrstufige Vorgänge ermitteln wir die folgenden Wahrscheinlichkeiten für diese Werte:

Wert für S_T	$u^3 S$	$u^2 dS$	$du^2 S$	$d^3 S$
Wahrscheinlichkeit	p^3	$3p^2(1-p)$	$3p(1-p)^2$	$(1-p)^3$

Dies sind gerade die Wahrscheinlichkeiten einer Binomialverteilung mit den Parametern 3 und p. Das ist nicht verwunderlich, denn der Aktienkurs im Binomialmodell zum Zeitpunkt T ist eindeutig bestimmt durch die Anzahl der Aufwärtsbewegungen. Diese Anzahl ist binomialverteilt mit der Erfolgswahrscheinlichkeit p, da die einzelnen Bewegungen unabhängig voneinander und jeweils mit der Wahrscheinlichkeit p nach oben und mit der entgegengesetzten Wahrscheinlichkeit $1 - p$ nach unten erfolgen. Im n-Perioden-Binomialmodell gilt demnach

$$\mathrm{P}(S_T = u^k d^{n-k} S) = \binom{n}{k} p^k (1-p)^{n-k}.$$

Der Preis einer europäischen Call-Option im n-Perioden-Binomialmodell – ein Beispiel

Der Baum eines n-Perioden-Binomialmodells entsteht durch „Aneinandersetzen" der Bäume von Einperioden-Binomialmodellen. In jedem Einperioden-Modell können wir den Optionspreis am Anfang der Periode berechnen. Ebenfalls leicht berechnen können wir die Optionspreise im n-Perioden-Binomialmodell zum Ausübungszeitpunkt T.
Die Strategie für das n-Perioden-Modell wird folglich das **Rückwärtsarbeiten** im Binomialbaum sein.

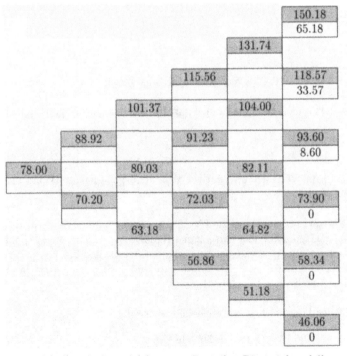

Tabelle 5.5: Beispiel für ein 5-Perioden-Binomialmodell

Beispiel: Aus den Renditen der Adidas-Namensaktie zwischen dem 22.02.02 und dem 17.07.02 an der Frankfurter Börse haben wir die Jahreskenngröße $\mu = 0.155$ ermittelt. Für die Volatilität greifen wir auf Angaben aus dem Internet zurück und setzen $\sigma = 0.400$. Eine Call-Option auf diese Aktie mit Ausübungspreis $E = €\ 85$ und Verfallstermin Dezember 2002 kostete am 19.07.02 an der EUREX €\ 6.57. Der Aktienkurs betrug zur gleichen Zeit an der Frankfurter Börse €\ 78.00.

Vom 19.07.02 bis zum Verfallstermin am dritten Freitag im Dezember waren es noch fünf Monate. Wir wollen den Optionspreis in einem 5-Perioden-Binomialmodell berechnen. Eine Periode ist einen Monat lang, d.h. $\frac{T}{5} = \frac{1}{12}$. Daraus erhalten wir für die Parameter u und d des Modells (vgl. Abschnitt 5.2)

$$d = e^{0.155 \frac{1}{12} - 0.400 \sqrt{\frac{1}{12}}} \approx 0.90 \text{ und } u = e^{0.155 \frac{1}{12} + 0.400 \sqrt{\frac{1}{12}}} \approx 1.14.$$

Mit diesen Faktoren u und d und einem Startwert von € 78.00 bei $t = 0$ füllen wir nun die Tabelle 5.5 aus, welche die möglichen Kursentwicklungen für unsere Aktie im 5-Perioden-Binomial-Modell angibt. Die Rechnungen wurden bis zum Ende genau ausgeführt, die angegebenen Preise *danach* auf zwei Stellen nach dem Komma gerundet. In der letzten Spalte haben wir noch den Optionspreis bei $t = T$ eingetragen.

Um das Rückwärtsarbeiten zu demonstrieren, wählen wir folgenden Ausschnitt aus Tabelle 5.5:

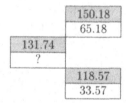

Tabelle 5.6: Ausschnitt aus Tabelle 5.5

Dieser stellt ein 1-Perioden-Binomialmodell dar, für das der Optionspreis mit der Formel

$$C_0 = \frac{(r - d)c_u + (u - r)c_d}{(u - d)r}$$

berechnet werden kann. (Für den alternativen Weg über die risikolose Wahrscheinlichkeitsverteilung siehe Aufgabe 9.)

Der risikofreie Zinssatz für Geld wird zu 3.35 % p.a. angenommen. Diese Annahme beruht auf dem EURIBOR, dem Zinssatz, den europäische Banken voneinander beim Handel von Einlagen mit festgelegter Laufzeit verlangen. Wir erhalten daraus den Zinsfaktor für einen Monat als $r = \sqrt[12]{1.0335} \approx 1.00275$ (vgl. Abschnitt 1.6) und stellen fest, dass die No-Arbitrage-Bedingung $0.90 < 1.00275 < 1.14$ erfüllt ist.

Nun können wir das Fragezeichen in Tabelle 5.6 ersetzen durch

$$\frac{(1.00275 - 0.90)65.18 + (1.14 - 1.00275)33.57}{(1.14 - 0.90)1.00275} \approx 46.97.$$

Analog verfahren wir mit den anderen Teilbäumen. So erhalten wir für jeden möglichen Kursverlauf zu jedem Zeitpunkt den Optionspreis und zuletzt den interessierenden Optionspreis zum Zeitpunkt $t = 0$, also den aktuellen Optionspreis (vgl. Tabelle 5.7). Er beträgt € 6.28 und ist damit fast identisch mit dem an der EUREX angegebenen Preis.

Allerdings ist das Modell sehr sensibel gegenüber kleinen Veränderungen in u und d. Diese wiederum werden in erster Linie von der Volatilität verursacht. In Aufgabe 10 sollen Sie diesen

Einfluss durch Variation der Volatilität untersuchen. Senkt man beispielsweise die Volatilität um 5 % auf 0.38, so sinkt der Optionspreis C_0 um rund 10 % auf € 5.57.

Die Situation gleicht derjenigen bei der Lebensversicherung. Durch Wahl „vorsichtiger" Berechnungsgrundlagen begibt man sich mit der Versicherungsprämie auf die sichere Seite. Dort waren es die Sterbetafel und der Rechnungszinssatz. Hier spielt die Volatilität die entscheidende Rolle.

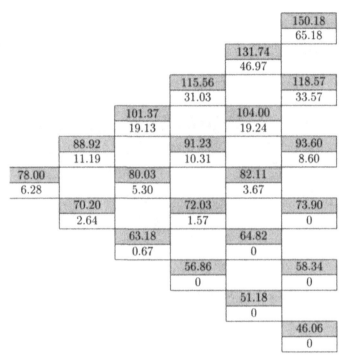

Tabelle 5.7: Tabelle 5.5 mit Optionspreisen

An jeder Verzweigung können wir auch das absichernde Portfolio bestimmen. Wir wählen als Beispiel folgenden Ausschnitt des Binomialbaumes:

	150.18
	65.18
131.74	
46.97	
	118.57
	33.57

Tabelle 5.8: Ausschnitt aus Tabelle 5.7

Das Äquivalenzportfolio besteht aus $\dfrac{c_u - c_d}{(u - d)S_0}$ Aktien und $\dfrac{uc_d - dc_u}{(u - d)r}$ Geld. In unserem Beispiel ergibt das $\dfrac{65.18 - 33.57}{0.24 \cdot 131.74} \approx 1.00$ Aktie und $\dfrac{1.14 \cdot 33.57 - 0.90 \cdot 65.18}{0.24 \cdot 1.00275} \approx €-84.73$ Geld.

Den vollständig ausgefüllten Binomialbaum zeigt Tabelle 5.9. Die Zahlenwerte in den wei-ßen Feldern wurden laufend (d.h. nach jeder 1-Perioden-Rechnung) auf zwei Nachkommastel-len gerundet, während die Zahlenwerte in den grauen Feldern erst zum Schluss (d.h. nach vollständiger 5-Perioden-Rechnung) auf zwei Nachkommastellen gerundet wurden.

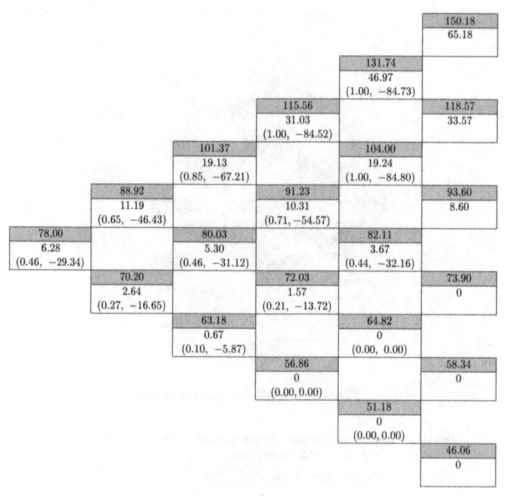

Tabelle 5.9: Beispiel für Optionspreise und Äquivalenzportfolios in einem 5-Perioden-Binomialmodell

Die Portfolios sind zufällig wie der Aktienkursprozess, aber immer am *Anfang* einer Periode bekannt. Bei der Festlegung des Optionspreises herrscht im Unterschied zur Festlegung einer Versicherungsprämie eine *kurzfristige* Betrachtungsweise vor. Die Kontrolle des Risikos erfolgt durch ständiges, am Aktienkurs orientiertes Anpassen des absichernden Portfolios.

Sind wir nur am Optionspreis zur Zeit $t = 0$ und nicht an den absichernden Portfolios inter-essiert, so können wir den Weg über die risikoneutrale Wahrscheinlichkeitsverteilung (p^*, q^*) gehen. Als Vorbereitung zur allgemeinen Formel demonstrieren wir diesen Weg für ein Zwei-Perioden-Binomialmodell (vgl. Tabelle 5.10).

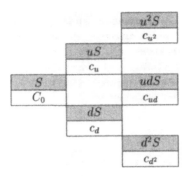

Tabelle 5.10: Zwei-Perioden-Binomialmodell – allgemeiner Fall

Die möglichen Werte des Optionspreises C_T nennen wir c_{u^2}, c_{ud} und c_{d^2}. Es ist beispielsweise

$$c_{ud} = \begin{cases} udS - E, & \text{falls } udS > E, \\ 0, & \text{falls } udS \le E. \end{cases}$$

Für die Zwischenpreise c_u und c_d sowie für den Anfangspreis C_0 wenden wir jeweils die Formel für das Ein-Perioden-Binomialmodell an:

$$c_u = \frac{1}{r}(p^* c_{u^2} + q^* c_{ud}), \quad c_d = \frac{1}{r}(p^* c_{ud} + q^* c_{d^2}), \quad C_0 = \frac{1}{r}(p^* c_u + q^* c_d).$$

Hierbei ist r der Aufzinsungsfaktor pro Periode. Setzen wir die Ausdrücke für c_u und c_d in die Formel für C_0 ein, so bekommen wir

$$C_0 = \frac{1}{r^2}\left((p^*)^2 c_{u^2} + 2p^*q^* c_{ud} + (q^*)^2 c_{d^2}\right).$$

Das ist gerade der abgezinste Erwartungswert des Optionspreises C_T zum Zeitpunkt $t = T$ bezüglich der Binomialverteilung mit den Parametern $n = 2$ und p^*. Die risikoneutrale Wahrscheinlichkeit p^*, die in jeder Stufe des Modells gilt, hat für den Optionspreis C_T eine Binomialverteilung mit eben dieser Erfolgswahrscheinlichkeit erzeugt.

Nun ist der Schritt zur allgemeinen Formel für den Optionspreis im n-Perioden-Binomialmodell – der Binomialformel – nicht mehr schwer.

Der Preis einer europäischen Call-Option im n-Perioden-Binomialmodell

Im n-Perioden-Binomialmodell bezeichnen wir die möglichen Werte des Optionspreises C_T mit $c_{u^k d^{n-k}}$, $k = 0, 1, \ldots, n$. Das ist der Optionspreis, der sich zum Zeitpunkt $t = T$ ergibt, wenn der Aktienkurs in den n Perioden k mal gestiegen und $n - k$ mal gefallen ist. Es gilt

$$c_{u^k d^{n-k}} = \begin{cases} u^k d^{n-k} S - E, & \text{falls } u^k d^{n-k} S > E \\ 0, & \text{falls } u^k d^{n-k} S \le E \end{cases}$$

Dieser Wert tritt mit der Binomialwahrscheinlichkeit $\binom{n}{k}(p^*)^k(q^*)^{n-k}$ auf. Den Optionspreis C_0 erhalten wir nun als abgezinsten Erwartungswert von C_T:

$$C_0 = \frac{1}{r^n} \sum_{k=1}^{n} \binom{n}{k}(p^*)^k(q^*)^{n-k} c_{u^k d^{n-k}}.$$

In dieser Formel für C_0 sind alle Summanden null, bei denen der Aktienkurs am Ende der Ausübungsfrist kleiner als der Ausübungspreis ist. Wir wollen das berücksichtigen und der Formel eine andere Darstellung geben.

Es bezeichne a die kleinste Anzahl an Aufwärtsbewegungen, die nötig ist, damit S_T größer oder gleich E ist. Die Bedingung an a lautet

$$a = \min\{k : u^k d^{n-k} S \geq E\}.$$

Daraus ergibt sich

$$a = \frac{\ln\left(\dfrac{E}{d^n S}\right)}{\ln\left(\dfrac{u}{d}\right)},$$

falls der Term auf rechten Seite eine ganze Zahl ergibt, und sonst die nächstgrößere ganze Zahl. Die Formel für den Optionspreis nimmt somit vorerst folgende Gestalt an:

$$C_0 = \frac{1}{r^n} \sum_{k=a}^{n} \binom{n}{k} (p^*)^k (q^*)^{n-k} \left(u^k d^{n-k} S - E\right).$$

Wir spalten sie in zwei Teile auf

$$C_0 = \frac{1}{r^n} \sum_{k=a}^{n} \binom{n}{k} (p^*)^k (q^*)^{n-k} u^k d^{n-k} S - \frac{1}{r^n} \sum_{k=a}^{n} \binom{n}{k} (p^*)^k (q^*)^{n-k} E$$

und formen weiter um

$$C_0 = \left[\sum_{k=a}^{n} \binom{n}{k} \left(\frac{p^* u}{r}\right)^k \left(\frac{q^* d}{r}\right)^{n-k}\right] S - \left[\sum_{k=a}^{n} \binom{n}{k} (p^*)^k (q^*)^{n-k}\right] \frac{E}{r^n}.$$

Setzt man

$$p' = \frac{p^* u}{r} \quad \text{und} \quad q' = \frac{q^* d}{r},$$

so erhält man

$$C_0 = \left[\sum_{k=a}^{n} \binom{n}{k} (p')^k (q')^{n-k}\right] S - \left[\sum_{k=a}^{n} \binom{n}{k} (p^*)^k (q^*)^{n-k}\right] \frac{E}{r^n}.$$

Man prüft durch Rechnung nach, dass unsere Annahmen $d < u$ und $d < r < u$ dafür sorgen, dass

$$p' + q' = 1 \quad \text{und} \quad 0 < p', q' < 1$$

gilt. p' und q' haben den Charakter von Wahrscheinlichkeiten, eine Deutung wie bei p^* und q^* gelingt aber nicht. Wir nennen sie deshalb **Pseudowahrscheinlichkeiten**.

Wir fassen das Ergebnis der Herleitung zusammen:

Binomialformel: Zum Zeitpunkt $t = 0$ beträgt der Preis C_0 einer europäischen Call-Option auf eine Aktie im n-Perioden-Binomialmodell

$$C_0 = \left[\sum_{k=a}^{n} \binom{n}{k} (p')^k (q')^{n-k} \right] S - \left[\sum_{k=a}^{n} \binom{n}{k} (p^*)^k (q^*)^{n-k} \right] \frac{E}{r^n}.$$

Dabei ist S der Aktienkurs zum Zeitpunkt $t = 0$, E der Ausübungspreis der Option, n die Anzahl der Perioden bis zum Ausübungszeitpunkt T, u bzw. d sind die Faktoren, um die der Aktienkurs pro Periode steigen bzw. fallen kann, r ist der risikolose Zinsfaktor pro Periode und

$$a \approx \frac{\ln \left(\dfrac{E}{d^n S} \right)}{\ln \left(\dfrac{u}{d} \right)}, \quad p^* = \frac{r - d}{u - d}, \quad q^* = 1 - p^*, \quad p' = \frac{p^* u}{r}, \quad q' = 1 - p'.$$

Die näherungsweise Gleichheit bei a bedeutet, dass auf die nächstgrößere ganze Zahl aufgerundet wird.

Die Binomialformel ist von der Form $C_0 = A - B$.

In A wird der Aktienkurs S zum Zeitpunkt $t = 0$ multipliziert mit der Pseudowahrscheinlichkeit dafür, dass der Aktienkurs S_T zum Zeitpunkt $t = T$ größer als E ist, wenn er in jeder Periode mit der Pseudowahrscheinlichkeit p' um den Faktor u steigt bzw. mit der Pseudowahrscheinlichkeit q' um den Faktor d fällt.

In B wird der auf den Zeitpunkt $t = 0$ abgezinste Ausübungspreis E multipliziert mit der risikolosen Wahrscheinlichkeit dafür, dass der Aktienkurs S_T zum Zeitpunkt $t = T$ größer als E ist, wenn er in jeder Periode mit der risikolosen Wahrscheinlichkeit p^* um den Faktor u steigt bzw. mit der risikolosen Wahrscheinlichkeit q^* um den Faktor d fällt.

Diese Struktur werden wir in der berühmten Black-Scholes-Formel für den Preis einer europäischen Call-Option im Black-Scholes-Modell wiederfinden.

Der Preis einer europäischen Put-Option im n-Perioden-Binomialmodell

Wir benutzen zur Bestimmung des Preises der Put-Option die Put-Call-Parität für europäische Optionen (vgl. Abschnitt 5.3). Die Put-Call-Parität wurde einzig und allein aus dem No-Arbitrage-Prinzip abgeleitet. Es waren keinerlei Modellannahmen über die Kursentwicklung der Aktie erforderlich. Wir können sie deshalb unter anderem im Rahmen des Binomialmodells verwenden.

Für $t = 0$ hat sie mit den vereinfachten Bezeichnungen $C_0^e = C_0$, $S_0 = S$, $P_0^e = P_0$ die Gestalt

$$C_0 + \frac{1}{r^n} E = P_0 + S.$$

Der Abzinsungsfaktor ist hier $\dfrac{1}{r^n}$, weil die Ausübungsfrist T in n Perioden unterteilt wurde und mit r der Zinsfaktor *pro Periode* bezeichnet wurde. Daraus erhalten wir unter Verwendung der Binomialformel für C_0 den Preis der Put-Option zu

$$
\begin{aligned}
P_0 &= \left[\sum_{k=a}^{n} \binom{n}{k} (p')^k (q')^{n-k}\right] S - \left[\sum_{k=a}^{n} \binom{n}{k} (p^*)^k (q^*)^{n-k}\right] \frac{E}{r^n} + \frac{1}{r^n} E - S \\
&= \left[\sum_{k=a}^{n} \binom{n}{k} (p')^k (q')^{n-k} - 1\right] S - \left[\sum_{k=a}^{n} \binom{n}{k} (p^*)^k (q^*)^{n-k} - 1\right] \frac{E}{r^n} \\
&= -\left[1 - \sum_{k=a}^{n} \binom{n}{k} (p')^k (q')^{n-k}\right] S + \left[1 - \sum_{k=a}^{n} \binom{n}{k} (p^*)^k (q^*)^{n-k}\right] \frac{E}{r^n}.
\end{aligned}
$$

In den Klammern stehen die Gegenwahrscheinlichkeiten, die man auch durch Summation von $k = 0$ bis $k = a - 1$ erhält. Somit beträgt im Binomialmodell der Preis einer europäischen Put-Option auf eine dividendenlose Aktie

$$
P_0 = \left[\sum_{k=0}^{a-1} \binom{n}{k} (p^*)^k (q^*)^{n-k}\right] \frac{E}{r^n} - \left[\sum_{k=0}^{a-1} \binom{n}{k} (p')^k (q')^{n-k}\right] S.
$$

5.5   Vom Binomialmodell zum Black-Scholes-Modell

Es soll nun untersucht werden, in welchem Sinne das Binomialmodell für große n eine Approximation des Black-Scholes-Modells darstellt.

Wir rekapitulieren ganz kurz das Black-Scholes-Modell (vgl. Kapitel 3): Der Aktienkurs zur Zeit t wird mit S_t bezeichnet, die logarithmische Rendite im Zeitraum $[0, t]$ mit R_t. Dann wird für den Renditeprozess (R_t) angenommen:

$$
R_t = \mu t + \sigma W_t, \quad t \geq 0.
$$

Hierbei sind $\mu \in \mathbb{R}$ und $\sigma > 0$ Konstanten, die die Drift und die Volatilität beschreiben, und (W_t) ist der Wiener-Prozess. Es folgt, dass die Rendite R_t eine Normalverteilung mit dem Erwartungswert μt und der Standardabweichung $\sigma\sqrt{t}$ besitzt. Das 1σ-Intervall für die Rendite im Intervall $[0, t]$ hat die Gestalt

$$
[\mu t - \sigma\sqrt{t},\ \mu t + \sigma\sqrt{t}].
$$

Aus den Eigenschaften des Wiener-Prozesses ergibt sich, dass die Rendite in jedem Intervall $[s, s + t]$ der Länge t dieselbe Verteilung wie R_t besitzt und dass die Renditen in disjunkten Zeitintervallen unabhängig sind.

Den Aktienkurs S_t zur Zeit t erhält man über den Zusammenhang

$$
S_t = S_0\, e^{R_t}.
$$

Wir betrachten ein n-Perioden-Binomialmodell für den Aktienkurs im Intervall $[0, T]$. Als Aufwärts- bzw. Abwärtsfaktoren wählen wir wie schon zuvor (Abschnitt 5.2, Wahl der Parameter u und d im Einperiodenmodell)

$$
d_n = e^{\mu \frac{T}{n} - \sigma\sqrt{\frac{T}{n}}} \quad \text{bzw.} \quad u_n = e^{\mu \frac{T}{n} + \sigma\sqrt{\frac{T}{n}}}.
$$

Die Auf- und Abwärtsbewegungen sollen mit gleicher Wahrscheinlichkeit 0.5 erfolgen. Diese Symmetrieannahme wird durch die Symmetrie der Renditeverteilung im Black-Scholes-Modell nahegelegt.

Um die Abhängigkeit von der Anzahl n der Unterteilungen deutlich zu machen, bezeichnen wir den Aktienkurs zur Zeit T, d.h. nach n Schritten, mit S_T^n.

Wir wollen zunächst die Verteilung der zugehörigen Rendite $R_T^n = \ln\left(\dfrac{S_T^n}{S_0}\right)$ für wachsendes n untersuchen. Der Zeitpunkt T sei fest.

Die Zufallsgröße S_T^n nimmt Werte der Gestalt $u_n^k d_n^{n-k} S_0$ an. Demzufolge hat $\ln\left(\dfrac{S_T^n}{S_0}\right)$ die Werte $k \ln(u_n) + (n-k) \ln(d_n)$. Hierbei gibt k die Anzahl der Aufwärtsbewegungen des Kurses an. Jedes k ist eine Realisierung der Zufallsgröße X_n, die die zufällige Anzahl der Aufwärtsbewegungen bezeichne. Mit dieser Zufallsgröße können wir nun R_T^n folgendermaßen darstellen:

$$R_T^n = X_n \ln(u_n) + (n - X_n) \ln(d_n).$$

Wir setzen die Werte für u_n und d_n ein und formen um:

$$
\begin{aligned}
R_T^n &= X_n \ln(u_n) + (n - X_n) \ln(d_n) = X_n(\ln(u_n) - \ln(d_n)) + n \ln(d_n) \\
&= X_n \left(\mu\frac{T}{n} + \sigma\sqrt{\frac{T}{n}} - \mu\frac{T}{n} + \sigma\sqrt{\frac{T}{n}} \right) + n\left(\mu\frac{T}{n} - \sigma\sqrt{\frac{T}{n}} \right) \\
&= X_n\, 2\sigma\sqrt{\frac{T}{n}} + n\left(\mu\frac{T}{n} - \sigma\sqrt{\frac{T}{n}} \right) = X_n\, 2\sigma\sqrt{\frac{T}{n}} + \mu T - \sigma\sqrt{nT}.
\end{aligned}
$$

Die Zufallsgröße X_n ist binomialverteilt mit den Parametern n und $\dfrac{1}{2}$ und hat dementsprechend den Erwartungswert $\dfrac{n}{2}$ und die Varianz $\dfrac{n}{4}$. Die Verteilung der standardisierten Zufallsgröße

$$Z_n = \frac{X_n - n/2}{\sqrt{n/4}} = \frac{2X_n - n}{\sqrt{n}}$$

konvergiert nach dem Grenzwertsatz von de Moivre-Laplace für $n \to \infty$ gegen eine Standardnormalverteilung. Um das auszunutzen, ersetzen wir in der obigen Darstellung von R_T^n die Zufallsgröße X_n durch Z_n:

$$R_T^n = \left(\frac{\sqrt{n}Z_n + n}{2} \right) 2\sigma\sqrt{\frac{T}{n}} + \mu T - \sigma\sqrt{nT} = Z_n\sigma\sqrt{T} + \mu T.$$

Nun liegt das Ergebnis zum Greifen nahe. Die Eigenschaften von Erwartungswert und Varianz führen zunächst auf

$$\mathrm{E}(R_T^n) = \mu T \text{ und } \mathrm{Var}(R_T^n) = \sigma^2 T.$$

Die Parameter μ, σ und T hängen nicht von n ab. Eine Normalverteilung bleibt bei einer linearen Transformation eine Normalverteilung. Somit haben wir bewiesen:

Satz: Im n-Perioden-Binomialmodell seien $u_n = e^{\mu\frac{T}{n} + \sigma\sqrt{\frac{T}{n}}}$, $d_n = e^{\mu\frac{T}{n} - \sigma\sqrt{\frac{T}{n}}}$ und $p = \dfrac{1}{2}$ gewählt. Dann konvergiert für $n \to \infty$ die Verteilung der Rendite R_T^n im Intervall $[0, T]$ gegen eine Normalverteilung mit den Parametern μT und $\sigma^2 T$, d.h. gegen die Verteilung der Rendite R_T im Black-Scholes-Modell.

Die entsprechende Aussage gilt auch für den Aktienkurs (vgl. Aufgabe 11).

Wir merken an, dass die soeben bewiesene Konvergenzaussage wesentlich auf der geeigneten Wahl der Parameter u, d und p beruht. Damit sehen wir die in Abschnitt 5.2 vorgenommene Festlegung als nachträglich gerechtfertigt an. Es gibt jedoch auch andere Möglichkeiten, die Parameter zu wählen und ebenfalls die Konvergenz zu erhalten.

Aus der Unabhängigkeit der einzelnen Verzweigungsschritte im n-Perioden-Binomialmodell schlussfolgern wir unmittelbar, dass die Renditen in endlich vielen disjunkten Zeitintervallen der Gestalt $\left[\frac{k}{n}, \frac{l}{n}\right]$ unabhängig sind. Es ist vor allem ein technisches Problem zu beweisen, dass diese Eigenschaft für $n \to \infty$ für beliebige endlich viele disjunkte Zeitintervalle erhalten bleibt.

Damit sehen wir die Nähe dieses n-Perioden-Binomialmodells zum Black-Scholes-Modell für große n, d.h. kleine Zeittakte $\dfrac{T}{n}$, als für unsere Zwecke ausreichend begründet an.

5.6   Von der Binomialformel zur Black-Scholes-Formel

Wir wollen nun skizzieren, wie sich der mit der Binomialformel im n-Perioden-Binomialmodell berechnete Optionspreis bei wachsendem n dem Preis nähert, der sich mit der berühmten Black-Scholes-Formel ergibt.

Die Binomialformel im n-Perioden-Binomialmodell notieren wir in der Gestalt

$$C_{0,n} = \left[\sum_{k=a_n}^{n} \binom{n}{k} (p_n')^k (q_n')^{n-k}\right] S - \left[\sum_{k=a_n}^{n} \binom{n}{k} (p_n^*)^k (q_n^*)^{n-k}\right] \frac{E}{r_n^n},$$

um die Abhängigkeit der Parameter von n deutlich zu machen. Dabei gelten die Bezeichnungen

$$a_n \approx \frac{\ln\left(\frac{E}{d_n^n S}\right)}{\ln\left(\frac{u_n}{d_n}\right)}, \quad p_n^* = \frac{r_n - d_n}{u_n - d_n}, \quad q_n^* = 1 - p_n^*, \quad p_n' = \frac{p_n^* u_n}{r_n}, \quad q_n' = 1 - p_n'.$$

Wenn μ die Drift und σ die Volatilität der zugrunde liegenden Aktie ist, dann setzen wir wiederum

$$u_n = e^{\mu \frac{T}{n} + \sigma \sqrt{\frac{T}{n}}} \quad \text{bzw.} \quad d_n = e^{\mu \frac{T}{n} - \sigma \sqrt{\frac{T}{n}}}$$

als Aufwärts- bzw. Abwärtsfaktor für den Aktienkurs in einem Schritt im n-Perioden-Binomialmodell an.

Wenn i der risikolose Zinssatz für eine Zeit*einheit* ist, dann lautet der Zinsfaktor für einen Zeit*takt* im Binomialmodell

$$r_n = (1 + i)^{\frac{T}{n}}.$$

Die Idee eines Konvergenzbeweises besteht darin, die Summen in der Darstellung von $C_{0,n}$ als Binomialwahrscheinlichkeiten anzusehen und mithilfe eines Zentralen Grenzwertsatzes für Summen unabhängiger Zufallsgrößen durch Normalverteilungswahrscheinlichkeiten zu approximieren.

Es sei X_n die zufällige Anzahl der Aufwärtsbewegungen in einem n-Perioden-Binomialmodell. Wir stellen X_n in Abhängigkeit von n als Summe dar:

$$
\begin{aligned}
X_1 &= Y_{1,1}, \\
X_2 &= Y_{2,1} + Y_{2,2}, \\
X_3 &= Y_{3,1} + Y_{3,2} + Y_{3,3}, \\
\ldots &= \ldots, \\
X_n &= Y_{n,1} + Y_{n,2} + Y_{n,3} + \cdots + Y_{n,n}.
\end{aligned}
$$

Dabei repräsentieren die Zufallsgrößen $Y_{n,k}$ die Einzelschritte. Es ist $Y_{n,k} = 1$ mit Wahrscheinlichkeit p_n und $Y_{n,k} = 0$ mit Wahrscheinlichkeit $1 - p_n$. Für jedes n sind die Zufallsgrößen $Y_{n,1}, Y_{n,2}, \ldots, Y_{n,n}$ unabhängig. Der Erwartungswert und die Varianz der binomialverteilten Zufallsgrößen X_n betragen

$$
\mu_n = n\, p_n, \quad \sigma_n^2 = n\, p_n\, (1 - p_n).
$$

Wir wollen die Konvergenz der standardisierten Zufallsgrößen

$$
Z_n = \frac{X_n - \mu_n}{\sigma_n}
$$

untersuchen. Der Grenzwertsatz von de Moivre-Laplace ist nicht unmittelbar anwendbar, weil die risikolosen Wahrscheinlichkeiten p_n^* und die Pseudowahrscheinlichkeiten p_n' von n abhängen. Wir werden nachfolgend zeigen, dass die Folgen (p_n^*) und (p_n') für $n \to \infty$ gegen 0.5 konvergieren. Somit ändern sich die p_n^* und p_n' für große n kaum und es ist plausibel, dass die Verteilungen der zugehörigen Z_n auch gegen die Standardnormalverteilung konvergiert. Dies trifft auch tatsächlich zu, einen entsprechenden Beweis findet man z.B. in [Bil86].

Asymptotisch äquivalente Folgen und die Klein-o-Symbolik

Die Folge (a_n) heißt **asymptotisch äquivalent** zur Folge (b_n), in Zeichen $a_n \underset{\text{asymptotisch}}{\approx} b_n$, falls

$$
\lim_{n \to \infty} \frac{a_n}{b_n} = 1.
$$

Aus $a_n \underset{\text{asymptotisch}}{\approx} b_n$ folgt, dass der relative Fehler, den man begeht, wenn man die eine Folge durch die andere ersetzt, für $n \to \infty$ gegen 0 konvergiert, denn es gilt

$$
\lim_{n \to \infty} \frac{a_n - b_n}{b_n} = \lim_{n \to \infty} \frac{a_n}{b_n} - 1 = 0 \quad \text{und} \quad \lim_{n \to \infty} \frac{b_n - a_n}{a_n} = \frac{1}{\lim\limits_{n \to \infty} \frac{a_n}{b_n}} - 1 = 0.
$$

Die Folge (a_n) heißt **asymptotisch klein** gegenüber der Folge (b_n), in Zeichen $a_n = o(b_n)$, falls

$$
\lim_{n \to \infty} \frac{a_n}{b_n} = 0.
$$

Man sagt auch, (a_n) sei „klein o von (b_n)". Der Buchstabe o steht für „Ordnung" im Sinne von Größenordnung. Damit der Quotient $\dfrac{a_n}{b_n}$ für $n \to \infty$ gegen 0 geht, muss die Zählerfolge (a_n) für große n – salopp gesagt – mindestens eine Größenordnung kleiner sein als die Nennerfolge (b_n).

Beispiele: Es seien

$$a_n = \frac{1}{n^2}, \; b_n = \frac{1}{n}, \; c_n = e^{\frac{1}{n}}, \; d_n = 1 + \frac{1}{n}.$$

Dann gilt unter anderem:

1. $a_n = o(b_n)$, denn $\displaystyle\lim_{n\to\infty} \frac{1/n^2}{1/n} = \lim_{n\to\infty} \frac{1}{n} = 0$.

2. $c_n \underset{\text{asymptotisch}}{\approx} d_n$, denn $\displaystyle\lim_{n\to\infty} \frac{e^{\frac{1}{n}}}{1 + \frac{1}{n}} = 1$.

3. $c_n - d_n = o(b_n)$, denn $\displaystyle\lim_{n\to\infty} \frac{e^{\frac{1}{n}} - 1 - \frac{1}{n}}{\frac{1}{n}} = \lim_{x\to 0} \frac{e^x - 1 - x}{x} = 0$

   aufgrund der Taylorentwicklung $e^x = \displaystyle\sum_{k=0}^{\infty} \frac{1}{k!} x^k = 1 + x + \frac{1}{2} x^2 + \frac{1}{6} x^3 + \ldots$

4. $a_n = o(1), \; b_n = o(1)$ und $a_n + b_n = o(1)$, denn $\displaystyle\lim_{n\to\infty} \frac{1/n^2}{1} = 0, \; \lim_{n\to\infty} \frac{1/n}{1} = 0$ und
   $\displaystyle\lim_{n\to\infty} \frac{1/n^2 + 1/n}{1} = 0$.

Die o-Symbolik geht auf EDMUND LANDAU (1877-1938) zurück. Wir werden sie benutzen, um damit in Konvergenzüberlegungen die „vernachlässigbar kleinen" Terme zu erfassen. Unter anderem zu diesem Zweck schreibt man statt

$$a_n - b_n = o(c_n)$$

auch

$$a_n = b_n + o(c_n).$$

Angewendet auf das obige Beispiel 3 heißt das:

$$e^{\frac{1}{n}} = 1 + \frac{1}{n} + o\left(\frac{1}{n}\right).$$

Wenn wir die Taylorentwicklung um ein Glied fortsetzen, erhalten wir

$$e^{\frac{1}{n}} = 1 + \frac{1}{n} + \frac{1}{2}\frac{1}{n^2} + o\left(\frac{1}{n^2}\right).$$

Mit dem Symbol $o(c_n)$ werden also hier auf elegante Weise die Restterme der Taylorentwicklung zusammengefasst.

Mit dem o-Symbol kann man auch rechnen. So gilt zum Beispiel

$$o(c_n) + o(c_n) = o(c_n).$$

Damit ist Folgendes gemeint. Wenn zwei Folgen (a_n) und (b_n) asymptotisch klein gegenüber derselben Folge (c_n) sind, d.h. $a_n = o(c_n)$ und $b_n = o(c_n)$, dann ist auch die Summenfolge $(a_n + b_n)$ asymptotisch klein gegenüber (c_n), d.h. $a_n + b_n = o(c_n)$, denn

$$\lim_{n\to\infty} \frac{a_n + b_n}{c_n} = \lim_{n\to\infty} \frac{a_n}{c_n} + \lim_{n\to\infty} \frac{b_n}{c_n} = 0 + 0 = 0.$$

Eine weitere Regel ist

$$c_n \cdot o(d_n) = o(c_n \cdot d_n).$$

Sie besagt: Ist eine Folge (a_n) asymptotisch klein gegenüber der Folge (d_n), so ist die Produktfolge $(c_n \cdot a_n)$ asymptotisch klein gegenüber der Produktfolge $(c_n \cdot d_n)$, denn

$$\lim_{n \to \infty} \frac{c_n \cdot a_n}{c_n \cdot d_n} = \lim_{n \to \infty} \frac{a_n}{d_n} = 0.$$

Weitere Regeln, die wir verwenden werden, lauten

$$o(c_n) \cdot o(d_n) = o(c_n \cdot d_n) \quad \text{und} \quad d_n = o(c_n) \Rightarrow o(c_n) + o(d_n) = o(c_n).$$

Beispiel: Aufgrund der Taylorentwicklung der Funktion e^x ist

$$e^{\mu\frac{T}{n} + \sigma\sqrt{\frac{T}{n}}} = e^{\mu\frac{T}{n}} \cdot e^{\sigma\sqrt{\frac{T}{n}}} = \left(1 + \mu\frac{T}{n} + o\left(\frac{1}{n}\right)\right)\left(1 + \sigma\sqrt{\frac{T}{n}} + \frac{1}{2}\sigma^2\frac{T}{n} + o\left(\frac{1}{n}\right)\right).$$

Beim Ausmultiplizieren und Zusammenfassen kommen die Regeln für das o-Symbol zum Zug. So wird etwa die Multiplikation

$$\left(1 + \mu\frac{T}{n} + o\left(\frac{1}{n}\right)\right)\sigma\sqrt{\frac{T}{n}} = \sigma\sqrt{\frac{T}{n}} + \mu\sigma\left(\frac{T}{n}\right)^{\frac{3}{2}} + \sigma\sqrt{\frac{T}{n}}\, o\left(\frac{1}{n}\right)$$

vereinfacht zu

$$\sigma\sqrt{\frac{T}{n}} + o\left(\frac{1}{n}\right) + o(1)\, o\left(\frac{1}{n}\right) = \sigma\sqrt{\frac{T}{n}} + o\left(\frac{1}{n}\right) + o\left(\frac{1}{n}\right) = \sigma\sqrt{\frac{T}{n}} + o\left(\frac{1}{n}\right),$$

und die Multiplikation

$$\left(1 + \mu\frac{T}{n} + o\left(\frac{1}{n}\right)\right)o\left(\frac{1}{n}\right) = o\left(\frac{1}{n}\right) + \mu\frac{T}{n}\, o\left(\frac{1}{n}\right) + o\left(\frac{1}{n}\right)o\left(\frac{1}{n}\right)$$

zu

$$o\left(\frac{1}{n}\right) + o(1)o\left(\frac{1}{n}\right) + o\left(\left(\frac{1}{n}\right)^2\right) = o\left(\frac{1}{n}\right) + o\left(\frac{1}{n}\right) + o\left(\left(\frac{1}{n}\right)^2\right) = o\left(\frac{1}{n}\right) + o\left(\left(\frac{1}{n}\right)^2\right)$$

$$= o\left(\frac{1}{n}\right).$$

Insgesamt erhält man kurz und bündig

$$e^{\mu\frac{T}{n} + \sigma\sqrt{\frac{T}{n}}} = 1 + \mu\frac{T}{n} + \sigma\sqrt{\frac{T}{n}} + \frac{1}{2}\sigma^2\frac{T}{n} + o\left(\frac{1}{n}\right).$$

Das Verhalten von p_n^*, p_n' und a_n für $n \to \infty$

Zunächst stellen wir einfachere Ausdrücke für die Folgen p_n^*, p_n' und a_n bereit. Dabei berücksichtigen wir in der Reihenentwicklung von e^x die Summanden bis zur Ordnung $\frac{1}{n}$ und fassen den Rest jeweils in einem $o\left(\frac{1}{n}\right)$ zusammen. Als Prototyp dient das vorige Beispiel. Für r_n verwenden wir die Darstellung

$$r_n = (1 + i)^{\frac{T}{n}} = \left(e^{\ln(1+i)}\right)^{\frac{T}{n}} = e^{\ln(1+i)\frac{T}{n}} = 1 + \ln(1+i)\frac{T}{n} + o\left(\frac{1}{n}\right).$$

Wir beginnen mit p_n^*:

$$
\begin{aligned}
p_n^* \quad &= \quad \frac{r_n - d_n}{u_n - d_n} = \frac{(1+i)^{\frac{T}{n}} - e^{\mu \frac{T}{n} - \sigma \sqrt{\frac{T}{n}}}}{e^{\mu \frac{T}{n} + \sigma \sqrt{\frac{T}{n}}} - e^{\mu \frac{T}{n} - \sigma \sqrt{\frac{T}{n}}}} \\[2ex]
&= \quad \frac{1 + \ln(1+i)\frac{T}{n} + o\left(\frac{1}{n}\right) - \left(1 + \mu\frac{T}{n} - \sigma\sqrt{\frac{T}{n}} + \frac{1}{2}\sigma^2\frac{T}{n} + o\left(\frac{1}{n}\right)\right)}{\left(1 + \mu\frac{T}{n} + \sigma\sqrt{\frac{T}{n}} + \frac{1}{2}\sigma^2\frac{T}{n} + o\left(\frac{1}{n}\right)\right) - \left(1 + \mu\frac{T}{n} - \sigma\sqrt{\frac{T}{n}} + \frac{1}{2}\sigma^2\frac{T}{n} + o\left(\frac{1}{n}\right)\right)} \\[2ex]
&= \quad \frac{\left(\ln(1+i) - \mu - \frac{1}{2}\sigma^2\right)\frac{T}{n} + \sigma\sqrt{\frac{T}{n}} + o\left(\frac{1}{n}\right)}{2\sigma\sqrt{\frac{T}{n}} + o\left(\frac{1}{n}\right)} \\[2ex]
&= \quad \frac{\left(\ln(1+i) - \mu - \frac{1}{2}\sigma^2\right)T + \sigma\sqrt{T}\sqrt{n} + o(1)}{2\sigma\sqrt{T}\sqrt{n} + o(1)} \\[2ex]
&\underset{\text{asymptotisch}}{\approx} \quad \frac{1}{2} + \frac{\left(\ln(1+i) - \mu - \frac{1}{2}\sigma^2\right)\sqrt{T}}{2\sigma\sqrt{n}}.
\end{aligned}
$$

Ähnlich verfahren wir mit der Folge p_n', wobei wir ein Teilergebnis von p_n^* benutzen und nicht mehr alle Zwischenschritte ausführen:

$$
\begin{aligned}
p_n' \quad &= \quad \frac{p_n^* u_n}{r_n} \\[2ex]
&= \quad \frac{\left[\left(\ln(1+i) - \mu - \frac{1}{2}\sigma^2\right)\frac{T}{n} + \sigma\sqrt{\frac{T}{n}} + o\left(\frac{1}{n}\right)\right]\left[1 + \left(\mu + \frac{1}{2}\sigma^2\right)\frac{T}{n} + \sigma\sqrt{\frac{T}{n}} + o\left(\frac{1}{n}\right)\right]}{\left[2\sigma\sqrt{\frac{T}{n}} + o\left(\frac{1}{n}\right)\right]\left[1 + \ln(1+i)\frac{T}{n} + o\left(\frac{1}{n}\right)\right]} \\[2ex]
&= \quad \frac{\left(\ln(1+i) - \mu - \frac{1}{2}\sigma^2\right)\frac{T}{n} + \sigma\sqrt{\frac{T}{n}} + \sigma^2\frac{T}{n} + o\left(\frac{1}{n}\right)}{2\sigma\sqrt{\frac{T}{n}} + o\left(\frac{1}{n}\right)} \\[2ex]
&= \quad \frac{\left(\ln(1+i) - \mu + \frac{1}{2}\sigma^2\right)\frac{T}{n} + \sigma\sqrt{\frac{T}{n}} + o\left(\frac{1}{n}\right)}{2\sigma\sqrt{\frac{T}{n}} + o\left(\frac{1}{n}\right)} \\[2ex]
&= \quad \frac{\left(\ln(1+i) - \mu + \frac{1}{2}\sigma^2\right)T + \sigma\sqrt{T}\sqrt{n} + o(1)}{2\sigma\sqrt{T}\sqrt{n} + o(1)} \\[2ex]
&\underset{\text{asymptotisch}}{\approx} \quad \frac{1}{2} + \frac{\left(\ln(1+i) - \mu + \frac{1}{2}\sigma^2\right)\sqrt{T}}{2\sigma\sqrt{n}}.
\end{aligned}
$$

Wir stellen fest, dass

$$
\lim_{n\to\infty} p_n^* = \lim_{n\to\infty} p_n' = \frac{1}{2}
$$

gilt.

Bei der Vereinfachung von a_n ist die eventuelle Rundung auf die nächste ganze Zahl zu berücksichtigen. Deshalb geben wir zunächst obere und untere Schranken für a_n an und formen diese Ungleichungen äquivalent um:

$$\frac{\ln\left(\frac{E}{S}\right) - n\ln(d_n)}{\ln(u_n) - \ln(d_n)} \leq a_n \leq \frac{\ln\left(\frac{E}{S}\right) - n\ln(d_n)}{\ln(u_n) - \ln(d_n)} + 1$$

$$\Leftrightarrow \frac{\ln\left(\frac{E}{S}\right) - n\left(\mu\frac{T}{n} - \sigma\sqrt{\frac{T}{n}}\right)}{2\sigma\sqrt{\frac{T}{n}}} \leq a_n \leq \frac{\ln\left(\frac{E}{S}\right) - n\left(\mu\frac{T}{n} - \sigma\sqrt{\frac{T}{n}}\right)}{2\sigma\sqrt{\frac{T}{n}}} + 1$$

$$\Leftrightarrow \frac{\ln\left(\frac{E}{S}\right) - \mu T + \sigma\sqrt{T}\sqrt{n}}{2\sigma\sqrt{\frac{T}{n}}} \leq a_n \leq \frac{\ln\left(\frac{E}{S}\right) - \mu T + \sigma\sqrt{T}\sqrt{n}}{2\sigma\sqrt{\frac{T}{n}}} + 1$$

$$\Leftrightarrow \frac{1}{2}n + \frac{\left(\ln\left(\frac{E}{S}\right) - \mu T\right)\sqrt{n}}{2\sigma\sqrt{T}} \leq a_n \leq 1 + \frac{1}{2}n + \frac{\left(\ln\left(\frac{E}{S}\right) - \mu T\right)\sqrt{n}}{2\sigma\sqrt{T}}.$$

Konvergenz der Binomialformel gegen die Black-Scholes-Formel

Es sei X_n eine Zufallsgröße, die binomialverteilt ist mit den Parametern n und p'_n. Dann kann die erste Summe in der Binomialformel für $C_{0,n}$ als Wahrscheinlichkeit gedeutet werden:

$$P(X_n \geq a_n) = \sum_{k=a_n}^{n} \binom{n}{k} (p'_n)^k (q'_n)^{n-k}.$$

Nach dem auf Seite 143 zitierten Grenzwertsatz konvergiert die Verteilung der standardisierten Zufallsgröße X_n gegen die Standardnormalverteilung, d.h. für jedes feste a gilt:

$$P\left(\frac{X_n - \mu_n}{\sigma_n} \geq a\right) \underset{\text{asymptotisch}}{\approx} 1 - \Phi(a).$$

Da sich die standardisierte Folge $\dfrac{a_n - np'_n}{\sqrt{np'_n(1-p'_n)}}$ als konvergent erweisen wird, gilt sogar

$$P(X_n \geq a_n) = P\left(\frac{X_n - np'_n}{\sqrt{np'_n(1-p'_n)}} \geq \frac{a_n - np'_n}{\sqrt{np'_n(1-p'_n)}}\right) \underset{\text{asymptotisch}}{\approx} 1 - \Phi\left(\frac{a_n - np'_n}{\sqrt{np'_n(1-p'_n)}}\right).$$

Hierbei bezeichnet Φ die Verteilungsfunktion der Standardnormalverteilung (vgl. Abschnitt 3.9). Um den Grenzwert des ersten Summanden von $C_{0,n}$ zu bestimmen, müssen wir

$$\lim_{n \to \infty} \frac{a_n - np'_n}{\sqrt{np'_n(1-p'_n)}}$$

berechnen. Dazu nutzen wir die bereitgestellten Ausdrücke für a_n und p'_n. Wegen

$$\frac{(a_n + 1) - np'_n}{\sqrt{np'_n(1-p'_n)}} = \frac{a_n - np'_n}{\sqrt{np'_n(1-p'_n)}} + \frac{1}{\sqrt{np'_n(1-p'_n)}} \underset{\text{asymptotisch}}{\approx} \frac{a_n - np'_n}{\sqrt{np'_n(1-p'_n)}}.$$

spielt in der Abschätzung für a_n der Summand 1 auf der rechten Seite für den Grenzwert keine Rolle. Es folgt

$$\frac{a_n - np'_n}{\sqrt{np'_n(1-p'_n)}} \underset{\text{asymptotisch}}{\approx} \frac{\frac{1}{2}n + \frac{\left(\ln\left(\frac{E}{S}\right) - \mu T\right)\sqrt{n}}{2\sigma\sqrt{T}} - n\left(\frac{1}{2} + \frac{\left(\ln(1+i) - \mu + \frac{1}{2}\sigma^2\right)\sqrt{T}}{2\sigma\sqrt{n}}\right)}{\sqrt{n}\sqrt{\left(\frac{1}{2} + \frac{\left(\ln(1+i) - \mu + \frac{1}{2}\sigma^2\right)\sqrt{T}}{2\sigma\sqrt{n}}\right)\left(\frac{1}{2} - \frac{\left(\ln(1+i) - \mu + \frac{1}{2}\sigma^2\right)\sqrt{T}}{2\sigma\sqrt{n}}\right)}}$$

$$= \frac{\sqrt{n}\left(\frac{\ln\left(\frac{E}{S}\right)-\mu T}{2\sigma\sqrt{T}} - \frac{\left(\ln(1+i)-\mu+\frac{1}{2}\sigma^2\right)\sqrt{T}}{2\sigma}\right)}{\sqrt{n}\sqrt{\left(\frac{1}{2} + \frac{\left(\ln(1+i)-\mu+\frac{1}{2}\sigma^2\right)\sqrt{T}}{2\sigma\sqrt{n}}\right)\left(\frac{1}{2} - \frac{\left(\ln(1+i)-\mu+\frac{1}{2}\sigma^2\right)\sqrt{T}}{2\sigma\sqrt{n}}\right)}}$$

$$= \frac{\ln\left(\frac{E}{S}\right) - \left(\ln(1+i)+\frac{1}{2}\sigma^2\right)T}{2\sigma\sqrt{T}\sqrt{\left(\frac{1}{2} + \frac{\left(\ln(1+i)-\mu+\frac{1}{2}\sigma^2\right)\sqrt{T}}{2\sigma\sqrt{n}}\right)\left(\frac{1}{2} - \frac{\left(\ln(1+i)-\mu+\frac{1}{2}\sigma^2\right)\sqrt{T}}{2\sigma\sqrt{n}}\right)}}.$$

Wir erkennen, dass

$$\lim_{n\to\infty} \frac{a_n - np'_n}{\sqrt{np'_n\left(1-p'_n\right)}} = \frac{\ln\left(\frac{E}{S}\right) - \left(\ln(1+i)+\frac{1}{2}\sigma^2\right)T}{\sigma\sqrt{T}}$$

ist. Nun können wir den Grenzwert der ersten Summe bei $C_{0,n}$ bestimmen:

$$\lim_{n\to\infty} \sum_{k=a_n}^{n} \binom{n}{k} \left(p'_n\right)^k \left(q'_n\right)^{n-k} = 1 - \Phi\left(\frac{\ln\left(\frac{E}{S(1+i)^T}\right) - \frac{1}{2}\sigma^2 T}{\sigma\sqrt{T}}\right).$$

Mithilfe der Beziehung $\Phi(-z) = 1 - \Phi(z)$ formen wir den Term auf der rechten Seite um zu

$$\Phi\left(\frac{\ln\left(\frac{S(1+i)^T}{E}\right) + \frac{1}{2}\sigma^2 T}{\sigma\sqrt{T}}\right) = \Phi\left(d_1\right).$$

Auf analoge Weise (vgl. Aufgabe 12) erhält man als Grenzwert der zweiten Summe von $C_{0,n}$ den Ausdruck

$$\Phi\left(\frac{\ln\left(\frac{S(1+i)^T}{E}\right) - \frac{1}{2}\sigma^2 T}{\sigma\sqrt{T}}\right) = \Phi\left(d_2\right).$$

Man rechnet leicht nach, dass $d_1 - d_2 = \sigma\sqrt{T}$ gilt.

Schließlich stellen wir noch fest, dass

$$r_n^n = (1+i)^{\frac{T}{n}n} = (1+i)^T.$$

Damit sind für alle „Bestandteile" von $C_{0,n}$ die Grenzwerte ermittelt. Wir fassen zusammen:

Konvergenz der Binomialformel gegen die Black-Scholes-Formel:

Es liege ein n-Perioden-Binomialmodell mit $d_n = e^{\mu\frac{T}{n} - \sigma\sqrt{\frac{T}{n}}}$ und $u_n = e^{\mu\frac{T}{n} + \sigma\sqrt{\frac{T}{n}}}$ vor. Der risikolose Zinssatz pro Zeiteinheit wird mit i bezeichnet.

In diesem Modell sei $C_{0,n}$ der nach dem No-Arbitrage-Prinzip bestimmte Preis einer europäischen Call-Option mit Ausübungspreis E und Ausübungsfrist T auf eine dividendenlose Aktie, die bei $t = 0$ den Kurs S hat. Dann gilt

$$\lim_{n\to\infty} C_{0,n} = C_0^{BS} = S\,\Phi(d_1) - \frac{1}{(1+i)^T}\,E\,\Phi(d_2),$$

wobei $d_1 = \dfrac{\ln\left(\dfrac{S(1+i)^T}{E}\right) + \dfrac{\sigma^2}{2}T}{\sigma\sqrt{T}}$ und $d_1 - d_2 = \sigma\sqrt{T}$ ist.

Der Ausdruck

$$C_0^{BS} = S\,\Phi(d_1) - \frac{1}{(1+i)^T}\,E\,\Phi(d_2)$$

heißt **Black-Scholes-Formel** für den Preis einer **europäischen Call-Option** auf eine dividendenlose Aktie.

Diesen Preis erhält man, wenn man als Modell für die Aktienkursentwicklung das Black-Scholes-Modell zugrunde legt und nach dem No-Arbitrage-Prinzip vorgeht. Das Black-Scholes-Modell hat die beiden Parameter Drift μ und Volatilität σ. In der Black-Scholes-Formel taucht der Parameter μ nicht auf.

Das Verschwinden von μ ist vergleichbar mit dem Verschwinden von p, der Wahrscheinlichkeit für eine Aufwärtsbewegung des Aktienkurses, bei der Preisbildung im Binomialmodell. An die Stelle von p trat dort die risikoneutrale Wahrscheinlichkeit. Bezüglich dieser Wahrscheinlichkeitsverteilung hat die Aktie im Mittel dieselbe Rendite wie eine risikolose Anlage mit Zinssatz i. Grob gesprochen haben wir hier denselben Effekt. Die mittlere Rendite μ wird ersetzt durch den risikolosen Zinssatz i und nur dieser geht in die Black-Scholes-Formel ein.

Die Binomialformel wurde 1979 von JOHN COX, STEPHEN ROSS und MARK RUBINSTEIN aufgestellt [CRR79]. Sechs Jahre zuvor publizierten FISHER BLACK und MYRON SCHOLES die heute nach ihnen benannte Optionspreisformel [BS73]. Im gleichen Jahr erschien eine Arbeit von ROBERT C. MERTON zur Preisbildung bei Optionen [Mer73]. Im Jahre 1997 ging der Nobelpreis für Wirtschaftswissenschaften an MERTON und SCHOLES. Die NEUE ZÜRCHER ZEITUNG schrieb dazu am 15.10.97: *Die Schwedische Akademie der Wissenschaften verweist in der Begründung ihres Entscheids auf die von den Amerikanern erarbeitete „bahnbrechende Formel für die Bewertung von Aktienoptionen". Besonders hervorgehoben wird, dass der dabei entwickelte Denkansatz nicht nur bei den Finanzmarktprodukten Anwendung fand, sondern allgemein zur Lösung von wirtschaftlichen Bewertungsproblemen beitrug.* In der Begründung für den Nobelpreis wurde auch BLACK, der 1995 verstorben ist, namentlich erwähnt.

Beispiel: Wir bewerten mit der Black-Scholes-Formel die Call-Option auf die Adidas-Namensaktie (vgl. das Beispiel im Abschnitt 5.4). Die Eingangsgrößen lauten

$$S = \text{€ } 78, \quad T = \frac{5}{12}\ \text{Jahr}, \quad E = \text{€ } 85, \quad i = 0.0335, \quad \sigma = 0.400.$$

Wir bestimmen zunächst

$$d_1 = \frac{\ln\left(\frac{78\cdot 1.0335^{\frac{5}{12}}}{85}\right) + \frac{0.400^2}{2}\cdot \frac{5}{12}}{0.400\cdot\sqrt{\frac{5}{12}}} = -0.1506, \quad d_2 = -0.1506 - 0.400\cdot\sqrt{\frac{5}{12}} = -0.4088.$$

Die Werte der Verteilungsfunktion der Standardnormalverteilung betragen

$$\Phi(-0.1506) = 0.4401, \quad \Phi(-0.4088) = 0.3413.$$

Für den Preis der Call-Option erhalten wir

$$C_0^{BS} = 78\cdot 0.4401 - \frac{1}{1.0335^{\frac{5}{12}}}\cdot 85\cdot 0.3413 = 5.71.$$

Der mit der Black-Scholes-Formel ermittelte Preis der Call-Option beträgt also € 5.71. Mit der Binomialformel hatten wir € 6.28 berechnet. Das ist ein Unterschied von nur 10 %.

Wir illustrieren die Annäherung der Call-Preise gemäß Binomialformel an die Call-Preise gemäß Black-Scholes-Formel an diesem Beispiel. Mit $\mu = 0.155$ und den obigen Werten für σ, i, T, S und E sowie $n = 5, 10, \ldots, 100, 200, \ldots, 500$ erhält man die Tabelle 5.11. Die Call-Preise $C_{0,n}$ in Abhängigkeit von n für $n = 5, 10, \ldots, 100$ zeigt die Abbildung 5.13.

n	d_n	u_n	r_n	p_n^*	p_n'	a_n	$C_{0,n}$
5	0.903	1.137	1.0027	0.427	0.485	3	6.0854
10	0.928	1.092	1.0014	0.449	0.489	6	5.6802
15	0.940	1.074	1.0009	0.458	0.491	8	5.8175
20	0.947	1.063	1.0007	0.464	0.492	11	5.7266
25	0.952	1.056	1.0005	0.467	0.493	13	5.7644
30	0.956	1.051	1.0005	0.470	0.494	16	5.7353
35	0.959	1.047	1.0004	0.472	0.494	18	5.7417
40	0.962	1.043	1.0003	0.474	0.495	21	5.7370
45	0.964	1.041	1.0003	0.476	0.495	23	5.7291
50	0.965	1.039	1.0003	0.477	0.495	26	5.7367
55	0.967	1.037	1.0002	0.478	0.495	28	5.7211
60	0.968	1.035	1.0002	0.479	0.496	31	5.7357
65	0.969	1.034	1.0002	0.480	0.496	33	5.7156
70	0.971	1.032	1.0002	0.481	0.496	36	5.7344
75	0.971	1.031	1.0002	0.481	0.496	38	5.7115
80	0.972	1.030	1.0002	0.482	0.496	41	5.7331
85	0.973	1.029	1.0002	0.483	0.496	43	5.7084
90	0.974	1.028	1.0002	0.483	0.496	46	5.7319
95	0.975	1.028	1.0001	0.483	0.497	48	5.7060
100	0.975	1.027	1.0001	0.484	0.497	51	5.7306
200	0.982	1.019	1.0001	0.488	0.498	101	5.7218
300	0.985	1.015	1.0000	0.491	0.498	151	5.7167
400	0.987	1.013	1.0000	0.492	0.498	201	5.7134
500	0.989	1.012	1.0000	0.493	0.498	251	5.7109

Tabelle 5.11: Parameter und Call-Preis des n-Perioden-Binomialmodells in Abhängigkeit von n für das Beispiel Adidas-Namensaktie

Wir erkennen, dass sich die Folge $(C_{0,n})$ im betrachteten Bereich nicht monoton verhält, dass sich die Werte aber dem Preis gemäß Black-Scholes-Formel, € 5.71, annähern. Da die Zeittakte immer kürzer werden, nähern sich die Faktoren d_n bzw. u_n von unten bzw. von oben der Eins, ebenso wie der Zinsfaktor r_n.

Mithilfe des Preises der Call-Option C_0^{BS} und der Put-Call-Parität bestimmen wir den Black-Scholes-Preis einer entsprechenden europäischen Put-Option auf die zugrunde liegende Aktie. Dabei benutzen wir die Eigenschaft $\Phi(-x) = 1 - \Phi(x)$ der Verteilungsfunktion der Standardnormalverteilung. Es folgt

$$
\begin{aligned}
P_0^{BS} &= C_0^{BS} - S + \frac{1}{(1+i)^T} E = S\,\Phi(d_1) - \frac{1}{(1+i)^T} E\,\Phi(d_2) - S + \frac{1}{(1+i)^T} E \\
&= S\,(\Phi(d_1) - 1) + \frac{1}{(1+i)^T} E\,(1 - \Phi(d_2)) = -S\,\Phi(-d_1) + \frac{1}{(1+i)^T} E\,\Phi(-d_2).
\end{aligned}
$$

Somit erhalten wir die **Black-Scholes-Formel** für den Preis einer **europäischen Put-Option** auf eine dividendenlose Aktie:

$$P_0^{BS} = -S\,\Phi(-d_1) + \frac{1}{(1+i)^T}\,E\,\Phi(-d_2).$$

C_0^{BS} ist zugleich der Preis für eine amerikanische Call-Option mit sonst gleichen Parametern, da gezeigt wurde, dass es nie lohnend ist, eine amerikanische Call-Option vorfristig auszuüben. Die Preisbestimmung für amerikanische Put-Optionen in einem zeitstetigen Modell ist komplizierter und wird in diesem Buch nicht erörtert.

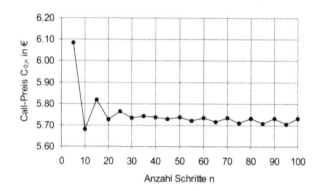

Abbildung 5.13: Call-Preise $C_{0,n}$ für $n = 5, 10, \ldots, 100$ für das Beispiel Adidas-Namensaktie

Das Delta einer Option im Black-Scholes-Modell

Bei der Arbeit im Binomialmodell haben wir in jedem Schritt die absichernden Portfolios gemäß No-Arbitrage-Prinzip bestimmt. Da der Black-Scholes-Formel dasselbe Preisbildungsprinzip zugrunde liegt, muss es auch hier möglich sein, diese Portfolios anzugeben. Wir definieren das Delta einer Call-Option als

$$\Delta = \frac{\partial C_0^{BS}}{\partial S}.$$

Delta ist die partielle Ableitung des Black-Scholes-Preises nach S, d.h. alle anderen Variablen werden als konstant angesehen und der Preis wird nach S abgeleitet. Der analoge Differenzenquotient lieferte im Einperioden-Binomialmodell den Aktienanteil des absichernden Portfolios. Man kann beweisen, dass im Black-Scholes-Modell das soeben eingeführte Δ dieselbe Bedeutung besitzt.

Wir wollen nun eine einfache Darstellung für Δ herleiten. Ein Vergleich der Strukturen der Black-Scholes-Formel und der Preisformel im Einperioden-Binomialmodell legt nahe, dass

$$\Delta = \Phi(d_1)$$

gelten muss. Wir beweisen dies und haben wegen $\Phi(d_1) > 0$ damit zugleich nachgewiesen, dass der Call-Preis streng monoton wachsend in S ist.

Mit den Ableitungsregeln folgt zunächst

$$\frac{\partial C_0^{BS}}{\partial S} = \Phi(d_1) + S\,\frac{\partial \Phi(d_1)}{\partial S} - \frac{1}{(1+i)^T}\,E\,\frac{\partial \Phi(d_2)}{\partial S}.$$

Offenbar reicht es zu zeigen, dass

$$S\,\frac{\partial \Phi(d_1)}{\partial S} = \frac{1}{(1+i)^T}\,E\,\frac{\partial \Phi(d_2)}{\partial S}$$

gilt. Wegen $d_1 - d_2 = \sigma\sqrt{T}$ ist $\dfrac{\partial d_1}{\partial S} = \dfrac{\partial d_2}{\partial S}$. Weiter erhalten wir mit der Kettenregel

$$\frac{\partial \Phi(d_1)}{\partial S} = \varphi(d_1)\,\frac{\partial d_1}{\partial S}$$

und

$$\frac{\partial \Phi(d_2)}{\partial S} = \varphi(d_2)\,\frac{\partial d_2}{\partial S} = \varphi(d_2)\,\frac{\partial d_1}{\partial S}.$$

Hierbei ist φ die Dichtefunktion der Standardnormalverteilung. Setzen wir diese Beziehungen in die nunmehr zu beweisende Gleichung ein, so erhalten wir

$$S\,\varphi(d_1)\,\frac{\partial d_1}{\partial S} = \frac{1}{(1+i)^T}\,E\,\varphi(d_2)\,\frac{\partial d_1}{\partial S}.$$

Man überzeugt sich, dass $\dfrac{\partial d_1}{\partial S} > 0$ gilt. Somit ist die vorige Gleichung äquivalent zu

$$S\,\varphi(d_1) = \frac{1}{(1+i)^T}\,E\,\varphi(d_2).$$

Wir stellen φ explizit dar und formen weiter äquivalent um:

$$
\begin{aligned}
& S\,\frac{1}{\sqrt{2\pi}}\,e^{-\frac{d_1^2}{2}} &=& \quad \frac{1}{(1+i)^T}\,E\,\frac{1}{\sqrt{2\pi}}\,e^{-\frac{1}{2}(d_1 - \sigma\sqrt{T})^2} \\
\Leftrightarrow \quad & S\,e^{-\frac{d_1^2}{2}} &=& \quad E\,e^{-T\ln(1+i) - \frac{d_1^2}{2} + d_1\sigma\sqrt{T} - \frac{\sigma^2 T}{2}} \\
\Leftrightarrow \quad & S &=& \quad E\,e^{-T\ln(1+i) + \ln\left(\frac{S(1+i)^T}{E}\right) + \frac{\sigma^2}{2}T - \frac{\sigma^2}{2}T} \\
\Leftrightarrow \quad & S &=& \quad E\,\frac{S}{E}.
\end{aligned}
$$

Diese wahre Aussage beschließt den Beweis.

Wir fassen zusammen:

Der Black-Scholes-Preis einer Call-Option auf eine dividendenlose Aktie ist streng monoton wachsend in S und $\Delta = \Phi(d_1)$ gibt den Aktienanteil des absichernden Portfolios an.

Betrachten wir die Beziehung $\Delta = \Phi(d_1)$ noch etwas näher, so stellen wir zunächst fest, dass für Call-Optionen immer

$$0 < \Delta < 1$$

gilt, da Φ diese Eigenschaft besitzt. Ein markanter Punkt von $\Phi(d_1)$ ist bei $d_1 = 0$, dann erhalten wir $\Delta = 0.5$. Was bedeutet das für unsere Aktie? Wir begnügen uns mit Näherungsaussagen:

$$d_1 \approx 0 \quad \text{bedeutet} \quad \ln\left(\frac{S(1+i)^T}{E}\right) + \frac{\sigma^2}{2}T \approx 0.$$

Wenn wir beachten, dass i und σ klein sind, dann gelangen wir zur Erkenntnis, dass $\Delta \approx 0.5$ gerade dann gilt, wenn $S \approx E$ ist, d.h. wenn sich die Option at the money befindet.

Je weiter die Option in the money gelangt, desto größer wird Δ, d.h. der Aktienanteil des absichernden Portfolios – im Einklang mit der Intuition.

Die Abbildungen 5.14 bis 5.16 gibt beispielhaft, aber typisch die Abhängigkeiten des Black-Scholes-Preises einer Call-Option von S, E und σ wieder, wobei jeweils ein Parameter variiert und die anderen festgehalten wurden. Sie ergänzen damit die qualitativen Überlegungen aus Abschnitt 5.1.

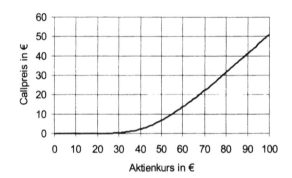

Abbildung 5.14: C_0^{BS} für $E = €\,50$, $\sigma = 0.45$, $T = 0.5$, $i = 0.04$ in Abhängigkeit von S

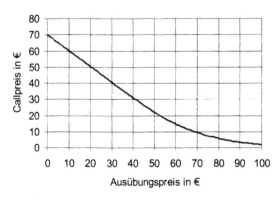

Abbildung 5.15: C_0^{BS} für $S = €\,70$, $\sigma = 0.45$, $T = 0.5$, $i = 0.04$ in Abhängigkeit von E

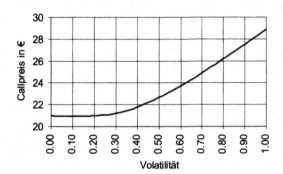

Abbildung 5.16: C_0^{BS} für $S = €\ 70$, $E = €\ 50$, $T = 0.5$, $i = 0.04$ in Abhängigkeit von σ

5.7 Aufgaben

1 Manchmal erhalten Manager einen Teil ihrer Vergütung als Call-Optionen auf Aktien ihres Unternehmens. Was verspricht sich der Vorstand des Unternehmens davon?

2 Konstruieren Sie eine Arbitragemöglichkeit mit der Call-Option am Anfang von Abschnitt 5.2, wenn dort in der Aktienkursentwicklung die Wahrscheinlichkeiten p und q ihre Werte tauschen (d.h. neu $p = 0.4$ und $q = 0.6$ ist), und der Optionspreis (wiederum) gemäß dem Erwartungswertprinzip festgelegt wird.

3 Der Käufer einer Call-Option rechnet mit einem Kursanstieg, während der Käufer einer Put-Option eher fallende Kurse vermutet. Durch Kombinationen von Optionsgeschäften kann man komplexere Kurserwartungen berücksichtigen.

Die folgenden Teilaufgaben geben einen Einblick in mögliche Optionskombinationen.

Stellen Sie jeweils ein Gewinn-/Verlust-Diagramm auf und beschreiben Sie die vermutlich zugrunde liegende Kurserwartung.

    a) Kauf einer Put-Option und einer Call-Option mit gleichem Ausübungspreis E und gleicher Ausübungsfrist T.

    Eine solche Kombination nennt man **Straddle**.

    b) Kauf einer Call-Option mit Ausübungsfrist T und Ausübungspreis E_1 sowie einer Put-Option mit gleicher Ausübungsfrist, aber Ausübungspreis $E_2 < E_1$.

    Dies ist ein sogenannter **Strangle**.

    c) Kauf einer Call-Option mit Ausübungspreis E_1 und Verkauf einer Call-Option mit Ausübungspreis $E_2 > E_1$. Beide Optionen haben dieselbe Ausübungsfrist.

    Diese Variante sowie die entsprechende Kombination mit Put-Optionen nennt man **Spread**.

    d) Kauf einer Call-Option mit Ausübungspreis E_1 und einer Put-Option mit Ausübungspreis $E_2 > E_1$ sowie Verkauf einer Call-Option und einer Put-Option mit Ausübungspreis E, wobei $E_1 < E < E_2$ gelte. Alle vier Optionen haben dieselbe Ausübungsfrist T.

    Es handelt sich um einen **Butterfly-Spread**.

4 Zeigen Sie, dass im Einperiodenmodell immer $d \le r \le u$ gelten muss, wenn Arbitrage ausgeschlossen werden soll.

5 Beweisen Sie die Ungleichungen $C_t^a \leq S_t$ und $P_t^a \leq E$ für $0 \leq t \leq T$.

6 Beweisen Sie die Ungleichungen

$$S_t - \frac{1}{r^{T-t}} E \leq C_t^e \quad \text{und} \quad P_t^e \leq \frac{1}{r^{T-t}} E$$

durch Betrachtung je zweier geeigneter Portfolios.

7 Beweisen Sie, dass der Preis einer europäischen Call-Option auf eine Aktie ohne Dividendenzahlung in $[0, T]$ immer größer oder gleich ihrem inneren Wert ist.

8 Zeigen Sie, dass bei Call-Optionen für das Äquivalenzportfolio im Einperiodenmodell immer $x \geq 0$ und $y \leq 0$ gilt.

9 Berechnen Sie für das Beispiel der Adidas-Namensaktie aus Abschnitt 5.4 im 5-Perioden-Binomialmodell mithilfe der risikolosen Wahrscheinlichkeitsverteilung den Call-Preis als abgezinsten Erwartungswert bezüglich dieser Verteilung.

10 Untersuchen Sie für das Beispiel der Adidas-Namensaktie aus Abschnitt 5.4 im 5-Perioden-Binomialmodell den Einfluss der Volatilität auf den Optionspreis, indem Sie σ von 0.1 bis 1 mit Schrittweite 0.1 variieren.

11 Zeigen Sie, dass die Verteilung des Aktienkurses S_T^n im n-Perioden-Binomialmodell für $n \to \infty$ gegen die Verteilung des Aktienkurses im Black-Scholes-Modell konvergiert.

12 Zeigen Sie, dass $\displaystyle\lim_{n \to \infty} \frac{a_n - np_n^*}{\sqrt{np_n^* (1 - p_n^*)}} = \frac{\ln\left(\dfrac{S(1+i)^T}{E}\right) - \dfrac{\sigma^2}{2} T}{\sigma \sqrt{T}}$ gilt und bestätigen Sie dann den im Text behaupteten Grenzwert der zweiten Summe von $C_{0,n}$.

13 Vom 01.03.02 bis 14.08.02 wurden die Schlusskurse der Deutsche Bank AG Namensaktie an der Frankfurter Börse notiert und die täglichen Renditen berechnet. Nach einer Klasseneinteilung ergab sich folgende Häufigkeitstabelle für die Renditen:

Klasse	Klassenmitte	Häufigkeit
$(-0.065, -0.055]$	-0.06	2
$(-0.055, -0.045]$	-0.05	0
$(-0.045, -0.035]$	-0.04	6
$(-0.035, -0.025]$	-0.03	9
$(-0.025, -0.015]$	-0.02	14
$(-0.015, -0.005]$	-0.01	18
$(-0.005, 0.005]$	0.00	23
$(0.005, 0.015]$	0.01	19
$(0.015, 0.025]$	0.02	11
$(0.025, 0.035]$	0.03	4
$(0.035, 0.045]$	0.04	6
$(0.045, 0.055]$	0.05	2
$(0.055, 0.065]$	0.06	0
$(0.065, 0.075]$	0.07	0
$(0.075, 0.085]$	0.08	1

a) Berechnen Sie das arithmetische Mittel $\hat{\mu}_{\text{Tag}}$ und die Standardabweichung $\hat{\sigma}_{\text{Tag}}$ dieser Daten.

Rechnen Sie die zugehörigen Jahreskennzahlen $\hat{\mu}$ und $\hat{\sigma}$ als Schätzwerte für die Drift und die Volatilität der Aktie aus. Legen Sie dabei 250 Tage für ein Jahr zugrunde. Den Wert $\hat{\sigma}$ nennt man auch die **historische Volatilität** der Aktie, da sie eine Schätzung der Volatilität liefert, die auf historischen Daten – hier den 115 Renditen von März 2002 bis Mitte August 2002 – beruht.

b) Berechnen Sie den Preis einer Call-Option auf die Deutsche Bank AG Namensaktie mit Fälligkeit Dezember 2002 und Ausübungspreis € 65.00 am 19.08.02 mithilfe eines 4-Perioden-Binomialmodells. Erstellen Sie dazu ein vollständiges Schema wie Tabelle 5.7. Der Aktienkurs liege bei € 60.00. Der EURIBOR für 4-Monats-Geld betrage 3.376 % pro Jahr.

c) Führen Sie im selben Schema wie in Teilaufgabe b) die Berechnung des Preises einer *europäischen* Put-Option mit denselben Parametern durch.

Prüfen Sie, ob die Put-Call-Parität erfüllt ist.

Lag der Preis der Put-Option irgendwann unter ihrem inneren Wert?

d) Nehmen Sie an, die Put-Option aus Teilaufgabe c) wäre vom *amerikanischen* Typ und man würde sie vorfristig ausüben, wenn ihr Preis unter dem inneren Wert liegt. Wie groß ist dann der Preis im Rahmen des 4-Perioden-Binomialmodells aus c) zur Zeit $t = 0$?

14 Bestimmen Sie das Delta einer Put-Option gemäß Black-Scholes-Formel.

Begründen Sie, dass $-1 < \Delta < 0$ gilt. Was folgt daraus über die Abhängigkeit des Put-Preises vom Aktienkurs?

Wie ist das absichernde Portfolio zu interpretieren?

Für welche Δ befindet sich die Option in the money bzw. out of the money?

15 Eine Call-Option auf die Deutsche Bank AG Namensaktie mit Fälligkeit Dezember 2002 und Ausübungspreis € 65.00 kostete an der EUREX am 19.08.02 bei Börsenschluss € 5.50. Der Schlusskurs der Aktie lag bei € 63.65. Der EURIBOR für 4-Monats-Geld betrug 3.376 % pro Jahr.

a) Nehmen Sie an, dass der Marktpreis der Call-Option der Black-Scholes-Preis ist, und lösen Sie die Black-Scholes-Formel näherungsweise nach der Volatilität σ auf. Die auf diesem Wege erhaltene Volatilität heißt die **implizite Volatilität** der Aktie.

b) Berechnen Sie mit der in a) ermittelten Volatilität den Black-Scholes-Preis von Call-Optionen mit denselben Parametern wie in a), aber mit den Ausübungspreisen $E = $ € 60.00, € 70.00 und € 80.00. Vergleichen Sie mit den nachfolgenden Marktwerten am 19.08.02:

Ausübungspreis	€ 60.00	€ 70.00	€ 80.00
Marktpreis Call-Option	€ 7.70	€ 3.30	€ 1.00

Zeichnung: Felix Schaad. Quelle: TAGES-ANZEIGER vom 21.12.01

Anhang

DAV-Sterbetafel 1994T

Die folgende Tabelle enthält die einjährigen Sterbewahrscheinlichkeiten q_x für Männer und q_y für Frauen in ‰ in Abhängigkeit vom Alter x bzw. y. Quelle: [fdV94]. Die erwarteten Anzahlen l_x der Überlebenden des Alters x wurden mithilfe der Beziehungen $l_x = 100000\,{}_xp_0$ und ${}_xp_0 = p_0 \cdot p_1 \cdot \ldots \cdot p_{x-1} = (1-q_0) \cdot (1-q_1) \cdot \ldots \cdot (1-q_{x-1})$ ohne Zwischenrundungen berechnet (l_y analog). Die Ergebnisse für l_x bzw. l_y wurden auf ganze Zahlen gerundet.

x, y	q_x	l_x	q_y	l_y
0	11.687	100000	9.003	100000
1	1.008	98831	0.867	99100
2	0.728	98732	0.624	99014
3	0.542	98660	0.444	98952
4	0.473	98606	0.345	98908
5	0.452	98560	0.307	98874
6	0.433	98515	0.293	98844
7	0.408	98472	0.283	98815
8	0.379	98432	0.275	98787
9	0.352	98395	0.268	98759
10	0.334	98360	0.261	98733
11	0.331	98328	0.260	98707
12	0.340	98295	0.267	98682
13	0.371	98262	0.281	98655
14	0.451	98225	0.307	98628
15	0.593	98181	0.353	98597
16	0.792	98123	0.416	98562
17	1.040	98045	0.480	98521
18	1.298	97943	0.537	98474
19	1.437	97816	0.560	98421
20	1.476	97675	0.560	98366
21	1.476	97531	0.560	98311
22	1.476	97387	0.560	98256
23	1.476	97243	0.560	98201
24	1.476	97100	0.560	98146
25	1.476	96956	0.560	98091
26	1.476	96813	0.560	98036
27	1.476	96670	0.581	97981
28	1.476	96528	0.612	97924
29	1.476	96385	0.645	97864
30	1.476	96243	0.689	97801
31	1.476	90101	0.735	97734
32	1.489	95959	0.783	97662
33	1.551	95816	0.833	97586
34	1.641	95668	0.897	97504
35	1.747	95511	0.971	97417
36	1.869	95344	1.057	97322
37	2.007	95166	1.156	97219
38	2.167	94975	1.267	97107
39	2.354	94769	1.390	96984
40	2.569	94546	1.524	96849
41	2.823	94303	1.672	96701
42	3.087	94037	1.812	96540
43	3.387	93746	1.964	96365
44	3.726	93429	2.126	96176
45	4.100	93081	2.295	95971

x, y	q_x	l_x	q_y	l_y
46	4.522	92699	2.480	95751
47	4.983	92280	2.676	95513
48	5.508	91820	2.902	95258
49	6.094	91314	3.151	94981
50	6.751	90758	3.425	94682
51	7.485	90145	3.728	94358
52	8.302	89470	4.066	94006
53	9.215	88728	4.450	93624
54	10.195	87910	4.862	93207
55	11.236	87014	5.303	92754
56	12.340	86036	5.777	92262
57	13.519	84974	6.302	91729
58	14.784	83826	6.884	91151
59	16.150	82586	7.530	90524
60	17.625	81253	8.240	89842
61	19.223	79820	9.022	89102
62	20.956	78286	9.884	88298
63	22.833	76646	10.839	87425
64	24.858	74895	11.889	86477
65	27.073	73034	13.054	85449
66	29.552	71056	14.371	84334
67	32.350	68957	15.874	83122
68	35.632	66726	17.667	81802
69	39.224	64348	19.657	80357
70	43.127	61824	21.861	78778
71	47.400	59158	24.344	77055
72	52.110	56354	27.191	75180
73	57.472	53417	30.576	73135
74	63.440	50347	34.504	70899
75	70.039	47153	39.030	68453
76	77.248	43851	44.184	65781
77	85.073	40463	50.014	62875
78	93.534	37021	56.574	59730
79	102.662	33558	63.921	56351
80	112.477	30113	72.101	52749
81	122.995	26726	81.151	48946
82	134.231	23439	91.096	44974
83	146.212	20293	101.970	40877
84	158.964	17326	113.798	36709
85	172.512	14571	126.628	32531
86	186.896	12058	140.479	28412
87	202.185	9804	155.379	24421
88	218.413	7822	171.325	20626
89	235.597	6114	188.318	17092
90	253.691	4673	206.375	13874
91	272.891	3488	225.558	11010
92	293.142	2536	245.839	8527
93	314.638	1793	267.270	6431
94	337.739	1229	289.983	4712
95	362.060	814	314.007	3346
96	388.732	519	340.119	2295
97	419.166	317	367.388	1514
98	452.008	184	397.027	958
99	486.400	101	428.748	578
100	527.137	52	462.967	330
101	1000.000	25	1000.000	177

Lösungen zu den Aufgaben

Kapitel 1

1

Zeitraum in Jahren	Ein- bzw. Aus- zahlung in €	Anfangskonto- stand in €	Zinssatz pro Jahr	Zins in €	Endkonto- stand in €
1	——	12000.00	6.00 %	720.00	12720.00
2	4000.00	16720.00	4.50 %	752.40	17472.40
3	-8000.00	9472.40	5.25 %	497.30	9969.70
4	2735.00	12704.70	5.25 %	667.00	13371.70

2 **a)** Ende Jahr 8: $1.05^8 \cdot €\,1000 = €\,1477.46$, Ende Jahr 12: €$\,1795.86$, Ende Jahr 16: €$\,2182.87$

Zeitraum in Jahren	Einzahlung in €	Anfangskonto- stand in €	Zinssatz pro Jahr	Endkonto- stand in €
1	1000.00	1000.00	5.00 %	1050.00
2	0.00	1050.00	5.00 %	1102.50
3	0.00	1102.50	5.00 %	1157.63
4	0.00	1157.63	5.00 %	1215.51

b) $€\,2000/1.05^{16} = €\,916.22$.

c) $€\,1000 \cdot (1+i)^{16} = €\,2000 \Rightarrow i = \left(\dfrac{€\,2000}{€\,1000}\right)^{1/16} - 1 = 4.43\%$

d) $€\,750 \cdot 1.05^n = €\,2000 \Rightarrow n = \dfrac{\ln\left(\dfrac{€\,2000}{€\,750}\right)}{\ln(1.05)} = 20.10 \Rightarrow$ bis 21. Geburtstag

e)

Zeitraum in Jahren	Einzahlung in €	Anfangskonto- stand in €	Zinssatz pro Jahr	Endkonto- stand in €
1	100.00	100.00	5.00 %	105.00
2	100.00	205.00	5.00 %	215.25
3	100.00	315.25	5.00 %	331.01
4	100.00	431.01	5.00 %	452.56

Zeitpunkt der Einzahlung	Einzahlung in €	Zinssatz pro Jahr	Wert der Einzahlung am Ende von Jahr 4 in €
Anfang Jahr 1	100.00	5.00 %	121.55
Anfang Jahr 2	100.00	5.00 %	115.76
Anfang Jahr 3	100.00	5.00 %	110.25
Anfang Jahr 4	100.00	5.00 %	105.00
		Summe in €	452.56

f) Ende Jahr 8:

$$1.05^8 \cdot €\,100 + 1.05^7 \cdot €\,100 + \ldots + 1.05 \cdot €\,100 = 1.05 \cdot €\,100 \cdot \frac{1.05^8 - 1}{0.05} = €\,1002.66,$$

Ende Jahr 12: €$\,1671.30$, Ende Jahr 16: €$\,2484.04$

g) $1.05 \cdot R \cdot \dfrac{1.05^{16} - 1}{0.05} = €\,2000 \Rightarrow R = €\,80.51$ (R wie Rate)

h) $(1 + i) \cdot €\,75 \cdot \dfrac{(1 + i)^{16} - 1}{i} = €\,2000 \Rightarrow i = 5.78\,\%$ (gezieltes Probieren)

i) $1.05 \cdot €\,50 \cdot \dfrac{1.05^n - 1}{0.05} = €\,2000 \Rightarrow n = 21.86 \Rightarrow$ bis 22. Geburtstag

3 **a)** Frau A: $1.02625^4 \cdot €\,2000 = €\,2218.41$, Herr B: $1.035^3 \cdot €\,2000 = €\,2217.44$
   b) $(1 + i)^3 \cdot €\,2000 = €\,2218.41 \Rightarrow i = 3.515\,\%$
   c) $(1 + i)^4 \cdot €\,2000 = €\,2217.44 \Rightarrow i = 2.614\,\%$

4 **a)** 31. Dezember 2001:
   Frau A: $1.05 \cdot €\,750 + 1.05^{3/4} \cdot €\,750 + 1.05^{1/2} \cdot €\,750 + 1.05^{1/4} \cdot €\,750 = €\,3093.18$,
   Herr B: $€\,3099.46$
   31. Dezember 2004:
   Frau A: $1.05^{20/4} \cdot €\,750 + 1.05^{19/4} \cdot €\,750 + 1.05^{18/4} \cdot €\,750 + ... + 1.05^{1/4} \cdot €\,750 =$
   $1.05^{1/4} \cdot €\,750 \cdot \dfrac{(1.05^{1/4})^{20} - 1}{1.05^{1/4} - 1} = €\,17091.76$,
   Herr B: $€\,17126.46$

   b) $1.05^{1/4} \cdot €\,750 \cdot \dfrac{(1.05^{1/4})^n - 1}{1.05^{1/4} - 1} = €\,50000 \Rightarrow n = 48.56$ Dreimonatsperioden $\Rightarrow$ nach
   12 Jahren und 3 Monaten, das heißt am 1. April 2012

   c) $(1 + i)^{1/3} \cdot €\,1000 \cdot \dfrac{((1 + i)^{1/3})^{30} - 1}{(1 + i)^{1/3} - 1} = €\,50000 \Rightarrow i = 9.646\,\%$

5 **a)** Kurswert $= \dfrac{\$\,70}{1.075} + \dfrac{\$\,70}{1.075^2} + \dfrac{\$\,70}{1.075^3} + \dfrac{\$\,70}{1.075^4} + \dfrac{\$\,70}{1.075^5} + \dfrac{\$\,1000}{1.075^5} = \$\,979.77$
   $\Rightarrow$ Kurs $\approx 98.0\,\%$

   b) $\$\,1040$
   $= \dfrac{\text{Kuponzins}}{1.075} + \dfrac{\text{Kuponzins}}{1.075^2} + \dfrac{\text{Kuponzins}}{1.075^3} + \dfrac{\text{Kuponzins}}{1.075^4} + \dfrac{\text{Kuponzins}}{1.075^5} + \dfrac{\$1000}{1.075^5}$
   $\Rightarrow$ Kuponzins $= \$\,84.89 \Rightarrow$ Kuponzinssatz $\approx 8.5\,\%$

6 **a)** $€\,1020 + \dfrac{90}{360} \cdot €\,60 = \dfrac{1}{(1 + i)^{7 + 270/360}} \cdot \left(€\,60 \cdot \dfrac{(1 + i)^8 - 1}{i} + €\,1000 \right)$
   $\Rightarrow i = 5.67\,\%$

   b) $€\,1020 + \dfrac{90}{360} \cdot €\,60 = \dfrac{€\,60}{(1 + i)^{270/360}} + \dfrac{€\,60}{(1 + i)^{1 + 270/360}} + \dfrac{€\,1080 + 3/4 \cdot €\,60}{(1 + i)^{2 + 180/360}}$
   $\Rightarrow i = 8.10\,\%$

7 Ja, man kann den Zinstermin mit Hilfe der Renditegleichung rekonstruieren. Wir führen dazu als Unbekannte die Anzahl Tage t ein, die zwischen dem 19.09.02 und dem nächsten Zinstermin liegen.
Wenn $t \leq 103$ ist, so liegt der nächste Zinstermin noch im Jahr 2002 und es gibt dann bis zum Verfall noch zwei weitere Zinstermine in den Jahren 2003 und 2004. Die Renditegleichung lautet dann

$$1042.3 + \dfrac{365 - t}{365} \cdot 41.25 = \dfrac{1}{1.0112^{2 + t/365}} \cdot \left(41.25 \cdot \dfrac{1.0112^3 - 1}{0.0112} + 1000 \right).$$

Sie hat keine Lösung im Bereich $0 \le t \le 103$.

Wenn $t > 103$ ist, so liegt der nächste Zinstermin bereits im Jahr 2003 und es gibt dann bis zum Verfall nur noch einen weiteren Zinstermin im Jahr 2004. Die Renditegleichung lautet dann

$$1042.3 + \frac{365 - t}{365} \cdot 41.25 = \frac{1}{1.0112^{1+t/365}} \cdot \left(41.25 \cdot \frac{1.0112^2 - 1}{0.0112} + 1000 \right).$$

Sie hat die Lösung $t = 156$. Diese ergibt den 22.02. als Zinstermin.

8 **a)** Kleinkredite und Anleihen dienen beide der leihweisen Geldaufnahme. Bei Kleinkrediten wird das Geld als Ganzes von einem Finanzinstitut zur Verfügung gestellt, bei Anleihen dagegen gestückelt von vielen tausend Finanzmarktteilnehmern. Kleinkredite und Anleihen müssen beide in einer vereinbarten Zeit zurückbezahlt werden. Zudem sind als Entgelt Zinsen zu zahlen. Bei Anleihen vom Typ der deutschen Staatsanleihen leistet der Schuldner zunächst nur (kleine) Zinszahlungen. Am Ende der Laufzeit der Anleihe tilgt er dann den (großen) Kreditbetrag. Bei Kleinkrediten wie im Inserat dagegen wird die Schuld in gleich hohen Raten abgezahlt. Die Raten enthalten sowohl einen Zinsteil als auch einen Tilgungsteil.

b) Der Kreditgeber erbringt heute die Leistung CHF 10 000. Die Summe der mit 14.5% abgezinsten 12 Gegenleistungen des Kreditnehmers beträgt fast gleich viel, nämlich

$$\frac{896.05}{1.145^{1/12}} + \frac{896.05}{1.145^{2/12}} + ... + \frac{896.05}{1.145^{12/12}} = \frac{896.05}{1.145^{1/12}} \cdot \frac{\frac{1}{1.145} - 1}{\left(\frac{1}{1.145}\right)^{1/12} - 1} = 9999.79.$$

Der effektive Zinssatz ist also im Inserat korrekt angegeben.

9 Wir bezeichnen den Kuponzinssatz mit j und die zu einem Zinstermin ganzzahlige Restlaufzeit mit n. Die Gleichung für die Rendite i lautet dann

$$1000 = \frac{1}{(1+i)^n} \left(j \cdot 1000 \cdot \frac{(1+i)^n - 1}{i} + 1000 \right).$$

Durch Einsetzen überprüfen wir, dass der Kuponzinssatz j Lösung der Gleichung ist:

$$\frac{1}{(1+j)^n} \left(j \cdot 1000 \cdot \frac{(1+j)^n - 1}{j} + 1000 \right) = \frac{1000}{(1+j)^n} \left((1+j)^n - 1 + 1 \right) = 1000.$$

10 **a)** $\text{Rendite in \%} = \dfrac{\text{Kuponzins} + \dfrac{\text{Rückzahlung - Kurswert}}{\text{Restlaufzeit}}}{\text{Kurswert}} \cdot 100$

b) Die Formel aus a) ergibt die Rendite 3.40%. Diese ist 0.05% kleiner als die in Abbildung 1.1 angegebene und in Abschnitt 1.7 nachgerechnete Rendite auf Verfall.

c) Mit den Abkürzungen K für Kurswert, Z für Kuponzins und R für Rückzahlung hat die Renditegleichung für ganzzahlige Restlaufzeiten n die Form

$$K = \frac{1}{(1+i)^n} \left(Z \frac{(1+i)^n - 1}{i} + R \right).$$

Die zugehörige linearisierte Gleichung lautet

$$K = \frac{1}{1+ni} \left(Z \frac{(1+ni) - 1}{i} + R \right) = \frac{1}{1+ni} (Zn + R).$$

Die Auflösung nach i ergibt die Formel aus a):

$$i = \frac{\frac{Zn+R}{K} - 1}{n} = \frac{\frac{Zn+R-K}{K}}{n} = \frac{\frac{Zn+R-K}{n}}{K} = \frac{Z + \frac{R-K}{n}}{K}.$$

Kapitel 2

1 **a)** $_{s+t}p_x =_s p_x \cdot_t p_{x+s}$

b) $P(T_x = k) = P(k \leq T_x < k+1) = P(T_x \geq k) - P(T_x \geq k+1) =_k p_x -_{k+1} p_x$
$=_k p_x -_k p_x \cdot p_{x+k} =_k p_x \cdot q_{x+k}.$

2 **a)** $l_{x+1} = 100000 \,_{x+1}p_0 = 100000 \,(_x p_0 \,_1 p_x) = (100000 \,_x p_0) \,_1 p_x = l_x \, p_x.$

b) $l_{x+n} = 100000 \,_{x+n}p_0 = 100000 \,(_x p_0 \,_n p_x) = l_x \,_n p_x.$

3 **a)** $1 -_{11} p_{40} = 1 - \dfrac{l_{51}}{l_{40}}$ ergibt für den Mann 0.047 und für die Frau 0.026.

b) $_{10}p_{45} \,(1 -_{11} p_{55}) = \dfrac{l_{55} - l_{66}}{l_{45}}$ ergibt für den Mann 0.171 und für die Frau 0.088.

c) $_{25}p_{47} \,_{25}p_{49} = \dfrac{l_{72}}{l_{47}} \cdot \dfrac{l_{74}}{l_{49}} = 0.434$

4 Wird i beispielsweise auf 0.0275 gesenkt, so steigt der erwartete Leistungsbarwert auf € 47 208.31. Steigt i dagegen auf 0.0375, so sinkt der erwartete Leistungsbarwert auf € 46 302.66.

5 $i_2 < i_1 \Rightarrow r_2 < r_1 \Rightarrow v_2 > v_1 \Rightarrow \mathrm{E}(B_x^2) > \mathrm{E}(B_x^1)$ für die betrachteten drei Typen von Lebensversicherungen.

6 Die Einmalprämie ist gleich dem erwarteten Leistungsbarwert. Dieser beträgt pro € 1 Versicherungssumme gemäß Formel (7) $v^{12} \,_{12}p_x$. Mit $v_1 = \dfrac{1}{1.04}$ und $v_2 = \dfrac{1}{1.0325}$ ergibt sich als Verhältnis der Nettoprämien $\dfrac{N_2}{N_1} = \left(\dfrac{1.04}{1.0325}\right)^{12} \approx 1.09$. Die Nettoprämie erhöht sich um rund 9 %.

7 $b \displaystyle\sum_{k=0}^{n-1} v^{k+1} \,_k p_x \, q_{x+k} + c \, v^n \,_n p_x.$

8 Bei $i = 0.04$ beträgt die jährliche Nettoprämie für den Mann € 6903.54 und € 6640.67 für die Frau. Bei $i = 0.0325$ steigt die jährliche Nettoprämie für den Mann auf € 7224.15 und für die Frau auf € 6965.40.
Die 50jährige Frau zahlt in beiden Fällen etwa 3 % mehr als die 30jährige Frau.

Kapitel 3

1 **a)**

Woche Nr.	Datum	Kurs in $	einfache Rendite	log. Rendite	Woche Nr.	Datum	Kurs in $	einfache Rendite	log. Rendite
0	29.12.00	85.0	—	—	28	13.07.01	108.5	−4.5 %	−0.046
4	26.01.01	114.2	34.4 %	0.295	32	10.08.01	105.1	−3.2 %	−0.033
8	23.02.01	104.0	−8.9 %	−0.094	36	07.09.01	96.7	−8.0 %	−0.083
12	23.03.01	93.5	−10.1 %	−0.106	40	05.10.01	98.0	1.4 %	0.014
16	20.04.01	114.8	22.8 %	0.205	44	02.11.01	109.5	11.7 %	0.111
20	18.05.01	117.4	2.3 %	0.022	48	30.11.01	115.6	5.6 %	0.054
24	15.06.01	113.6	−3.2 %	−0.033	52	28.12.01	122.9	6.3 %	0.061

b) $\hat{\mu} = 0.028, \hat{\sigma} = 0.114$

c) (Auto)Korrelationskoeffizient $= -0.136$

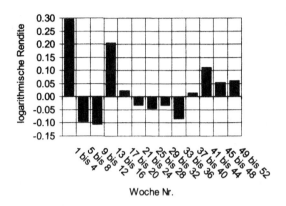

Renditeverlauf in Aufgabe 1 b)

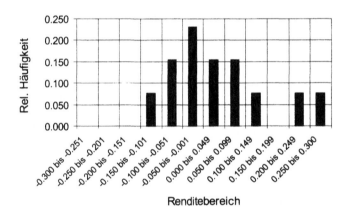

Renditeverteilung in Aufgabe 1 b)

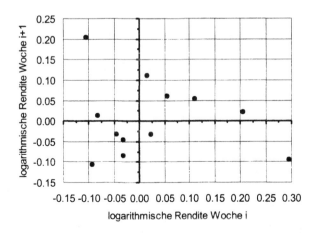

Renditekorrelation in Aufgabe 1 c)

d) Das arithmetische Mittel der Vierwochenrenditen ist genau viermal so groß wie dasjenige der Wochenrenditen und die Standardabweichung der Vierwochenrenditen ist ungefähr doppelt so groß wie diejenige der Wochenrenditen. Das stimmt mit den Überlegungen aus Abschnitt 3.7 überein.

e) $\hat{\mu}_{\text{Jahr}} = 0.364, \hat{\sigma}_{\text{Jahr}} = 0.368$.

2   **a)** DAX: $\hat{\mu} = -0.017, \hat{\sigma} = 0.071$, DJI: $\hat{\mu} = -0.005, \hat{\sigma} = 0.057$

    b) Korrelationskoeffizient $= 0.834$. Die Punktepaare gruppieren sich recht gut um eine Gerade, die den Trend beschreibt.

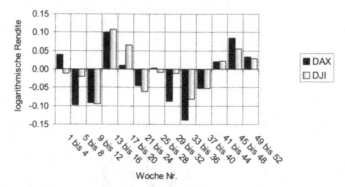

Renditeverläufe in Aufgabe 2 a)

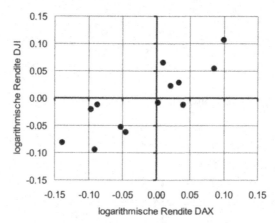

Renditekorrelation in Aufgabe 2 b)

3 $P(\mu - k\sigma \leq X \leq \mu + k\sigma) = P(-k \leq \frac{X-\mu}{\sigma} \leq +k) = \Phi(k) - \Phi(-k) = 2\Phi(k) - 1$. Einsetzen von $k = 1, 2, 3$ liefert die Behauptungen.

4 $k\sigma$−Intervalle: $(-0.014 - k \cdot 0.052, -0.014 + k \cdot 0.052)$. $k = 3 : (-0.170, 0.142)$ Außergewöhnlich wären Renditen kleiner als $-17\,\%$ und größer als $14.2\,\%$.
$k = 2 : (-0.118, 0.090)$. Alle Renditen der Allianz-Aktie liegen im 2σ−Intervall.
$k = 1 : (-0.066, 0.038)$. Zwei Drittel der Renditen der Allianz-Aktie liegen in diesem Intervall.

5 **a)** $R_{0.02} \sim N(0.15 \cdot 0.02, 0.40^2 \cdot 0.02) = N(0.003, 0.0032)$,

$\mathrm{E}(R_{0.02}) = 0.003$, $\mathrm{Var}(R_{0.02}) = 0.0032$,

$\dfrac{S_{0.02}}{250} \sim$ Log-Normalverteilung mit $(0.003, 0.0032)$,

$\mathrm{E}(S_{0.02}) = € \; 251.15$, $\mathrm{Var}(S_{0.02}) = €^2 \; 202.17$

b) 95 %-Intervall:

$\left(€ \; 250 \, e^{\mathrm{E}(R_{0.02}) - 2\sqrt{\mathrm{Var}(R_{0.02})}}, € \; 250 \, e^{\mathrm{E}(R_{0.02}) + 2\sqrt{\mathrm{Var}(R_{0.02})}} \right) = (€ \; 223.93, € \; 280.79)$.

Falsch ist die Antwort

$(\mathrm{E}(S_{0.02}) - 2\sqrt{\mathrm{Var}(S_{0.02})}, \mathrm{E}(S_{0.02}) + 2\sqrt{\mathrm{Var}(S_{0.02})}) = (€ \; 222.80, € \; 279.59)$,

weil die Log-Normalverteilung nicht achsensymmetrisch ist und die 95%-Regel nur für die „ursprüngliche" Normalverteilung zutrifft.

c) $\mathrm{P}(S_{0.02} > € \; 270) = \mathrm{P}\left(R_{0.02} > \ln\left(\dfrac{€ \; 270}{€ \; 250} \right) \right) = \mathrm{P}(R_{0.02} > 0.0770) = 0.095$.

d) Aufgrund der größeren Volatilität sind $\mathrm{Var}(S_{0.02})$, das 95 %-Intervall und die Wahrscheinlichkeit in c) größer als im Textbeispiel.

Kapitel 4

1 **a)**

Quart.	einfache Rendite		Wert in € vor Umschichtung		Wert in € Portfolio	Wert in € nach Umschichtung		einfache Rendite Portfolio
	Aktie X	Aktie Y	Aktie X	Aktie Y	Portfolio	Aktie X	Aktie Y	Portfolio
0					50000.00	10000.00	40000.00	
1	2.50 %	8.00 %	10250.00	43200.00	53450.00	10690.00	42760.00	6.90 %
2	6.00 %	−4.50 %	11331.40	40835.80	52167.20	10433.44	41733.76	−2.40 %
3	−4.00 %	3.50 %	10016.10	43194.44	53210.54	10642.11	42568.44	2.00 %
4	10.50 %	14.00 %	11759.53	48528.02	60287.55	12057.51	48230.04	13.30 %

b) $\hat{\mu}_x = 3.75\ \%$, $\hat{\mu}_y = 5.25\ \%$, $\hat{\sigma}_x = 5.30\ \%$, $\hat{\sigma}_y = 6.75\ \%$, $\hat{\mu}_p = 4.95\ \%$, $\hat{\sigma}_p = 5.84\ \%$, $\hat{\rho}_{xy} = 0.330$.

c)

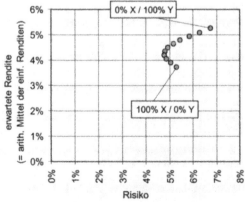

Rendite-Risiko-Diagramm zu Aufgabe 1 c)

| Zusammensetzung | | erwartete Rendite | Risiko |
Anteil X	Anteil Y	$\hat{\mu}_p$	$\hat{\sigma}_p$
0 %	100 %	5.25 %	6.75 %
10 %	90 %	5.10 %	6.27 %
20 %	80 %	4.95 %	5.84 %
30 %	70 %	4.80 %	5.46 %
40 %	60 %	4.65 %	5.15 %
50 %	50 %	4.50 %	4.93 %
60 %	40 %	4.35 %	4.80 %
70 %	30 %	4.20 %	4.78 %
80 %	20 %	4.05 %	4.85 %
90 %	10 %	3.90 %	5.03 %
100 %	0 %	3.75 %	5.30 %

Tabelle zu Aufgabe 1 c)

d) Portfolios mit einem Anteil Aktie X von höchstens 70 % sind effizient.

e) Supereffizient in Bezug auf Z ist das Portfolio mit 20 % Aktien X und 80 % Aktien Y.

Die Steigung der Zuteilungsgeraden zum Portfolio mit Anteil Aktie X gleich α und Anteil Aktie Y gleich $1 - \alpha$ lautet

$$\frac{\hat{\mu}_p - \hat{\mu}_d}{\hat{\sigma}_p} = \frac{(\alpha\hat{\mu}_x + (1 - \alpha)\hat{\mu}_y) - \hat{\mu}_d}{\sqrt{\alpha^2\hat{\sigma}_x^2 + (1 - \alpha)^2\hat{\sigma}_y^2 + 2\alpha(1 - \alpha)\hat{\sigma}_x\hat{\sigma}_y\hat{\rho}_{xy}}}.$$

Setzt man $\hat{\mu}_d = 2.75$ % sowie für $\hat{\mu}_x, \hat{\mu}_y, \hat{\sigma}_x, \hat{\sigma}_y, \hat{\rho}_{xy}$ die Werte aus b) ein, so erhält man durch Probieren, dass die Steigung für $\alpha = 20$ % mit 0.3770 am größten ist.

f) Frau Bär sollte in etwa € 7 000 in Aktien X, € 28 000 in Aktien Y und € 15 000 in Anleihen Z investieren. Die erwartete Rendite beträgt rund 4.3 %.

Frau Bär sollte ihr Portfolio Q aus dem supereffizienten Portfolio P aus e) und der risikolosen Anleihe Z zusammensetzen. Aus der Risikobeziehung $\hat{\sigma}_q = \pi\hat{\sigma}_p$ ergibt sich der Anteil π von P an Q zu $\pi = 0.04/0.0584 \approx 70$ %. Frau Bär sollte also in etwa 30 % bzw. € 15 000 in die Anleihe Z und 70 % bzw. € 35 000 in das supereffiziente Portfolio investieren. Letzteres bedeutet 20 % bzw. € 7 000 in Aktien X und 80 % bzw. € 28 000 in Aktien Y anzulegen. Die erwartete Rendite beträgt $\hat{\mu}_q = 0.70 \cdot 0.0495 + 0.30 \cdot 0.0275 \approx 4.3$ %.

g) Herr Bulle sollte in etwa € 15 000 in Aktien X, € 60 000 in Aktien Y und € −25 000 in Anleihen Z investieren. Sein Risiko beträgt rund 8.8 %.

Herr Bulle sollte sein Portfolio Q aus dem supereffizienten Portfolio P aus e) und der risikolosen Anleihe Z zusammensetzen. Aus der Renditebeziehung $\hat{\mu}_q = \pi\hat{\mu}_p + (1 - \pi)\hat{\mu}_z$ ergibt sich der Anteil π von P an Q zu $\pi = (0.06 - 0.0275)/(0.0495 - 0.0275) \approx 150$ %. Herr Bulle sollte also in etwa -50 % bzw. € -25 000 in Anleihen Z und 150 % bzw. € 75 000 in das supereffiziente Portfolio investieren. Ersteres bedeutet Anleihen Z für € -25 000 leerzuverkaufen, letzteres bedeutet Aktien X für € 15 000 und Aktien Y für € 60 000 zu kaufen. Das Risiko beträgt $\hat{\sigma}_q = 1.50 \cdot 0.0584 \approx 8.8$ %.

2 a) Das Portfolio mit dem größten Nutzen besteht aus 80 % Aktien A und 20 % Aktien B.

b) Das Portfolio mit dem größten Nutzen besteht aus 40 % Aktien A und 60 % Aktien B.

Anteil		Nutzen bei $\lambda = 1$	Nutzen bei $\lambda = 10$
Aktie A	Aktie B		
100 %	0 %	0.0688	−0.0792
90 %	10 %	0.0697	−0.0436
80 %	20 %	0.0701	−0.0145
70 %	30 %	0.0697	0.0080
60 %	40 %	0.0688	0.0241
50 %	50 %	0.0671	0.0337
40 %	60 %	0.0649	0.0367
30 %	70 %	0.0619	0.0333
20 %	80 %	0.0583	0.0233
10 %	90 %	0.0541	0.0069
0 %	100 %	0.0492	−0.0161

Tabelle zu Aufgabe 2

3 a) Portfolio 1: $\hat{\mu} = 21.70\,\%, \hat{\sigma} = 25.00\,\%$
Portfolio 2: $\hat{\mu} = 19.45\,\%, \hat{\sigma} = 23.29\,\%$
Portfolio 3: $\hat{\mu} = 19.07\,\%, \hat{\sigma} = 20.85\,\%$
Portfolio 4: $\hat{\mu} = 18.23\,\%, \hat{\sigma} = 18.99\,\%$
Portfolio 5: $\hat{\mu} = 18.04\,\%, \hat{\sigma} = 18.31\,\%$

b) $\hat{\mu}_p = \dfrac{1}{n}(\hat{\mu}_a + \hat{\mu}_a + \ldots + \hat{\mu}_a) = \hat{\mu}_a,$

$$\hat{\sigma}_p = \sqrt{\left(\frac{1}{n}\right)^2 (\hat{\sigma}_a^2 + \hat{\sigma}_a^2 + \ldots + \hat{\sigma}_a^2)} = \sqrt{\frac{1}{n}\hat{\sigma}_a^2} = \frac{1}{\sqrt{n}}\hat{\sigma}_a \to 0 \text{ für } n \to \infty.$$

4 a) Für die erwartete Rendite und das Quadrat des Risikos des Portfolios P gilt

$$x = \hat{\mu}_p = \alpha\,\hat{\mu}_a + (1-\alpha)\,\hat{\mu}_b = (\hat{\mu}_a - \hat{\mu}_b)\,\alpha + \hat{\mu}_b,$$

$$y = \hat{\sigma}_p^2 = \alpha^2\hat{\sigma}_a^2 + (1-\alpha)^2\hat{\sigma}_b^2 = (\hat{\sigma}_a^2 + \hat{\sigma}_b^2)\,\alpha^2 - 2\,\hat{\sigma}_b^2\,\alpha + \hat{\sigma}_b^2.$$

Löst man die erste Gleichung nach α auf und setzt den resultierenden Term in die zweite Gleichung ein, so erhält man nach einigem Umformen $y = u\,x^2 + v\,x + w$ mit

$$u = \frac{\hat{\sigma}_a^2 + \hat{\sigma}_b^2}{(\hat{\mu}_a - \hat{\mu}_b)^2}, \quad v = -\frac{2\,(\hat{\mu}_a\hat{\sigma}_b^2 + \hat{\mu}_b\hat{\sigma}_a^2)}{(\hat{\mu}_a - \hat{\mu}_b)^2}, \quad w = \frac{\hat{\mu}_a^2\hat{\sigma}_b^2 + \hat{\mu}_b^2\hat{\sigma}_a^2}{(\hat{\mu}_a - \hat{\mu}_b)^2}.$$

Die Portfolios P liegen im xy-Diagramm auf einer Parabel. Die Parabel ist wegen $u > 0$ nach oben geöffnet und hat den Scheitel bei

$$x = -\frac{v}{2u} = \frac{\hat{\mu}_a\hat{\sigma}_b^2 + \hat{\mu}_b\hat{\sigma}_a^2}{\hat{\sigma}_a^2 + \hat{\sigma}_b^2}, \quad y = -\frac{v^2}{4u} + w = \frac{\hat{\sigma}_a^2\hat{\sigma}_b^2}{\hat{\sigma}_a^2 + \hat{\sigma}_b^2}.$$

Effizient sind genau diejenigen Portfolios P, die im Scheitel oder rechts vom Scheitel liegen, d.h. deren erwartete Rendite $x \geq \dfrac{\hat{\mu}_a\hat{\sigma}_b^2 + \hat{\mu}_b\hat{\sigma}_a^2}{\hat{\sigma}_a^2 + \hat{\sigma}_b^2}$ ist. Aus $\alpha = \dfrac{x - \hat{\mu}_b}{\hat{\mu}_a - \hat{\mu}_b}$ ergibt

sich nach etwas Umformen, dass dies gleichbedeutend ist mit $\alpha \geq \dfrac{\hat{\sigma}_b^2}{\hat{\sigma}_a^2 + \hat{\sigma}_b^2}.$

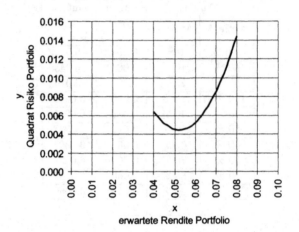

Parabel zu Aufgabe 4 a) mit Renditekennzahlen $\hat{\mu}_a = 8\ \%, \hat{\sigma}_a = 12\ \%, \hat{\mu}_b = 4\ \%, \hat{\sigma}_b = 8\ \%$

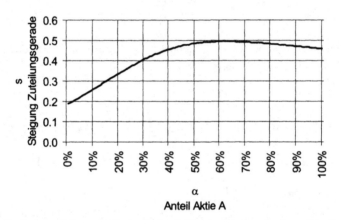

Graph der Funktion $s(\alpha)$ zu Aufgabe 4 a) mit $\hat{\mu}_a, \hat{\sigma}_a, \hat{\mu}_b, \hat{\sigma}_b$ wie oben und $\hat{\mu}_d = 2.5\ \%$

Die Steigung s der Zuteilungsgeraden zum Portfolio P mit Anteil α an Aktien A beträgt

$$s(\alpha) = \frac{\hat{\mu}_p - \hat{\mu}_d}{\hat{\sigma}_p} = \frac{(\hat{\mu}_a - \hat{\mu}_b)\alpha + \hat{\mu}_b - \hat{\mu}_d}{\sqrt{(\hat{\sigma}_a^2 + \hat{\sigma}_b^2)\alpha^2 - 2\hat{\sigma}_b^2\alpha + \hat{\sigma}_b^2}}.$$

Um das supereffiziente Portfolio zu bestimmen, diskutieren wir die Funktion $s(\alpha)$. Sie hat die Ableitung

$$\frac{d}{d\alpha}s(\alpha) = \frac{(-(\hat{\mu}_b - \hat{\mu}_d)\hat{\sigma}_a^2 - (\hat{\mu}_a - \hat{\mu}_d)\hat{\sigma}_b^2)\alpha + (\hat{\mu}_a - \hat{\mu}_d)\hat{\sigma}_b^2}{((\hat{\sigma}_a^2 + \hat{\sigma}_b^2)\alpha^2 - 2\hat{\sigma}_b^2\alpha + \hat{\sigma}_b^2)^{3/2}}.$$

Die Ableitung hat genau eine Nullstelle bei

$$\alpha = \frac{(\hat{\mu}_a - \hat{\mu}_d)\hat{\sigma}_b^2}{(\hat{\mu}_b - \hat{\mu}_d)\hat{\sigma}_a^2 + (\hat{\mu}_a - \hat{\mu}_d)\hat{\sigma}_b^2}.$$

Diese Nullstelle entspricht der Maximalstelle der Funktion $s(\alpha)$ und somit dem Anteil an Aktien A des supereffizienten Portfolios.

b) Die Nutzenfunktion lautet

$$U_q(\alpha, \beta) = (\alpha \hat{\mu}_a + \beta \hat{\mu}_b + (1 - \alpha - \beta)\hat{\mu}_d) - \lambda(\alpha^2 \hat{\sigma}_a^2 + \beta^2 \hat{\sigma}_b^2).$$

Sie hat die partiellen Ableitungen

$$\frac{\partial}{\partial \alpha} U_q(\alpha, \beta) = (\hat{\mu}_a - \hat{\mu}_b) - 2\lambda \hat{\sigma}_a^2 \alpha, \quad \frac{\partial}{\partial \beta} U_q(\alpha, \beta) = (\hat{\mu}_b - \hat{\mu}_d) - 2\lambda \hat{\sigma}_b^2 \beta.$$

Setzt man die beiden Ableitungen null und löst nach α bzw. β auf, so erhält man

$$\alpha = \frac{\hat{\mu}_a - \hat{\mu}_d}{2\lambda \hat{\sigma}_a^2}, \quad \beta = \frac{\hat{\mu}_b - \hat{\mu}_d}{2\lambda \hat{\sigma}_b^2}.$$

Diese Werte für α und β entsprechen der Maximalstelle der Funktion $U(\alpha, \beta)$. Der Quotient

$$\frac{\alpha}{\beta} = \frac{\hat{\mu}_a - \hat{\mu}_d}{\hat{\mu}_b - \hat{\mu}_d} \cdot \frac{\hat{\sigma}_b^2}{\hat{\sigma}_a^2}$$

ist unabhängig vom Risikoparameter λ. Das heißt: *Jeder* Investor, der das Portfolio mit dem größten Nutzen U_q hält, führt darin die *risikobehafteten* Komponenten A und B im *gleichen* Verhältnis *zueinander*. Die Portfolios der Investoren unterscheiden sich nur im Anteil, welche die risikobehafteten Komponenten A und B *zusammen* ausmachen: er ist umso kleiner, je risikoaverser der Investor ist. Es liegt dasselbe Phänomen vor wie bei TOBIN im Zusammenhang mit Supereffizienz.

Kapitel 5

1 Der Besitzer von Call-Optionen ist an steigenden Kursen interessiert. Der Vorstand verspricht sich vermutlich eine zusätzliche Motivation der Manager, sich für den Erfolg des Unternehmens einzusetzen.

2 Der nach dem Erwartungswertprinzip gebildete Optionspreis beträgt neu

$$C_0 = \frac{€\,8}{1.03} = €\,7.77.$$

Aus Abschnitt 5.2 wissen wir, dass der gemäß dem No-Arbitrage-Prinzip gebildete Optionspreis unabhängig von p und q € 8.93 beträgt. Um eine Arbitrage bei einem Preis von € 7.77 zu konstruieren, müssen wir die zu billige Option kaufen. Aus Abschnitt 5.2 wissen wir, dass zur Duplizierung der Option unabhängig von p und q

$$x = \frac{c_u - c_d}{(u - d)S_0} = \frac{20 - 0}{(1.3 - 0.8) \cdot 100} = 0.4$$

Aktien nötig sind. Genau so viele verwenden wir auch zur Arbitragekonstruktion. Weil wir die Option gekauft haben und so das Recht zum Kauf einer Aktie besitzen, werden wir als Gegenposition dazu die 0.4 Aktien (leer)verkaufen.

Aktionen bei $t = 0$:

leihe 0.4 Aktien	——
verkaufe 0.4 Aktien	€ +40.00
kaufe Option	€ −7.77
lege € 32.23 zu 3 % an	€ −32.23
Saldo	€ 0.00

Aktionen bei $t = T$:

falls $S_T = $ € 130:

leihe noch weitere 0.6 Aktien	——
verkaufe 0.6 Aktien für € 130	€ +78.00
hebe angelegtes Geld ab	€ +33.20
kaufe Aktie (über Option)	€ −110.00
gib geliehene 0.4 + 0.6 Aktien zurück	——
Saldo	€ 1.20

falls $S_T = $ € 80:

hebe angelegtes Geld ab	€ +33.20
kaufe 0.4 Aktien für € 80	€ −32.00
gib geliehene 0.4 Aktien zurück	
Saldo	€ 1.20

3 **a)** Es sei C_0 Call-Preis und P_0 Put-Preis.

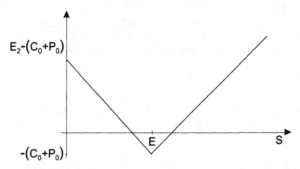

Der Käufer erwartet deutlich über E steigende oder deutlich unter E sinkende Kurse.

b) Es sei C_0 Call-Preis und P_0 Put-Preis.

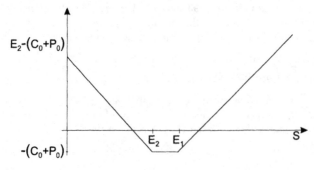

Der Käufer erwartet deutlich unter E_2 sinkende oder deutlich über E_1 steigende Kurse.

c) Sei $E_1 < E_2$. Der Call mit dem höheren Ausübungspreis ist billiger. Sei D_0 die Differenz aus dem Preis für Call E_1 und dem Preis für Call E_2.

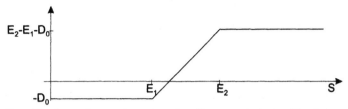

Der Käufer rechnet mit steigenden Kursen wie beim Kauf eines Calls, verringert gegenüber einem Call den maximalen Verlust, aber auch den maximalen Gewinn.

d) Sei D der Gesamtpreis aller Optionen.

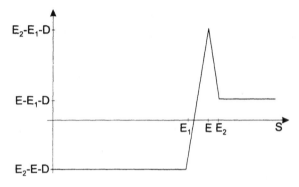

Der Käufer erwartet stagnierende Kurse im Bereich um E oder darüber hinaus steigende Kurse.

4 Wäre eine dieser Ungleichungen verletzt, so ergäbe sich jeweils eine Arbitragemöglichkeit. Wäre $r \leq d$, so leihe S_0 und kaufe eine Aktie für S_0. Bei T ist $d\,S_0 \geq r\,S_0$ und $u\,S_0 > d\,S_0 \geq r\,S_0$. Also kann man ohne Verlust $r\,S_0$ zurückzahlen und mit positiver Wahrscheinlichkeit p bleibt ein risikoloser Gewinn von $(u - r)\,S_0 > 0$. Wäre $r \geq u$, so führe einen Leerverkauf von einer Aktie durch und lege S_0 an. Bei T ist $r\,S_0 \geq u\,S_0 > d\,S_0$. Also bleibt nach Rückkauf und Rückgabe der Aktie mit positiver Wahrscheinlichkeit $1 - p$ ein risikoloser Gewinn von $(r - d)\,S_0 > 0$.

5 Wäre $C_t^a > S_t$ zu einem Zeitpunkt t, so könnte man in t die Aktie kaufen und die Call-Option verkaufen und den verbleibenden positiven Betrag $C_t^a - S_t$ risikolos anlegen. Wenn die Option zu einem späteren Zeitpunkt t', $t < t' \leq T$, ausgeübt wird, dann kann man die Aktie zum Zeitpunkt t' aus dem eigenen Bestand liefern und den angelegten Betrag inklusive Zins als Gewinn verbuchen. Wenn die Option nicht ausgeübt wird, dann verkauft man die Aktie zum Zeitpunkt T und verbucht den Verkaufserlös plus den angelegten Betrag inklusive Zins als Gewinn.

Wäre $P_t^a > E$, dann verkaufe in t die Put-Option. Wird diese vom Käufer nicht ausgeübt, dann bleibt ein risikoloser Gewinn von P_t^a, andernfalls muss die Aktie für E gekauft werden und es bleibt ein Gewinn von $P_t^a - E > 0$.

6 Erste Ungleichung: Portfolio A: eine Aktie, Portfolio B: eine Call-Option und ein Geldbetrag von E/r^{T-t}. Portfolio A hat zum Zeitpunkt t den Wert S_t, Portfolio B den Wert $C_t^e + E/r^{T-t}$. Zum Zeitpunkt T gilt folgendes

	Geld	Call-Option	Aktie	Portfolio A	Portfolio B
$S_T > E$	E	$S_T - E$	S_T	S_T	S_T
$S_T \leq E$	E	0	S_T	S_T	E

Offenbar ist zum Zeitpunkt T der Wert des Portfolios B immer größer oder gleich dem Wert von Portfolio A. Aus dem No-Arbitrage-Prinzip folgt, dass diese Beziehung auch zum Zeitpunkt t gelten muss, d.h. $C_t^e + E/r^{T-t} \geq S_t$.

Zweite Ungleichung: Portfolio A: Put-Option, Portfolio B: E/r^{T-t} Geld.
Portfolio A bei T: Für $S_T \geq E$ Wert $0 \leq E$, für $S_T < E$ Wert $E - S_T \leq E$. Portfolio B hat den Wert E, also mindestens den Wert von A. Diese Beziehung muss gemäß No-Arbitrage-Prinzip auch bei t gelten: $E/r^{T-t} \geq P_t^e$.

7 Es gilt $C_t^e \geq \max\left(0, S_t - E/r^{T-t}\right) \geq \max(0, S_t - E)$ wegen $r \geq 1$.

8 Der Preis des Calls zur Zeit T steigt mit dem Aktienkurs. Aus $u > d$ folgt $c_u \geq c_d$. Damit ist x nichtnegativ. Wir untersuchen die Differenz $uc_d - dc_u$ für die drei möglichen Kombinationen (c_u, c_d) gleich $(uS_0 - E, dS_0 - E)$, $(uS_0 - E, 0)$ sowie $(0, 0)$. Einfache Umformungen zeigen, dass y nie positiv sein kann.

9 Die Wahrscheinlichkeit p^* ergibt sich aus $p^* = \dfrac{1.00275 - 0.90}{1.14 - 0.90} = 0.428$. Daraus folgt

$$C_0 = \frac{1}{1.00275^5}\left(65.18(p^*)^5 + 33.57 \cdot 5(p^*)^4(1 - p^*) + 8.60 \cdot 10(p^*)^3(1 - p^*)^2\right) = 6.28.$$

10

σ	0.1	0.2	0.3	0.4	0.5	0.6	0.7	0.8	0.9	1.0
C_0 in €	0.33	2.00	4.00	6.09	8.19	10.30	12.41	14.50	16.58	18.64

Bemerkung: Es wurde vollständig beginnend mit u und d ohne Zwischenrundungen gerechnet. Deshalb ergibt sich für $\sigma = 0.40$ ein etwas anderer Wert als im Text.

11 Im Black-Scholes-Modell gilt für $x > 0$:

$$P(S_T^{BS} < x) = P\left(S_0 e^{R_T^{BS}} < x\right) = P\left(R_T^{BS} < \ln\left(\frac{x}{S_0}\right)\right) = \Phi\left(\frac{\ln\left(\dfrac{x}{S_0}\right) - \mu T}{\sigma\sqrt{T}}\right).$$

Im Binomialmodell gilt

$$P(S_T^n < x) = P\left(S_0 e^{R_T^n} < x\right) = P\left(R_T^n < \ln\left(\frac{x}{S_0}\right)\right) \xrightarrow[n \to \infty]{} \Phi\left(\frac{\ln\left(\dfrac{x}{S_0}\right) - \mu T}{\sigma\sqrt{T}}\right).$$

Also gilt

$$\lim_{n \to \infty} P(S_T^n < x) = P(S_T^{BS} < x).$$

12 Man benutze die bereitgestellten asymptotischen Ausdrücke für a_n und p_n^* und verfahre wie im Text bei der ersten Summe.

13 **a)** $\hat{\mu}_{\text{Tag}} = -0.0012$, $\hat{\sigma}_{\text{Tag}} = 0.0234$, $\hat{\mu} = -0.300$, $\hat{\sigma} = 0.370$

b) $C_0 = €\ 3.18$

c) $P_0 = €\ 7.47$. Put-Call-Parität erfüllt. Der Preis der Put-Option lag viermal unter ihrem inneren Wert, und zwar bei den im Schema fett markierten Aktienkursen 52.59, 46.10, 50.03 und 40.40.

83.23
18.23

76.69
11.87
(1.00, −64.82)

70.67
7.69
(0.71, −42.76)

67.22
2.22

65.11
4.96
(0.51, −28.00)

61.94
1.34
(0.17, −9.29)

60.00
3.18
(0.36, −18.22)

57.07
0.81
(0.11, −5.61)

54.29
0.00

52.59
0.49
(0.07, −3.38)

50.03
0.00
(0.00, 0.00)

46.10
0.00
(0.00, 0.00)

43.85
0.00

40.40
0.00
(0.00, 0.00)

35.41
0.00

Schema zu Aufgabe 13 b)

83.23
0.00

76.69
0.00
(0.00, 0.00)

70.67
1.66
(−0.29, 21.88)

67.22
0.00

65.11
4.30
(−0.49, 36.46)

61.94
4.22
(−0.83, 55.53)

60.00
7.47
(−0.64, 46.06)

57.07
8.38
(−0.89, 59.04)

54.29
10.71

52.59
12.36
(−0.93, 61.08)

50.03
14.80
(−1.00, 64.82)

46.10
18.55
(−1.00, 64.64)

43.85
21.15

40.40
24.42
(−1.00, 64.82)

35.41
29.59

Schema zu Aufgabe 13 c)

d) An den fett markierten Stellen ersetzt man den Put-Preis vor dem Weiterarbeiten durch den jeweiligen inneren Wert und erhält so schließlich $P_0 = €\ 7.56$.

14 Mit der Put-Call-Parität und dem Delta für Call-Optionen folgt

$$\Delta = \frac{\partial}{\partial S} P_0^{BS} = \frac{\partial}{\partial S} \left[C_0^{BS} - S + \frac{1}{(1+i)^T E} \right] = \frac{\partial}{\partial S} C_0^{BS} - 1 = \Phi(d_1) - 1.$$

Da $\Phi(x)$ immer zwischen 0 und 1 liegt, ist die Ableitung stets negativ, der Preis der Put-Option folglich streng monoton fallend in S. Das absichernde Portfolio beinhaltet leerverkaufte Aktien.

Für $d_1 = 0$ ist $\Delta = -0.5$. Mit analogen Überlegungen wie im Text folgt: Für $\Delta \approx -0.5$ befindet sich die Option at the money: $S \approx E$. Je weiter die Option in the money gelangt, d.h. je weiter S fällt, desto mehr nähert sich Δ dem Wert -1. Je weiter die Option out of the money gelangt, d.h. je weiter S steigt, desto mehr nähert sich Δ dem Wert 0.

16 a) Eingangsgrößen: $C_0^{BS} = €\ 5.50, S = €\ 63.65, i = 0.03376, E = €\ 65.00, T = \frac{4}{12}$. Es folgt: implizite Volatilität $\sigma = 0.395$.

b) Black-Scholes-Preise: $€\ 8.00, €\ 3.64, €\ 1.46$.

„Wieder einer von denen, die den optimalen Abgang verpaßt haben."

Zeichnung: Felix Schaad. Quelle: TAGES-ANZEIGER vom 09.06.00

Literaturverzeichnis

[Ade00]   ADELMEYER, MORITZ: *Call & Put: Einführung in Optionen aus wirtschaftlicher und mathematischer Sicht.* Orell Füssli, Zürich, 2000.

[Ber93]   BERNSTEIN, PETER: *Capital Ideas.* The Free Press, New York, 1993.

[Bil86]   BILLINGSLEY, PATRICK: *Probability and Measure.* John Wiley, New York, 2. Auflage, 1986.

[BKM02]   BODIE, ZVI, ALEX KANE und ALAIN MARCUS: *Investments.* McGraw-Hill, New York, 5. Auflage, 2002.

[BR97]   BAXTER, MARTIN und ANDREW RENNIE: *Financial calculus. An introduction to derivative pricing.* Cambridge University Press, Cambridge, 1997.

[BS73]   BLACK, FISCHER und MYRON SCHOLES: *The Pricing of Options and Corporate Liabilities.* Journal of Political Economy, 81, 637–659, 1973.

[BS01]   BEIKE, ROLF und JOHANNES SCHLÜTZ: *Finanznachrichten lesen, verstehen, nutzen.* Schäffer-Poeschel, Stuttgart, 3. Auflage, 2001.

[CRR79]   COX, JOHN, STEPHEN ROSS und MARK RUBINSTEIN: *Option Pricing: A Simplified Approach.* Journal of Financial Economics, 7, 229–263, 1979.

[fdV94]   VERSICHERUNGSWESEN, BUNDESAUFSICHTSAMT FÜR DAS: *Biometrische Rechnungsgrundlagen in der Lebensversicherung.* VerBAV, 43, 174, 175, 234, 1994.

[GDV02]   GDV: *Jahrbuch 2002 – Die deutsche Versicherungswirtschaft.* GDV, Berlin, 2002.

[Gre92]   GREHN, JOACHIM (Herausgeber): *Metzler Physik.* Schroedel Schulbuchverlag GmbH, Hannover, 1992.

[HDK02]   HAUSMANN, WILFRIED, KATHRIN DIENER und JOACHIM KÄSLER: *Derivate, Arbitrage und Portfolio-Selection.* Vieweg, Braunschweig/Wiesbaden, 2002.

[Hei00]   HEIDORN, THOMAS: *Finanzmathematik in der Bankpraxis – Vom Zins zur Option.* Verlag Gabler, Wiesbaden, 3. Auflage, 2000.

[Hul98]   HULL, JOHN C.: *Options, Futures, and Other Derivative Securities.* Prentice-Hall, Englewood Cliffs, 3. Auflage, 1998.

[KK99]   KORN, RALF und ELKE KORN: *Optionsbewertung und Portfolio-Optimierung.* Vieweg, Braunschweig/Wiesbaden, 1999.

[Mar52]   MARKOWITZ, HARRY: *Portfolio Selection.* Journal of Finance, 7, 77–91, march 1952.

[Mer73]   MERTON, ROBERT C.: *Theory of Rational Option Pricing.* Bell Journal of Economics and Management Science, 4, 141–183, 1973.

[MH99]   MILBRODT, HARTMUT und MANFRED HELBIG: *Mathematische Methoden der Personenversicherung.* de Gruyter, Berlin, New York, 1999.

[Prö97]   PRÖLSS, ERICH R.: *Versicherungsaufsichtsgesetz mit Europäischem Gemeinschaftsrecht und Recht der Bundesländer.* C.H. Beck, München, 1997.

[Rid95]   RIDPATH, MICHAEL: *Der Spekulant*. Hoffmann und Campe, Hamburg, 1995.

[Rid96]   RIDPATH, MICHAEL: *Tödliche Aktien*. Hoffmann und Campe, Hamburg, 1996.

[Sch00]   SCHACHERMAYER, WALTER: *Die Rolle der Mathematik auf den Finanzmärkten*. Alles Mathematik (Herausgeber Martin Aigner, Ehrhard Behrends), Seiten 99–111, 2000.

[Sha63]   SHARP, WILLIAM: *A Simplified Model for Portfolio Analysis*. Management Science, 9, 277–293, January 1963.

[Sha64]   SHARP, WILLIAM: *Capital Asset Prices: A Theory of Market Equilibrium Under Conditions of Risk*. Journal of Finance, 19, 425–442, September 1964.

[Tie02]   TIETZE, JÜRGEN: *Einführung in die Finanzmathematik*. Vieweg, Braunschweig/ Wiesbaden, 2002.

[Tob58]   TOBIN, JAMES: *Liquidity Preference in Behavior Toward Risk*. Review of Economic Studies, 67, 65–86, February 1958.

[WHD99] WILMOTT, PAUL, SAM HOWISON und JEFF DEWYNNE: *The Mathematics of Financial Derivatives. A Student Introduction*. Cambridge University Press, Cambridge, 1999.

[Win87]   WINTER, HEINRICH: *Sterbetafel und Lebensversicherung*. Mathematik lehren, 20, 27–42, 1987.

[Wol97]   WOLFSDORF, KURT: *Versicherungsmathematik. Teil 1 Personenversicherung*. Teubner, Stuttgart, 1997.

Stichwortverzeichnis

Die Welt der Graphen verstehen

Manfred Nitzsche
Graphen für Einsteiger
Rund um das Haus vom Nikolaus

2004. XII, 233 S. Br. € 22,90   ISBN 3-528-03215-4

Inhalt: Erste Graphen - Über alle Brücken: Eulersche Graphen - Durch alle Städte: Hamiltonsche Graphen - Mehr über Grade von Ecken - Bäume - Bipartite Graphen - Graphen mit Richtungen - Körper und Flächen - Farben

Die Graphentheorie gehört wie die gesamte diskrete Mathematik zu den Gebieten der Mathematik, die sich heute am stärksten entwickeln, zum Teil angestoßen durch Erfordernisse der Praxis, aber auch aus rein mathematischem Interesse. Dieses Buch soll dazu beitragen, dass die Verfahren und Ergebnisse der Graphentheorie unter Nicht-Fachleuten stärker beachtet werden. Es ist deshalb so geschrieben, dass es im Wesentlichen mathematisch exakt, aber auch ohne mathematische Vorkenntnisse verständlich und vor allem leicht lesbar ist. In Beispielen wird die Denkweise der modernen Mathematik nachvollziehbar und es werden auch Probleme dargestellt, die heute noch ungelöst sind.

vieweg

Abraham-Lincoln-Straße 46
65189 Wiesbaden
Fax 0611.7878-400
www.vieweg.de

Stand 1.1.2005. Änderungen vorbehalten.
Erhältlich im Buchhandel oder im Verlag.

So versteht man die Stochastik leicht

Gerd Fischer
Stochastik einmal anders
Parallel geschrieben mit Beispielen und Fakten,
vertieft durch Erläuterungen

2005. ca. VIII, 330 S. Br. ca. € 24,90   ISBN 3-528-03967-1

Inhalt: Beschreibende Statistik - Wahrscheinlichkeitsrechnung - Schätzen - Testen von Hypothesen - Anhang: Ergänzungen und Beweise

Eine Einführung in die Fragestellungen und Methoden der Wahrscheinlichkeitsrechnung und Statistik (kurz Stochastik) sowohl für Studierende, die solche Techniken in ihrem Fach benötigen, als auch für Lehrer, die sich für den Unterricht mit den nötigen fachlichen Grundlagen vertraut machen wollen. Der Text hat einen besonderen Aufbau - als Trilogie ist er in Beispiele, Fakten und Erläuterungen aufgeteilt.

Was überall in der Mathematik gilt, ist noch ausgeprägter in der Stochastik: Es geht nichts über markante Beispiele, die geeignet sind, die Anstrengungen in der Theorie zu rechtfertigen. Um dem Leser dabei möglichst viele Freiheiten zu geben, ist der Text durchgehend parallel geführt: links die Beispiele, rechts die Fakten. Und weil Beweise und theoretische Ergänzungen nicht von jedermann gleich geliebt sind, sind sie nicht im eigentlichen Text, sondern in einem gesonderten Anhang als Erläuterungen zu finden.

Für die Verwendung im Unterricht an Gymnasien oder anderen Stellen hat die Teilung des Textes einen besonderen Vorteil: Zu den meisten Beispielen werden Schüler und Studierende einen leichten Zugang finden. Der Lehrer hat die Möglichkeit, sich über den mathematischen Hintergrund auf den rechten Seiten kundig zu machen und den Schülern entsprechend ihrem Stand der Vorkenntnisse weniger oder mehr zu erläutern.

vieweg

Abraham-Lincoln-Straße 46
65189 Wiesbaden
Fax 0611.7878-400
www.vieweg.de

Stand 1.1.2005. Änderungen vorbehalten.
Erhältlich im Buchhandel oder im Verlag.

Computational Finance mit MATLAB

Michael Günther, Ansgar Jüngel
Finanzderivate mit MATLAB
Mathematische Modellierung und numerische Simulation
2003. XII, 302 S. Br. € 24,90   ISBN 3-528-03204-9

Inhalt: Optionen und Arbitrage - Die Binomialmethode - Die Black-Scholes-Gleichung - Die Monte-Carlo-Methode - Numerische Lösung parabolischer Differentialgleichungen - Numerische Lösung freier Randwertprobleme - Einige weiterführende Themen - Eine kleine Einführung in MATLAB

In der Finanzwelt ist der Einsatz von Finanzderivaten zu einem unentbehrlichen Hilfsmittel zur Absicherung von Risiken geworden. Dieses Buch richtet sich an Studierende der (Finanz-)Mathematik und der Wirtschaftswissenschaften im Hauptstudium, die mehr über Finanzderivate und ihre mathematische Behandlung erfahren möchten. Es werden moderne numerische Methoden vorgestellt, mit denen die entsprechenden Bewertungsgleichungen in der Programmierumgebung MATLAB gelöst werden können.

vieweg

Abraham-Lincoln-Straße 46
65189 Wiesbaden
Fax 0611.7878-400
www.vieweg.de

Stand 1.1.2005. Änderungen vorbehalten.
Erhältlich im Buchhandel oder im Verlag.

Printed in the United States
By Bookmasters